《物理实验教程丛书》编委会

普通高等学校省级规划教材

物理实验教程丛书

第3版

大学物理实验·一级

袁广宇 朱德权 丁智勇 王翠平 刘强春 编著

中国科学技术大学出版社

内容简介

大学物理实验以其丰富的实验方法和技巧、充实的实验教学内容、精密巧妙的仪器设备，为大学生特别是理工科大学生接受正规、系统的实验技能训练提供了一个优质的资源平台. 考虑到大学物理实验具有独立性和面向低年级学生的特点，本书本着重视基础、加强综合、培养创新的原则，在保留之前版本的所有实验项目的基础上，增加或扩充了部分实验项目. 对部分实验的练习题做了删减的同时，增加了一些具有创新和设计含量的练习题，以培养学生的创新意识和科研精神.

本书可供全日制高等学校理、工、医、农、商等专业的大学生选择使用，也可供教师教学参考.

图书在版编目(CIP)数据

大学物理实验·一级/袁广宇等编著. —3 版. —合肥：中国科学技术大学出版社，2014.12(2025.1 重印)

(物理实验教程丛书)

普通高等学校省级规划教材

ISBN 978-7-312-03668-2

Ⅰ. 大… Ⅱ. 袁… Ⅲ. 物理学—实验—高等学校—教材 Ⅳ. O4-33

中国版本图书馆 CIP 数据核字(2014)第 294095 号

出版 中国科学技术大学出版社
安徽省合肥市金寨路 96 号，230026
http://press.ustc.edu.cn
https://zgkxjsdxcbs.tmall.com

印刷 安徽国文彩印有限公司

发行 中国科学技术大学出版社

经销 全国新华书店

开本 710 mm×960 mm 1/16

印张 20

字数 398 千

版次 2007 年 1 月第 1 版 2014 年 12 月第 3 版

印次 2025 年 1 月第 18 次印刷

定价 35.00 元

第3版前言

大学物理实验以其丰富的实验方法和技巧、充实的实验教学内容和精巧的仪器设备，为大学生特别是理工科大学生在高等学校接受正规、系统的实验技能训练提供了一个优质的资源平台．同时，大学物理实验教学又是一项集体性很强的工作，其教材的建设无不凝聚着集体的智慧和汗水．

考虑到这门课程的开设具有独立性和面向低年级学生的特点，本版的《大学物理实验·一级》依然本着重视基础、加强综合、培养创新的原则，在保留之前版本的所有实验项目的基础上，增加或扩充了部分内容．在对部分实验的练习题做了删减的同时，增加了一些具有创新性和设计性含量的练习题，以培养学生的创新意识和科研精神．

参加编著与修改工作的除署名编著者外，还有朱梦正、袁洪春、赵春然、徐士涛、李洪俊、陈英明等，编著者对此深表感谢．

本书可供全日制高等学校理、工、医、农、商等专业的全日制大学生使用，也可供教师参考．

本书编著期间参阅了兄弟院校的教材，吸取了宝贵的经验，甚至引用了部分内容，在此深表谢意．由于编著者水平有限、时间仓促，书中难免有错误和疏漏之处，敬请广大读者在使用中批评指正．

编著者

2014年8月于淮北师范大学

前　　言

物理实验不仅是物理学理论的基础，也是物理学发展的基本动力．在物理学中，每个概念的建立、每个定律的发现，都有其坚实的实验基础．科学技术的发展，尤其是核物理、激光、电子技术和计算机技术等的发展，越来越体现出物理实验技术的重要性，更反映了物理实验技术发展的新水平．基于这方面的原因，人们逐渐感到加强理工科及师范院校学生物理实验学习的重要性．

物理实验教学的主要目的是：通过给学生创造一个良好的环境，使学生掌握物理实验的基础知识、基本方法和基本技能；培养学生强烈浓厚的学习兴趣以及发现问题、提出问题、分析问题、解决问题最终达到独立获取物理知识的能力；培养学生的创新意识、创新精神和创新能力；培养学生实事求是的科学态度、严谨细致的工作作风和坚忍不拔的意志品质．为今后从事物理学乃至相关领域的科学研究和技术开发打下坚实的基础．

为了进一步发展物理实验教学，构建具有特色的物理实验教学体系，深化物理实验教学改革，我们组织编写了这套《物理实验教程丛书》．本丛书各册的作者，都是在安徽省从事多年实验教学、在该领域有着多年研究经验的教师，全体编著者在编写过程中，参考了以往的实验教材，结合实验教学发展，更新了教学内容，加强了计算机在实验中的应用，突出科学性和实用性，力求实验内容更系统、更全面，更能满足安徽省各高校实验教学的需要．

本套教材共四册．第一、二册分别对应一、二、三级物理实验，第三册为近代物理实验，第四册为物理演示实验．在课程安排上，一级实验适应于理、工等各学科；二级实验主要服务于理工类专业的学生；三级实验主要针对理科类学生开课;近代物理实验突出了近代物理实验与信息科学的融合,可适应理科物理类专业、信息类专业,也可作为一些理工科专业的选修课程;物理演示实验主要为文科学生开设,提高文科学生的科学文化素养,同时也可作为物理教学过程的课堂教学实验演示.

本书的主要特点是通过基础性的实验项目,加强学生基本实验素质的训练,同时增加了介于基础教学与科学研究之间的设计性实验项目以及与现代科学技术发展联系紧密的综合性实验项目.本书由袁广宇组织编著并负责统稿.参加编著工作的除署名编著者外,还有袁洪春、朱孟正、李娟、王薇、章志敏等.戴建明教授审阅了全部书稿.

本丛书在出版过程中得到了不少同行的关心,并参阅和借鉴了不少学者的研究成果,在此一并表示感谢!我衷心地期望本丛书的出版,能够得到广大读者的关注,在深化物理实验教学改革和发展中发挥它应有的作用.由于编著者水平有限、时间仓促,书中难免有错误和疏漏之处,敬请广大读者在使用中批评指正.

编　者

2009年1月

目　录

第3版前言 ………………………………………………………………………… (i)
前言 ………………………………………………………………………………… (iii)
绪论 ………………………………………………………………………………… (1)
误差理论与数据处理 …………………………………………………………… (7)
　第一节　测量与误差 ………………………………………………………… (7)
　第二节　测量结果的不确定度评定 ……………………………………… (14)
　第三节　有效数字及其运算法则 ………………………………………… (23)
　第四节　数据处理 …………………………………………………………… (27)

一　力热部分

实验一　长度的测量 ……………………………………………………………… (41)
实验二　密度的测量 ……………………………………………………………… (49)
实验三　单摆实验与偶然误差的统计规律 ……………………………………… (56)
实验四　气垫导轨的使用 ………………………………………………………… (64)
　任务一　牛顿第二运动定律的验证 ………………………………………… (64)
　任务二　碰撞实验 …………………………………………………………… (71)
实验五　声速的测量(超声) ……………………………………………………… (76)
实验六　冰的融化热的测定(混合法) …………………………………………… (88)
实验七　转动惯量的测定 ………………………………………………………… (92)
实验八　金属线胀系数的测定 …………………………………………………… (97)
实验九　液体黏滞系数的测定 …………………………………………………… (102)
实验十　杨氏模量的测定(伸长法) ……………………………………………… (105)
实验十一　液体表面张力系数的测定(拉脱法) ………………………………… (112)
* 实验十二　测定重力加速度 …………………………………………………… (116)

二 电磁学部分

实验十三 用惠斯通电桥测电阻 …… (121)
实验十四 电子示波器的使用 …… (130)
实验十五 用板式十一线电势差计测干电池的电动势和内阻 …… (150)
实验十六 电阻元件伏安特性的测定 …… (159)
实验十七 静电场的模拟法测绘 …… (165)
实验十八 热敏电阻(NTC)温阻特性的研究及半导体温度计的设计 …… (174)
实验十九 磁阻效应及磁阻传感器的特性研究 …… (181)
实验二十 霍尔效应 …… (190)
* 实验二十一 电学设计性实验 …… (200)
任务一 电流表内阻的测量 …… (200)
任务二 设计和组装万用电表 …… (201)
任务三 电桥法和补偿法的综合运用 …… (201)

三 光学部分

实验二十二 薄透镜焦距的测定 …… (205)
实验二十三 等厚干涉现象的研究 …… (211)
任务一 用牛顿环干涉测透镜的曲率半径 …… (211)
任务二 劈尖干涉 …… (218)
实验二十四 迈克尔逊干涉仪的调整及使用 …… (224)
实验二十五 分光计的调节和棱镜顶角的测定 …… (230)
实验二十六 用分光计测量棱镜的折射率 …… (239)
实验二十七 偏振现象的观测和分析 …… (248)
实验二十八 利用光电效应测定普朗克常数 …… (255)
实验二十九 数码摄像与图像处理 …… (262)
* 实验三十 光学设计性实验 …… (275)
任务一 用光学方法测量细丝直径 …… (275)
任务二 用掠射法测量三棱镜的折射率 …… (275)
任务三 迈克尔逊干涉仪的组装和应用 …… (276)

附　录

附录 A　物理常量表 ……………………………………………………………… (279)
附录 B　常用电气测量指示仪表和附件的符号 ……………………………………… (299)
附录 C　大学物理实验操作考试样题 ……………………………………………… (302)
附录 D　大学物理实验理论考试样题 ……………………………………………… (303)

参考文献 ………………………………………………………………………………… (305)

注:"*"表示设计性实验.

绪　论

物理学是研究物质的基本结构、基本运动形式、相互作用及其转化规律的学科.它的基本理论渗透在自然科学的各个领域,应用于生产技术的许多部门,是自然科学和工程技术的基础.

物理学本质上是一门实验科学.物理实验是科学实验的先驱,体现了大多数科学实验的共性,在实验思想、实验方法及实验手段等方面是各学科科学实验的基础.

一、课程的地位、作用和任务

"大学物理实验"是高等院校对大学生进行科学实验基本训练的必修基础课程,是大学生接受系统实验方法和实验技能训练的开端.

"大学物理实验"课程覆盖面广,具有丰富的实验思想、方法和手段,同时能提供综合性很强的基本实验技能训练,是培养学生科学实验能力、提高科学素质的重要课程.它在培养学生严谨的治学态度、活跃的创新意识、理论联系实际和适应科技发展的综合应用能力等方面具有其他实践类课程不可替代的作用.本课程的具体任务是:

(1) 培养学生的基本科学实验技能,提高学生的科学实验基本素质,使学生初步掌握实验科学的思想和方法.培养学生的科学思维和创新意识,使学生掌握实验研究的基本方法,提高学生的分析能力和创新能力.

(2) 提高学生的科学素养,培养学生理论联系实际和实事求是的科学作风,认真严谨的科学态度,积极主动的探索精神,遵守纪律,团结协作,爱护公共财产的优良品德.

二、课程的教学内容

"大学物理实验"应包括普通物理实验(力学、热学、电学、光学实验)和近代物理实验,具体的教学内容基本要求如下.

(一) 掌握测量误差的基本知识,具有正确处理实验数据的基本能力

(1) 测量误差与不确定度的基本概念,能逐步学会用不确定度对直接测量和

间接测量的结果进行评估.

(2) 处理实验数据的一些常用方法,包括列表法、作图法、逐差法和最小二乘法等.能用计算机通用软件进行实验数据的处理.

(二) 掌握基本物理量的测量方法

例如:长度、质量、时间、热量、温度、湿度、压强、压力、电流、电压、电阻、磁感应强度、光强度、折射率、电子电荷、普朗克常量、里德堡常量等常用物理量及物性参数的测量,注意加强数字化测量技术和计算技术在物理实验教学中的应用.

(三) 掌握常用的物理实验方法

例如:比较法、转换法、放大法、模拟法、补偿法、平衡法、示波法和干涉、衍射、偏振法以及在近代科学研究和工程技术中广泛应用的传感器技术等.

(四) 掌握实验室常用仪器的性能,并能够正确使用

例如:长度测量仪器、计时仪器、测温仪器、变阻器、电表、交/直流电桥、通用示波器、低频信号发生器、分光仪、干涉仪、光谱仪、常用电源和光源等常用仪器.

(五) 掌握常用的实验操作技术

例如:零位调整、水平/铅直调整、光路的共轴调整、消视差调整、逐次逼近调整、根据给定的电路图正确接线、简单的电路故障检查与排除,以及在近代科学研究与工程技术中广泛应用的仪器的正确调节.

(六) 适当介绍物理实验史料和应用

适当介绍物理实验史料和物理实验在现代科学技术中的应用知识.

三、能力的培养

(一) 独立实验的能力

能够通过阅读实验教材、查询有关资料和思考相关问题,掌握实验原理及方法、做好实验前的准备;正确使用仪器及辅助设备、独立完成实验内容、撰写合格的实验报告;逐步养成自主实验的基本能力.

(二) 分析与研究的能力

能够融合实验原理、设计思想、实验方法及相关的理论知识对实验结果进行分析、判断、归纳与综合.掌握通过实验进行物理现象和物理规律研究的基本方法,具有初步的分析与研究的能力.

(三) 理论联系实际的能力

能够在实验中发现问题、分析问题并学习解决问题的科学方法,逐步提高学生

综合运用所学知识和技能解决实际问题的能力.

（四）创新能力

能够完成符合规范要求的设计性、综合性内容的实验,进行初步的具有研究性或创意性内容的实验,激发学生的学习主动性,逐步培养学生的创新能力.

四、物理实验课程的基本教学环节

物理实验是学生在教师指导下独立进行实验的一种实践活动. 实验课的教学安排不可能像书本教学那样使所有的学生按照同样的内容以同一进度进行;教学方式主要是学生自己动手,以完成实验规定的任务;教师只是在关键的地方给以提示和指导. 因此,物理实验课要求学生有较强的独立工作能力. 上好物理实验课的关键,在于把握住下列三个基本教学环节.

（一）实验前的预习——实验的基础

实验教材是进行实验的指导书. 它对每个实验的目的与要求甚至实验原理都作了明确的阐述. 因此,在上实验课前都要认真阅读,必要时还应阅读有关参考资料;弄懂实验的原理和方法,并学会从中整理出主要实验条件、实验中的关键问题及实验注意事项,根据实验任务在实验数据记录本上画出记录数据的表格. 有些实验还要求学生课前自拟实验方案,自己设计线路图或光路图,自拟数据表格等. 对于实验中所涉及的测量仪器,在预习时可阅读教材中的仪器介绍或利用实验室开放时间,了解其构造原理、工作条件和操作规程等,并在此基础上写好预习报告,回答预习思考题.

预习报告内容主要包括以下几个方面:

1. 实验名称

表示做什么实验.

2. 实验目的

说明为什么做这个实验,做该实验要达到什么目的.

3. 实验仪器

列出主要仪器的名称、型号、规格等.

4. 实验原理

简要叙述与本实验有关的物理背景、推导原理公式,明确实验中将要测量的物理量以及实验测量方法、条件和注意事项. 电学实验应绘出电路图,光学实验应绘出光路图,力学实验可绘出示意图.

5. 数据表格

根据实验内容,在明确哪些是待测物理量、哪些是已知物理量、哪些是需要计算的物理量的基础上,认真设计并画出原始数据表格.

6. 回答问题

回答预习思考题.

课前预习是实验能否取得成功的关键. 每次实验前,学生必须完成规定的预习内容,上课时,指导教师将检查学生的预习情况,对于没有预习和未完成预习报告的学生,指导教师有权停止该生实验.

(二) 实验中的操作——实践的过程

实验操作是实验的实践环节. 学生实验时必须详细了解并严格遵守实验室的各项规章制度. 应仔细阅读有关仪器使用的注意事项或仪器说明书;在教师指导下正确使用仪器,注意爱护,稳拿妥放,防止损坏. 学会分析实验现象,能够独立或半独立地排除实验中出现的故障. 对于严重违反实验室规则者,指导教师应停止其实验,并按有关规定处理.

原始数据记录:做好实验记录是科学实验的一项基本功. 在观察、测量时,要做到正确读数,实事求是地记录客观现象和数据. 接着要记下实验所用仪器装置的名称、型号、规格、编号和性能等情况,以便以后需要时用来重复测量和利用仪器的准确度校核实验结果的误差,切勿将数据随意记录在草稿纸上,不可事后凭回忆"追忆"数据,更不可为拼凑数据而随心所欲地涂改实验记录. 要严肃对待实验数据,要用钢笔或圆珠笔记录原始数据. 如果确实记错了,也不要涂改,应轻轻划上一道,在旁边写上正确值(错误多的,需重新记录),使正误数据都清晰可辨,以供之后分析测量结果和误差时参考. 不要用铅笔记录原始数据,以免给自己留有涂抹的余地,也不要先草记在另外的纸上再誊写在数据表格里,这样容易出错,况且,这已经不是"原始记录"了.

希望同学们从一开始就坚持培养良好的科学作风. 实验结束,要把测得的数据交给指导老师审阅签字,对实验结果不合理的或者错误的,经分析后还要补做或重做. 离开实验室前要自觉整理好使用过的仪器,做好清洁工作.

(三) 实验后的报告——实验的总结

实验后要对实验数据及时进行处理. 如果原始记录删改较多,应加以整理,对重要的数据要重新列表. 数据处理过程包括计算、作图、误差分析等. 计算要有计算式(或计算举例),代入的数据都要有根据,便于别人看懂,也便于自己检查. 作图要按照作图规则,图线要规矩、美观. 数据处理后应给出实验结果. 最后要求撰写出一份简洁、明了、工整、有见解的实验报告,用以汇报自己的实验成果.

撰写实验报告的目的之一,是为了培养和训练学生以书面形式总结工作或报告科学成果的能力. **实验报告应遵循简洁、准确、实事求是的原则,并充分体现个**

性.应该做到字迹清楚,文理通顺,图表正确,数据完备和结论明确.一份成功的报告,应能给予老师或同行以清晰的思路、明确的见解和新的启迪.实验报告一般应写在专用的实验报告纸上并按时完成,决不能敷衍塞责,下次实验时交指导教师批阅.

实验报告的主要内容一般应包括以下内容:

1. 实验名称

说明做了什么实验.

2. 实验目的

说明为什么做这个实验,做该实验要达到什么目的.

3. 实验仪器

列出实际使用的主要仪器的名称、型号、规格等.

4. 实验原理

应该在对原理理解的基础上用自己的语言简要叙述,要求做到简明扼要,图(光路图、电路图或实验装置示意图)文并茂,并列出测量和计算所依据的主要公式,注明公式中各量的物理含义及单位,公式成立所应满足的实验条件等.

5. 实验内容与步骤

写明本次实验的实验内容、关键性的步骤和注意事项.

6. 原始数据

记录中应该有主要实验仪器编号、规格,一般要求以列表形式来反映完整而清晰的原始测量数据.原始数据要求记录在预习报告后的"实验原始数据和实验现象记录"表中.

7. 数据处理

要求写出数据处理的主要过程、曲线图的绘制及误差分析等.在计算处理完成后,必须以醒目的方式完整地表示出实验结果.

8. 问题讨论

一般讨论内容不受限制,可以是对观察到的实验现象进行分析,对结果和误差原因进行分析,对实验方案及其改进意见进行讨论评述,还可以谈谈对本实验的体会和对教师或教材的看法及建议等.

9. 课后习题

回答课后习题.

实验报告可以在预习报告的基础上继续写,也可以重写一份.如果实验报告是在预习报告的基础上撰写的,则实验原理部分可以酌情简写或省略.实验报告应遵循简洁、准确、实事求是的原则,并充分体现个性,下次实验时交指导教师批阅.

五、遵守实验守则

为了保证实验教学正常进行，培养严肃认真的工作作风和良好的实验工作习惯，特制定如下实验守则，望同学们遵照执行：

① 实验前做好预习，无预习实验报告和无故迟到者不准进入实验室.

② 进入实验室后要在实验指导教师的监督下认真填写相关的登记表. 按照实验项目要求做好实验前的各项准备工作，经指导教师检查许可后方可接通电源或启动仪器设备. 实验中要严肃认真地按规程操作仪器；要仔细观察、认真记录数据；视抄袭他人的数据或敷衍实验、自编数据为耻. 实验期间不得擅自离开实验岗位.

③ 实验操作结束后，请指导教师检查并签阅数据，将仪器设备、用品及场地整理复原，认真填写仪器使用记录册，清理桌面和地面卫生. 经指导教师检查后方可离开实验室. 下次实验时，上交本次的实验报告.

④ 遵守实验室的各项规章制度，保持室内安静、整洁. 不准在室内吸烟、随地吐痰、乱扔杂物，不准在实验室使用手机等与实验无关的设备，非实验用品原则上一律不准带进实验室.

⑤ 开放期间进入实验室的人员，要事先预约(对于计划开放的实验项目，学生在规定的时间内可直接进入相关实验室)，经相关老师和实验室主任同意后，在指导教师或实验技术人员的指导下方可进行实验，并自觉做好登记手续.

⑥ 实验中，使用易燃易爆物品或接触带电设备，要严格操作，注意防护. 仪器设备发生故障和损坏，应主动停止实验，并立即向指导教师报告. 未经教师允许不得擅自动用其他仪器设备，更不能自行拆卸所用仪器设备，如擅自动用仪器设备或违反操作规程造成仪器设备损坏，要按规定赔偿.

⑦ 实验室内一切物品未经本室负责人员批准，严禁携出室外. 借出物品必须履行登记手续.

误差理论与数据处理

物理实验的任务不仅是定性地观察各种自然现象，更重要的是定量地测量相关物理量.在物理量的测量中，不仅包括明确测量对象，选择恰当的测量方法，正确完成各个测量步骤，还要学习误差理论和实验数据处理的基本知识，学会能够对大多数的测量表示出完整的测量结果，包括表示出确定水平的不确定度.

误差理论是一门独立的学科，它以数理统计和概率论为其数学基础，研究误差的性质、规律及误差的消除方法和途径.物理实验课中误差分析的主要目的是对实验结果做出评定，最大限度地减小实验误差，或指出减小实验误差的方向，提高测量结果的可信赖程度.对低年级大学生，这部分内容难度较大，本课程仅限于介绍误差分析的初步知识，着重点放在几个重要概念及最简单情况下的误差处理方法，不进行严密的数学论证，以减小学生学习的难度，有利于学好物理实验这门基础课程.

第一节　测量与误差

一、物理量与测量

物理实验中为了找出有关物理量之间的定量关系，必须进行定量的测量，以取得对物理量的表征依据.对物理量进行测量，是物理实验中极其重要的一个组成部分.测量是一种“比较”的过程，就是把待测量直接或间接地与另一个同类的体现计量单位的标准量做比较.例如，物体的质量可通过与规定用千克作为标准单位的标准砝码进行比较而得出测量结果；物体运动速度的测定则必须通过与两个不同的物理量，即长度和时间的标准单位进行比较而获得，比较的结果记录下来就叫做实验数据.

测量得到的实验数据应包含测量值的**大小和单位**，二者是缺一不可的.此外，一个被测物理量，除了用数值和单位来表征外，还有一个很重要的参数，这便是**对测量结果可靠性的定量估计**.这个重要参数却往往容易为人们所忽视.设想如果得到一个测量结果的可靠性几乎为零，那么这种测量结果还有什么价值呢？因此，从表征被测量这个意义上来说，**对测量结果可靠性的定量估计与其数值和单位至少具有同等的重要意义，三者是缺一不可的.**

(一) 测量方法的分类

根据测量方法可以把测量分为直接测量和间接测量. 凡使用测量仪器能够直接测得结果的测量，都是直接测量. 例如用米尺测量物体的长度、用天平称量物体的质量、用电流表测量电流、用温度计测温度等. 另外还有很多量，它们不是用仪器直接测得，而是需要先直接测量另外一些相关的量，然后通过这些量间数学关系的运算才能得到结果，这种测量叫间接测量. 例如，已知路程和时间，根据速度、时间和路程之间的关系求出的速度就是间接测量；单摆法测重力加速度中，周期与摆长是直接测量，而重力加速度就是间接测量. 一个物理量能否直接测量不是绝对的，随着科学技术的发展，测量仪器的改进，很多原来只能间接测量的量，现在可以直接测量了，比如电能的测量本来是间接测量，现在也可以用电度表来进行直接测量. 物理量的测量，大多数是间接测量，但直接测量是一切测量的基础.

根据测量条件来分，有等精度测量和非等精度测量. 等精度测量是指在同一(相同)条件下进行的多次测量，如同一个人，用同一台仪器，每次测量时周围环境条件相同，等精度测量每次测量的可靠程度相同. 反之，若每次测量时的条件不同，或测量仪器改变，或测量方法、条件改变，这样所进行的一系列测量叫做非等精度测量，非等精度测量的结果，其可靠程度自然也不相同. 物理实验中大多采用等精度测量. 应该指出：重复测量必须是重复进行测量的整个操作过程，而不是仅仅重复读数.

(二) 仪器的精密度、准确度和量程

测量仪器是进行测量的必要工具. 熟悉仪器性能、掌握仪器的使用方法及正确进行读数，是每个测量者必备的基础知识.

在测量中，经常遇到仪器的精密度、准确度和量程等几个基本概念.

仪器精密度是指与仪器的最小分度相当的物理量. 仪器的最小分度越小，所测量物理量的位数就越多，仪器精密度就越高. 对测量读数最小一位的取值，一般来讲应在仪器最小分度范围内再进行估计读出一位数字. 如具有毫米分度的米尺，其精密度为1毫米，应该估计读出到毫米的十分位；螺旋测微器的精密度为0.01毫米，应该估计读出到毫米的千分位.

1. 仪器准确度等级

是指仪器本身的准确程度. 由于测量目的不同，对仪器准确程度要求也不同. 它一般标在仪器上或写在仪器说明书上，用 a 表示. 如电学仪表所标示的级别就是该仪器的准确度. 按国家规定，电气测量指示仪表的准确等级 a 分为0.1、0.2、0.5、1.0、1.5、2.5、5.0共七级，其示值的最大偏差为：±量程×准确度等级%，如0.5级电压表量程为0.5 V时，其最大偏差为 $\pm 5\times 0.5\% = \pm 0.025$ (V). 对于没有标

明准确度的仪器,可粗略地取仪器最小的分度数值或最小分度数值的一半.一般对连续读数的仪器取最小分度数值的一半,对非连续读数的仪器取最小的分度数值.在制造仪器时,其最小的分度数值是受仪器准确度约束的,对不同的仪器准确度是不一样的,例如,对测量长度的常用仪器米尺、游标卡尺和螺旋测微器它们的仪器准确度依次提高.

2. 量程

是指仪器所能测量的物理量最大值和最小值之差,即仪器的测量范围(有时也将所能测量的最大值称量程),一般用 N_m 表示.测量过程中,超过仪器量程使用仪器是不允许的,轻则仪器准确度降低,使用寿命缩短,重则损坏仪器.

(三) 测量的精密度、准确度和精确度

测量中还会经常遇到测量的精密度(precision)、准确度(accuracy)和精确度(definition)等几个概念.它们都是评价测量结果时所使用的术语,但目前使用时其含义并不尽一致,以下介绍较为普遍采用的意见.

测量**精密度**表示在同样测量条件下,对同一物理量进行多次测量,所得结果彼此间相互接近的程度,即测量结果的重复性、测量数据的弥散程度.因而测量精密度是测量随机误差的反映.测量精密度高,随机误差小,但系统误差的大小不明确.

测量**准确度**表示测量结果与真值接近的程度,因而它是系统误差的反映.测量准确度高,则测量数据的算术平均值偏离真值较小,测量的系统误差小,但数据可能较分散,随机误差的大小不确定.

测量**精确度**则是对测量的随机误差及系统误差的综合评定.精确度高,测量数据较集中在真值附近,测量的随机误差及系统误差都比较小.

二、误差的定义、分类及简要的处理方法

(一) 测量误差的定义

测量的目的之一是为了得到被测物理量所具有的客观真实数据,但由于受测量方法、测量仪器、测量条件以及观测者水平等多种因素的限制,只能获得该物理量的近似值.

测量的结果(result of measurement)x 和被测量的真值(true value of measurand)x_0 之差 $\mathrm{d}x$ 称为测量误差(error of measurement)简称误差.

$$\mathrm{d}x=x-x_0 \tag{0-1}$$

这里借用微分符号表示误差,是为了说明它是小量并且可正可负.间接测量的误差合成式与全微分的代数和式相同.

真值是理想的概念,只有定义严密时通过完善的测量才有可能获得,它一般无从得知.因此一般不能计算误差,只有少数情况下用准确度高的实际值作约定真值时才能计算误差.

误差存在具有普遍性.由于仪器测量不准确、原理或方法不完善、环境条件不稳定、人员操作不熟练、测量人员自身的缺陷等原因,造成**任何测量结果都可能具有误差**.虽然不知道真值而不能计算误差,但是能够分析误差产生的主要原因,能够减小或者基本消除某些误差分量对测量的影响.对测量结果中未能消除的误差影响,要估计出它们的极限值或表征出误差分布特征的参量,如标准偏差.误差存在的普遍性要求测量者必须重视对实验误差的分析、重视不确定度评定,尽可能完整地表示测量误差.

(二) 误差的分类及简要处理方法

误差主要分随机误差(random error)和系统误差(systematic error).它们的性质不同,要分别处理.还有一类误差,由于外界干扰、操作者读数失误等原因而造成测量数据明显超出规定条件下的预期值,因此称为粗大误差.包括粗大误差的测量值和粗大误差均称为异常值(outlier).测量要尽量避免高度显著的异常值.已经被谨慎判断为异常值的个别数据要剔除.异常值的提出方法见相关内容.

1. 随机误差

(1) 随机误差的定义

随机误差是重复测量中以不可预知方式变化的测量误差.电表轴承摩擦力矩的变动、螺旋测微计的测微螺杆和砧头之间的压紧力在一定范围内变化、操作读数时在一定范围内随机变动的视差影响、数字仪表末位取整数时的随机舍入过程等,都会产生一定的随机误差分量.

随机误差分量是测量误差的一部分,其大小和符号虽然不知,但是在相同条件下对同一个被测量的多次测量重复中,它们的分布常常满足一定的统计规律.**随机误差分布绝大多数是"有界性"的,大多数有抵偿性,相当多的有单峰性**,即绝对值小的误差出现的概率大.

(2) 算术平均值

大多数随机误差有抵偿性,即测量次数足够多时,正、负误差之和的绝对值近似相等.因此,用多次测量的算术平均值(arithmetic mean or average)作为被测量的估值,能减少随机误差的影响.设对同一量测量了 n 次,一般应使 $n\geqslant 7$,测得值为 x_i,平均值为

$$\bar{x}=\frac{1}{n}\sum_{i=1}^{n}x_i \tag{0-2}$$

(3) 实验标准(偏)差

测量次数 n 有限时,随机误差引起测量值 x_i 的分散性用单次测量的**实验标准偏差**(experimental standard deviation)s_x 来表征,s_x 由贝塞尔公式算出:

$$s_x=\sqrt{\frac{1}{n-1}\sum_{i=1}^{n}\left(x_i-\bar{x}\right)^2} \tag{0-3}$$

s_x 反映了随机误差的分布特征. s_x 大表示测量值分散,随机误差的分布范围宽,测量的精密度低;s_x 小表示测量值密集,随机误差的分布范围窄,测量的精密度高.

测量次数 $n\to\infty$ 时,$\bar{x}\to x_0$,"单次测量的标准偏差"用 δ 表示:

$$\delta=\lim_{n\to\infty}\sqrt{\frac{\sum_{i=1}^{n}(x-x_0)^2}{n}} \tag{0-4}$$

(4) 平均值的实验标准偏差

在计算测量结果的合成不确定度 u_c 时,要用到平均值的实验标准偏差(experimental standard deviation of the mean)$s_{\bar{x}}$,其计算式为

$$s_{\bar{x}}=\frac{s}{\sqrt{n}}=\sqrt{\frac{1}{n(n-1)}\sum_{i=1}^{n}\left(x_i-\bar{x}\right)^2} \tag{0-5}$$

(5) 残差

残差(residual error)是测量列中某一测得值 x_i 与该测量列的算术平均值之差. 更一般的定义为 x_i 与其(最佳)估计值 $\hat{x}_i$ 之差,记作

$$v_i=x_i-\hat{x}_i \tag{0-6}$$

2. 系统误差

系统误差(systematic error)是重复测量中保持恒定或以可预知方式变化的测量误差分量,简称系差. 测量中出现系差常见的例子有:电表未调零,电表内阻的影响,电表分度不均匀,螺纹有误差,测量时温度、湿度、磁场等的影响,波长已知的空气折射率用 1 代替等. 系统误差包括**已定系差**和**未定系差**.

(1) 已定系差

指符号和绝对值已经知道的误差分量. 实验中应该尽量消除已定系差,或对测量结果进行修正,得到已经修正的结果(corrected result). 修正公式为

$$\text{已修正的测量结果}=\text{测得值(或其平均值)}-\text{已定系差} \tag{0-7}$$

修正值(correction)等于已定系差的负值,已修正结果等于测量值加修正值.

例如:电流表外接,用 $R=\dfrac{V}{I-\dfrac{V}{R_V}}$ 代替 $R=\dfrac{V}{I}$ 的简单算法,能基本消除电压表内阻不是无穷大带来的系差. 预先调整仪表零点等操作,能减少仪表零点不准确给测量值带来的系差.

(2) 未定系差

指符号或绝对值未被确定而未知的系差分量. 一般只能估计其限值或分布特征. 未定系差分量大多和下文的 B 类不确定度分量来源有大致的对应关系.

误差的随机性,包括随机误差的随机变量特性和未定系差的某种"随机性",是不确定度分量方和根合成法的基础. 对于不同测量条件、不同被测量值或不同时段等,未定系差在一定意义上具有随机性.

例如：在(25.0±2.0) ℃的空调房间内，某一时刻的室温对25 ℃的偏离误差是定值系差，但是不同时刻的偏离误差在±2.0 ℃内变动，变动范围已知但分布规律未知，具有随机性.

大量一般测量的实践表明，系统误差分量对测量结果的影响常常显著地大于随机分量的影响. 因此大学物理实验要重视对系统误差的分析，尽量减小它对测量结果的影响.分析的方法一般有以下几种：

① 对已定系差进行修正；

② 合理评定系差分量大致对应的B类不确定度；

③ 通过方案选择、参数设计、仪器的校准、环境条件的控制、计算方法的改进、改进测量者不良的读数习惯等环节减小系差的影响.

用多个散布测量点直线拟合求斜率、截距等将一些未定系差随机化，也是减小系差影响的方法之一.

三、异常数据的剔除

剔除测量列中异常数据的标准有3σ准则、肖维准则、格拉布斯准则等.实际应用时，常用s_x代替σ.

(一) 3σ准则

统计理论表明，测量值的偏差超过3σ的概率已小于1%.因此，可以认为偏差超过3σ的测量值是其他因素或过失造成的，为异常数据，应当剔除.剔除的方法是将多次测量所得的一系列数据，算出各测量值的偏差Δx_i和标准偏差σ，把其中最大的Δx_j与3σ比较，若$\Delta x_j>3\sigma$，则认为第j个测量值是异常数据，舍去不计.剔除x_j后，对余下的各测量值重新计算偏差和标准偏差，并继续审查，直到各个偏差均小于3σ为止.

(二) 肖维准则

假定对一物理量重复测量了n次，其中某一数据在这n次测量中出现的几率不到半次，即小于$\frac{1}{2n}$，则可以肯定这个数据的出现是不合理的，应当予以剔除.

根据肖维准则，应用随机误差的统计理论可以证明，在标准误差为σ的测量列中，若某一个测量值的偏差等于或大于误差的极限值K_σ，则此值应当剔出.不同测量次数的误差极限值K_σ列于表0-1.

表0-1 肖维系数表

n	K_σ	n	K_σ	n	K_σ
4	1.53σ	10	1.96σ	16	2.16σ
5	1.65σ	11	2.00σ	17	2.18σ
6	1.73σ	12	2.04σ	18	2.20σ

（续表）

n	K_σ	n	K_σ	n	K_σ
7	1.79σ	13	2.07σ	19	2.22σ
8	1.86σ	14	2.10σ	20	2.24σ
9	1.92σ	15	2.13σ	30	2.39σ

（三）格罗布斯(Grubbs)准则

若有一组测量得出的数值，其中某次测量得出数值的偏差的绝对值$|\Delta x_i|$与该组测量列的标准偏差σ之比大于某一阈值$g_0(n,1-p)$，即

$$|\Delta x_i|>g_0(n,1-p)\cdot\sigma \tag{0-8}$$

则认为此测量值中有异常数据，并可予以剔除. 这里$g_0(n,1-p)$中的n为测量数据的个数. 而p为服从此分布的置信概率. 一般取p为0.95和0.99(至于在处理具体问题时，究竟取哪个值则由实验者自己来决定). 我们将在表0－2中给出$p=0.95$和0.99时或$1-p=0.05$和0.01时，不同的n值所对应的g_0值.

表0－2　$g_0(n,1-p)$值表

n \ $1-p$	0.05	0.01	n \ $1-p$	0.05	0.01
3	1.15	1.15	17	2.48	2.78
4	1.46	1.49	18	2.50	2.82
5	1.67	1.75	19	2.53	2.85
6	1.82	1.94	20	2.56	2.88
7	1.94	2.10	21	2.58	2.91
8	2.03	2.22	22	2.60	2.94
9	2.11	2.32	23	2.62	2.96
10	2.18	2.41	24	2.64	2.99
11	2.23	2.48	25	2.66	3.01
12	2.28	2.55	30	2.74	3.10
13	2.33	2.61	35	2.81	3.18
14	2.37	2.66	40	2.87	3.24
15	2.41	2.70	45	2.91	3.29
16	2.44	2.75	50	2.96	3.34

例0－1　测得一组长度值(单位：cm)

98.28，98.26，98.24，98.29，98.21，98.30，98.97，98.25，98.23，98.25

计算出

$$\bar{x} = 98.328\ \text{cm}$$
$$\sigma = 0.227\ \text{cm}$$
$$n = 10$$
$$g_{10} = 2.18$$

这样有

$$\bar{x} - g_0(n, 1-p)\cdot\sigma = 97.833\ (\text{cm})$$
$$\bar{x} + g_0(n, 1-p)\cdot\sigma = 98.823\ (\text{cm})$$

数据 98.97 在此范围之外应舍去. 除去后再计算,直到满足要求.

第二节　测量结果的不确定度评定

一、测量结果的不确定度概念

不确定度概念及其评定体系是在现代误差理论的基础上建立和发展起来的. **不确定度是表征被测量的真值(或与定义、测量任务相关联的被测量值)所处的量值散布范围的评定. 它表示由于测量误差的存在而使被测量值不能确定的程度.** 不确定度反映了可能存在的误差分布范围,即随机误差分量和未定系差分量的联合分布范围.

在实验数据处理时,通常先做误差分析,必要时谨慎剔除高度异常值,修正已定系差,然后再评定不确定度.

不确定度理论并不排斥误差的概念,它们有着各自不同的定义和性质. 不确定度原则上总是可以具体评定的,而误差由于真值的未知性而不能计算. 不可能用指出误差的方法去说明测量结果的可信赖程度,而只能用误差的某种可能的数值去说明测量结果的可信赖程度,所以不确定度更能表示测量结果的性质和测量的质量,常被看做是测量质量的表征. 测量不确定度采用与测量结果相关的参数表示,记为符号 u.

例如:用三个 0.1 级的电阻箱组成自组惠斯通电桥测某个未知电阻,测量结果写成下式:

$$R_x = R \pm u_c = (199.5 \pm 0.8)\ \Omega \quad (p = 0.683)$$

这个表达式表明测量结果在置信概率为 0.683 时不确定范围为 $\pm 0.8\ \Omega$,说明电阻 R_x 落在(198.7～200.3) Ω 范围内的可能性为 68.3.

由此看出,不确定度本身就是一个置信概率问题,**除了某些特殊的测量之外,不确定度的数值通常最多保留两位,再多就没有意义了. 作为一种教学规范,通常**

规定:不确定度的数值取位最多不超过2位,并且当第一位为1、2、3时取两位,其余则取1位.

二、直接测量结果的不确定度评定(evaluating uncertainty)

不必测量与被测量有函数关系的其他量,就能直接得到被测量值的测量方法叫直接测量法(direct method of measurement).用等臂天平测质量、用电流表测电流、用特斯拉计测磁感应强度等都是直接测量.

(一) 不确定度的分类及其性质

为了确定测量结果的不确定度这个指标,根据不确定度的计算方法,可以将其分为两类:符合统计规律的、能够用统计方法计算的不确定度称为A类不确定度(或不确定度的A类分量);不符合统计规律的、不能通过统计方法计算的不确定度通称为B类不确定度(或不确定度的B类分量).A类不确定度分量和B类不确定度分量合成为被测物理量的总的不确定度.

1. A类不确定度

设对某物理量x进行n次独立测量,测量列为$x_1,x_2,\cdots,x_i,\cdots,x_n$,则A类不确定度$u_A$(在数值上等于平均值的实验标准偏差)为

$$u_A=s_{\bar{x}}=\sqrt{\frac{1}{n(n-1)}\sum_{i=1}^{n}\left(x_i-\bar{x}\right)^2} \tag{0-9}$$

式(0-9)中的$i=1,2,3,\cdots,n$表示测量次数.

考虑到物理实验教学中测量的次数n都比较少,为了满足置信概率$p=0.683$这一重要条件,采用贝塞尔公式求出平均值的实验标准偏差s(式0-5),再乘以在置信概率$p=0.683$时的因子$f(n)$来确定物理量x的不确定度的A类分量,即

$$u_A=f(n)\cdot\sqrt{\frac{1}{n(n-1)}\sum_{i=1}^{n}\left(x_i-\bar{x}\right)^2} \tag{0-10}$$

其中$f(n)$由表0-3给出.

表0-3 $p=0.683$时的因子$f(n)$

n	2	3	4	5	6	7	8	9	10	$n>10$
$f(n)$	4.58	1.27	0.81	0.63	0.54	0.47	0.43	0.39	0.38	$\frac{1}{\sqrt{n}}$

2. B类不确定度

测量中凡是不符合统计规律的不确定度统称为B类不确定度,记为u_B.它主要由因仪器精度有限而产生的最大允许误差$\Delta_{仪}$构成.

用非统计方法求B类不确定度时常用估计方法.要估计适当,就需要参照某些标准,更取决于估计者的实践经验、学识水平等.本书对B类不确定度的估计只做简化处理.

(1) 仪器的最大允许误差$\Delta_{仪}$

仪器的最大允许误差$\Delta_{仪}$也称仪器的误差(限),是由仪器本身的特性所决定的.一般的仪器说明书中都以某种方式注明仪器的最大允许误差,这由制造厂或计量检定部门给定,它表征同一规格型号的合格产品在正常使用条件下,一次测量可能产生的最大误差.$\Delta_{仪}$通常与仪器最小刻度所对应的物理量的数量级相当,提供的是误差绝对值的极限,而不是测量的真实误差.

$\Delta_{仪}$包含了仪器在规定使用条件下的系统误差和随机误差.例如,数字仪表是通过对被测信号进行适当的放大或衰减后做量化记数给出数字显示的,其中由于放大或衰减系数及量化单位不准造成的误差属于已定系差,来自测量过程中电子系统的漂移而产生的误差属于未定系差,而量化过程的尾数截断造成的误差又带有随机误差的性质.

$\Delta_{仪}$是一种简化了的误差限值,在物理实验中常被用来估计该测量仪器造成的误差范围,这时就称它们为仪器误差,或仪器的基本误差,或允许误差,或显示数值误差.这些叫法虽然不够准确,但是却有助于实验者从数量级上把握测量仪器的准确度.常用仪器的仪器误差(限)如下:

① 长度测量仪器的$\Delta_{仪}$.

游标卡尺的仪器误差限按其分度值估计;钢板尺、螺旋测微计的仪器误差限按其最小分度的$\frac{1}{2}$计算.

② 指针式仪表的$\Delta_{仪}$.

$$\Delta_{仪}=a\%\cdot N_{\mathrm{m}} \tag{0-11}$$

式中,N_{m}是电表的量程,a是准确度等级.

③ 数字式仪表的$\Delta_{仪}$.

$$\left.\begin{aligned}\Delta_{仪}&=a\%\cdot N_x+b\%\cdot N_{\mathrm{m}}\\ \Delta_{仪}&=a\%\cdot N_x+n\end{aligned}\right\} \tag{0-12}$$

式中,a是数字式电表的准确度等级,N_x是显示的读数,b是某个常数,称为“误差的绝对项系数”,N_{m}是仪表的满度值(即量程),n代表仪器固定项误差,相当于最小量化单位的倍数,只取数字1,2,3,….如:某数字电压表$\Delta_{仪}=0.02\%\cdot U_x+2$,则表示固定项误差是最小量化单位的2倍.若测量中取2 V时,测量读数显示为1.8637 V,则最小量化单位为0.0001 V,有

$$\Delta_{仪}=0.02\%\times1.8637+2\times0.0001=5.7\times10^{-4}(\mathrm{V})$$

④ 电阻箱的$\Delta_{仪}$.

根据部颁标准(D)36—61,将测量用的电阻箱分为0.02,0.05,0.1,0.2等四个级别.等级的数值表示电阻箱内电阻器相对误差的百分数,这个电阻箱内电阻器阻值误差与旋钮的接触电阻误差构成电阻箱的仪器误差.即

$$\Delta_{仪}=\sum_{i}a_{i}\%\cdot R_{i}+bm \tag{0-13}$$

式中,R_i 是第 i 个度盘的示值,a_i 是相应电阻度盘的准确度级别,$bm=R_0$ 是残余电阻,b 是与级别有关的常数,m 为实验中实际使用的十进位电阻箱旋钮的个数,具体可参考表 0-4 内容.

表 0-4　电阻箱的 a,b 对应表

级别 a	0.02	0.05	0.1	0.2
常数 b	0.1	0.1	0.2	0.5

⑤ 直流电位差计的 $\Delta_{仪}$.

$$\Delta_{仪}=a\%\cdot\left(U_x+\frac{U_0}{10}\right) \tag{0-14}$$

式中,a 是电位差计的准确度级别(如 UJ31 型电势差计的 $a=0.05$). U_x 是标度盘示值,即测量值. U_0 是有效量程的基准值,规定为该量程中最大的 10 的整数幂(指第一测量盘第 10 点的电压值).

⑥ 直流电桥的 $\Delta_{仪}$.

$$\Delta_{仪}=a\%\cdot\left(R_x+\frac{R_0}{10}\right) \tag{0-15}$$

式中,R_x 是电桥标度盘示值,a 是电桥的准确度级别,R_0 是有效量程的基准值,为该量程内最大的 10 的整数幂.

(2) B类不确定度近似评定

在物理实验中,B类不确定度的来源一般应包括以下三种:仪器误差 $\Delta_{仪}$,$\Delta_{估}$(指测量者对被测物体或对仪器示数判断的不确定性引起的误差)和灵敏度误差 $\Delta_{灵}\left(\Delta_{灵}=\dfrac{0.2}{S}\right)$. 通常情况下 $\Delta_{仪}$,$\Delta_{估}$ 和 $\Delta_{灵}$ 是彼此无关的,由这三类误差共同构成的误差可由 $\Delta=\sqrt{\Delta_{仪}^2+\Delta_{估}^2+\Delta_{灵}^2}$ 表示. 在一般实验中,通常 $\Delta\approx\Delta_{仪}$.

基本仪器的误差(限)含有较多的系统误差分量,有时为了兼顾保险(不确定度估计值适当取大一些)和教学训练的规范化,建议:除非另有说明,仪器误差(限)和近似标准偏差的关系在缺乏信息的情况下,按均匀分布近似处理,即B类不确定度可按下式取值:

$$u_B=\frac{\Delta}{c}\approx\frac{\Delta_{仪}}{c}=\frac{\Delta_{仪}}{\sqrt{3}}\qquad(p=0.683) \tag{0-16}$$

c 被称为置信系数.

(二) 测量结果的表示和合成不确定度

在做物理实验时,要求表示出测量的最终结果. 在这个结果中既要包含待测量的近似真实值 $\bar{x}$,又要包含测量结果的不确定度 u,还要反映出物理量的单位. 因此,要写成物理含义深刻的标准表达形式,即

$$x=\overline{x}\pm u(\text{单位}) \qquad (0-17)$$

式中,x 为待测量;$\overline{x}$ 是测量的近似真实值,u 是合成不确定度. 在不确定度的合成问题中,主要是从系统误差和随机误差等方面进行综合考虑的. 合成不确定度 u 是由不确定度的两类分量(A 类和 B 类)求"方和根"计算而得的,即

$$u=\sqrt{u_A^2+u_B^2} \qquad (p=0.683) \qquad (0-18)$$

一般保留一位有效数字. 为使问题简化,本书只讨论简单情况下(即 A 类、B 类分量保持各自独立变化,互不相关)的合成不确定度.

在上述的标准式中,近似真实值、合成不确定度、单位三个要素缺一不可,否则就不能全面表达测量结果. 它给出了一个范围$(\overline{x}-u)\sim(\overline{x}+u)$,表示待测量的真值在$(\overline{x}-u)\sim(\overline{x}+u)$范围之间的概率为 68.3%,不要认为真值一定就会落在$(\overline{x}-u)\sim(\overline{x}+u)$之间. 认为误差在$-u\sim+u$ 之间也是错误的. 同时,近似真实值 $\overline{x}$ 的末尾数应该与不确定度的所在位数对齐,近似真实值 $\overline{x}$ 与不确定度 u 的数量级、单位要相同. 在实验中,测量结果的正确表示是一个难点,要引起重视,从开始就注意纠正,培养良好的实验习惯,才能逐步克服难点,正确书写测量结果的标准形式.

在物理实验中,直接测量时若不需要对被测量进行系统误差的修正,一般就取多次测量的算术平均值 $\overline{x}$ 作为近似真实值;若在实验中只需测一次或只能测一次,则该次测量值就为被测量的近似真实值. 如果要求对被测量进行一定系统误差的修正,通常是将一定系统误差(即绝对值和符号都确定的可估计出的误差分量)从算术平均值 $\overline{x}$ 或一次测量值中减去,从而求得修正后的直接测量结果的近似真实值. 例如,用螺旋测微器来测量长度时,从被测量结果中减去螺旋测微器的零误差,在间接测量中,$\overline{x}$ 即为被测量的计算值.

例 0-2 采用最小读数为 0.1 g 的物理天平称量某物体的质量,其读数值为 35.41 g,求物体质量的测量结果.

解 采用物理天平称物体的质量,重复测量读数值往往相同,故一般只需进行单次测量即可. 单次测量的读数即为近似真实值,$m=35.41$ g.

物理天平的"示值误差"通常取感量的一半,并且作为仪器误差,即

$$u_B=\frac{\Delta_{\text{仪}}}{\sqrt{3}}=0.03\ (\text{g})$$

测量结果为

$$m=35.41\pm0.03\ \text{g} \qquad (p=0.683)$$

在例 0-1 中,因为是单次测量($n=1$),合成不确定度 $u=\sqrt{u_A^2+u_B^2}$中的 $u_A=0$,所以 $u=u_B$ 即单次测量的合成不确定度等于非统计不确定度. 但是这个结论并不表明单次测量的 u 就小,因为 $n=1$ 时,S_i 发散. 其随机分布特征是客观存在的,测量次数 n 越大,置信概率就越高,因而测量的平均值就越接近真值.

例 0-3 用螺旋测微器测量小钢球的直径 d,五次的测量值(单位:mm)分别

为

$$11.922, 11.923, 11.922, 11.922, 11.922$$

螺旋测微器的最小分度数值为 0.01 mm，试写出测量结果的标准式.

解 (1) 求直径 d 的算术平均值.

$$\overline{d}=\frac{1}{n}\sum_{1}^{5}d_i$$

$$=\frac{1}{5}(11.922+11.923+11.922+11.922+11.922)=11.922\ (\text{mm})$$

(2) 计算 B 类不确定度.

螺旋测微器的仪器误差为

$$u_{\text{B}}=\frac{\Delta_{仪}}{\sqrt{3}}=0.003\ (\text{mm})$$

(3) 计算 A 类不确定度.

$$u_{\text{A}}=S_d=\sqrt{\frac{\sum_{1}^{5}\left(d_i-\overline{d}\right)^2}{n(n-1)}}$$

$$=\sqrt{\frac{(11.922-11.922)^2+(11.923-11.922)^2+\cdots}{5\times(5-1)}}$$

$$=0.0005\ (\text{mm})$$

(4) 合成不确定度.

$$u=\sqrt{u_{\text{A}}^2+u_{\text{B}}^2}=\sqrt{0.00022^2+0.003^2}$$

式中，由于 $0.00022<\frac{1}{3}\times0.003$，故可略去 S_d，于是 $u=0.003$ mm.

(5) 测量结果为

$$d=\overline{d}\pm u=11.922\pm0.003\ (\text{mm})\qquad(p=0.683)$$

从例 0-3 中可以看出，当有些不确定度分量的数值很小时，相对而言可以略去不计. 在计算合成不确定度中求“方和根”时，若某一平方值小于另一平方值的 $\frac{1}{9}$，则这一项就可以略去不计. 这一结论叫做**微小误差准则**. 在进行数据处理时，利用微小误差准则可减少不必要的计算.

评价测量结果，有时候需要引入相对不确定度的概念. 相对不确定度定义为

$$E_u=\frac{u}{x}\times100\% \tag{0-19}$$

E_u 的结果一般应取 2 位有效数字.

测量不确定度表达涉及深广的知识领域和误差理论问题，大大超出了本课程的教学范围. 同时，有关它的概念、理论和应用规范还在不断地发展和完善. 因此，

我们在教学中也在进行摸索，在保证科学性的前提下，尽量把方法理想化、简单化，使初学者易于接受、建立必要的基本概念，为以后的学习和应用打下一个良好的基础.

三、间接测量结果的合成不确定度

间接测量的近似真实值和合成不确定度是由直接测量结果通过函数式计算出来的，既然直接测量有误差，那么间接测量也必有误差，这就是**误差的传递**. 由直接测量值及其误差来计算间接测量值的误差之间的关系式称为误差的传递公式. 设间接测量的函数式为

$$N=F(x,y,z,\cdots)$$

N 为间接测量的量，它有 k 个直接测量的物理量 $x,y,z,\cdots$，各直接观测量的测量结果分别为

$$x=\overline{x}\pm u_x,\quad y=\overline{y}\pm u_y,\quad z=\overline{z}\pm u_z,\cdots$$

① 若将各个直接测量量的近似真实值 $\overline{x},\overline{y},\overline{z},\cdots$ 代入函数表达式中，即可得到间接测量的近似真实值

$$\overline{N}=F(\overline{x},\overline{y},\overline{z},\cdots)$$

② 求间接测量的合成不确定度，由于不确定度均为微小量，相似于数学中的微小增量，对函数式 $N=F(x,y,z,\cdots)$ 求全微分，即得

$$\mathrm{d}N=\frac{\partial F}{\partial x}\mathrm{d}x+\frac{\partial F}{\partial y}\mathrm{d}y+\frac{\partial F}{\partial z}\mathrm{d}z+\cdots$$

式中 $\mathrm{d}N,\mathrm{d}x,\mathrm{d}y,\mathrm{d}z$ 均为微小量，代表各变量的微小变化，$\mathrm{d}N$ 的变化由各自变量的变化决定，$\frac{\partial F}{\partial x},\frac{\partial F}{\partial y},\frac{\partial F}{\partial z},\cdots$ 为函数对自变量的偏导数，记为 $\frac{\partial F}{\partial A_k}$. 将上面全微分式中的微分符号 d 改写为不确定度符号 u，并将微分式中的各项求“方和根”，即为间接测量的合成不确定度

$$\begin{aligned} u_N &=\sqrt{\left(\frac{\partial F}{\partial x}\bigg|_{x=\overline{x}}u_x\right)^2+\left(\frac{\partial F}{\partial y}\bigg|_{y=\overline{y}}u_y\right)^2+\left(\frac{\partial F}{\partial z}\bigg|_{z=\overline{z}}u_z\right)^2+\cdots} \\ &=\sqrt{\sum_{i=1}^{k}\left(\frac{\partial F}{\partial A_k}\bigg|_{A_k=\overline{A}_k}u_{A_k}\right)^2} \end{aligned} \tag{0-20}$$

k 为直接测量量的个数，A 代表 $x,y,z,\cdots$ 各个自变量(直接观测量).

式(0-20)表明，间接测量的函数式确定后，测出它所包含的直接观测量的结果，将各个直接观测量的不确定度 u_{A_k} 乘以函数对各变量(直测量)的偏导数 $\frac{\partial F}{\partial A_k}u_{A_k}$，求“方和根”，即 $\sqrt{\sum_{i=1}^{k}\left(\frac{\partial F}{\partial A_k}u_{A_k}\right)^2}$ 就是间接测量结果的不确定度. 特殊情况，间接测量由单一直接测量值决定，即 $N=F(x)$，其不确定度传递关系为

$$u_N=\frac{\partial F}{\partial x}\bigg|_{x=\bar{x}}\cdot u_x=F'(x)=\bigg|_{x=\bar{x}}\cdot u_x \tag{0-21}$$

式中，$F(x)$对 x 一阶导数为传递函数，它的数值大小表示间接测量结果的不确定度影响的敏感程度.

当间接测量的函数表达式为积和商（或含和差的积商形式）的形式时，为了使运算简便起见，可以先将函数式两边同时取自然对数，然后再求全微分. 即

$$\frac{\mathrm{d}N}{N}=\frac{\partial \ln F}{\partial x}\mathrm{d}x+\frac{\partial \ln F}{\partial y}\mathrm{d}y+\frac{\partial \ln F}{\partial z}\mathrm{d}z+\cdots$$

同样改写微分符号为不确定度符号，再求其“方和根”，即为间接测量的相对不确定度 E_N，即

$$E_N=\frac{u_N}{\overline{N}}=\sqrt{\left(\frac{\partial \ln F}{\partial \mathrm{x}}\bigg|_{\mathrm{x}=\bar{\mathrm{x}}}u_{\mathrm{x}}\right)^2+\left(\frac{\partial \ln F}{\partial \mathrm{y}}\bigg|_{\mathrm{y}=\bar{\mathrm{y}}}u_{\mathrm{y}}\right)^2+\left(\frac{\partial \ln F}{\partial \mathrm{z}}\bigg|_{\mathrm{z}=\bar{\mathrm{z}}}u_{\mathrm{z}}\right)^2+\cdots}$$

$$=\sqrt{\sum_{i=1}^{k}\left(\frac{\partial \ln F}{\partial A_k}\bigg|_{A_k=\overline{A}_k}u_{A_k}\right)^2} \tag{0-22}$$

已知 E_N、$\overline{N}$，由式(0－22)可以求出合成不确定度

$$u_N=\overline{N}\cdot E_N \tag{0-23}$$

这样计算间接测量的统计不确定度时，特别对函数表达式很复杂的情况，尤其显示出它的优越性. 今后在计算间接测量的不确定度时，对函数表达式仅为“和差”形式，可以直接利用式(0－20)，求出间接测量的合成不确定度 u_N，若函数表达式为积和商（或积商和差混合）等较为复杂的形式，可直接采用式(0－22)，先求出相对不确定度，再求出合成不确定度 u_N.

例 0－4 一个钢球的体积 V 可以通过测量钢球的直径 D 求得，已知测得 $D=5.893\pm0.004$ mm，求钢球体积的测量结果.

解 钢球体积的近似值为

$$V=\frac{1}{6}\pi D^3=\frac{1}{6}\times3.1416\times(5.893)^3=107.154\ (\mathrm{mm}^3)$$

根据式(0－21)，钢球体积的不确定为

$$u_V=\frac{1}{2}\pi D^2\bigg|_{D=\overline{D}}\cdot u_d=\frac{1}{2}\times3.14\times(5.893)^2\times0.004=0.218\approx0.2\ (\mathrm{mm}^3)$$

钢球体积的测量结果为

$$V=107.2\pm0.2\ (\mathrm{mm}^3)$$

也可以对钢球的体积两边取对数

$$\ln V=\ln\left(\frac{1}{6}\pi D^3\right)$$

求导得

$$\frac{\mathrm{d}V}{V}=3\,\frac{\mathrm{d}D}{D}$$

则

$$E_V=\frac{u_V}{\overline{V}}=3\,\frac{u_D}{\overline{D}}=3\times\frac{0.004}{5.893}=0.2\%$$

$$u_V=\overline{V}\cdot E_V=107.154\times0.002\approx0.2\ (\mathrm{mm}^3)$$

可以看出,当间接测量结果仅是一个直接测量结果的 n 次幂时,间接测量结果的相对不确定度是直接测量的相对不确定的 n 倍,这样计算更为简单.

例 0-5 已知电阻 $R_1=50.2\pm0.5\ (\Omega)$,$R_2=149.8\pm0.5\ (\Omega)$,求它们串联的电阻 R 和合成不确定度 u_R.

解 串联电阻的阻值为

$$R=R_1+R_2=50.2+149.8=200.0\ (\Omega)$$

合成不确定度

$$u_R=\sqrt{\sum_1^2\left(\frac{\partial R}{\partial R_i}u_{Ri}\right)^2}=\sqrt{\left(\frac{\partial R}{\partial R_1}u_1\right)^2+\left(\frac{\partial R}{\partial R_2}u_2\right)^2}$$

$$=\sqrt{u_1^2+u_2^2}=\sqrt{0.5^2+0.5^2}=0.7\ (\Omega)$$

相对不确定度

$$E_R=\frac{u_R}{R}=\frac{0.7}{200.0}\times100\%=0.35\%$$

测量结果为

$$R=200.0\pm0.7\ (\Omega)$$

在例 0-4 中,由于$\frac{\partial R}{\partial R_1}=1$,$\frac{\partial R}{\partial R_2}=1$,$R$ 的总合成不确定度为各个直接观测量的不确定度平方求和后再开方. 注意:间接测量的不确定度计算结果一般应保留 1 位有效数字,相对不确定度一般应保留 2 位有效数字.

例 0-6 用液体静力称衡法测量一铝块的密度,计算公式 $\rho=\frac{m}{m-m_1}\rho_0$,测得铝块质量 $m=27.06\pm0.02$ g,铝块浸没水中的质量 $m_1=17.03\pm0.02$ g,水的密度查手册知 $\rho_0=0.9997\pm0.0003\ \mathrm{g\cdot cm^{-3}}$,试求铝块密度的测量结果.

解 根据公式有

$$\rho=\frac{m}{m-m_1}\rho_0=\frac{27.06}{27.06-17.03}\times0.9997=2.6971\ (\mathrm{g\cdot cm^{-3}})$$

不确定度分别为

$$u_{\rho m}=\frac{\partial\rho}{\partial m}\cdot u_m=\frac{-m_1}{(m-m_1)^2}\rho_0 u_m$$

$$=-\frac{17.03}{(27.06-17.03)^2}\times0.9997\times0.02$$

$$\approx-0.0034\ (\mathrm{g\cdot cm^{-3}})$$

$$u_{\rho m_1}=\frac{\partial\rho}{\partial m_1}\cdot u_{m_1}=\frac{m}{(m-m_1)^2}\rho_0 u_{m_1}$$
$$=\frac{27.06}{(27.06-17.03)^2}\times 0.9997\times 0.02$$
$$\approx 0.0054\ (\mathrm{g\cdot cm^{-3}})$$
$$u_{\rho\rho_0}=\frac{\partial\rho}{\partial\rho_0}\cdot u_{\rho_0}=\frac{m}{m-m_1}u_{\rho_0}$$
$$=\frac{27.03}{27.06-17.03}\times 0.0003$$
$$\approx 8.1\times 10^{-4}\ (\mathrm{g\cdot cm^{-3}})$$
$$u_\rho=\sqrt{u_{\rho m}^2+u_{\rho m_1}^2+u_{\rho\rho_0}^2}=0.006\ (\mathrm{g\cdot cm^{-3}})$$

密度的测量结果为

$$\rho=2.697\pm 0.006\ \mathrm{g\cdot cm^{-3}}$$

间接测量结果的误差,常用两种方法来估计:算术合成(最大误差法)和几何合成(标准误差).误差的算术合成将各误差取绝对值相加,是从最不利的情况考虑的,误差合成的结果是间接测量的最大误差,因此是比较粗略的,但计算较为简单,它常用于误差分析、实验设计或粗略的误差计算中.例 0-4 中采用几何合成的方法,计算较麻烦,但误差的几何合成较为合理.

第三节 有效数字及其运算法则

物理实验中经常要记录很多测量数据,这些数据应当是能反映出被测量实际大小的全部数字,即有效数字.但是在实验观测、读数、运算与最后得出的结果中.哪些是能反映被测量实际大小的数字应予以保留,哪些不应当保留,这就与有效数字及其运算法则有关.

一、有效数字的概念

任何一个物理量,其测量的结果既然都或多或少地有误差,那么一个物理量的数值就不应当无止境地写下去,写多了没有实际意义,写少了又不能比较真实地表达物理量.因此,一个物理量的数值和数学上的某一个数就有着不同的意义,这就引入了一个有效数字(significant figures)的概念.若用最小分度值为 1 mm 的米尺测量物体的长度,读数值为 5.63 mm.其中 5 和 6 这两个数字是从米尺的刻度上准确读出的,可以认为是准确的,叫做可靠数字.末尾数字 3 是在米尺最小分度值的下一位上估计出来的，是不准确的，叫做欠准数. 虽然是欠准可疑，但不是无中生有，而是有根有据有意义的，显然有一位欠准数字，就使测量值更接近真实值，更能反映客观实际. 因此，测量值应当保留到这一位是合理的，即使估计数是 0，也不能舍去. 测量结果应当而且也只能保留一位欠准数字. 故测量数据的有效数字定义为：**几位可靠数字加上一位欠准数字称为有效数字，有效数字数字的个数叫做有效数字的位数**. 如上述的 5.63 mm 称为三位有效数字.

二、有效数字的有效位数和书写时应注意的问题

对于直接测量，测量结果的有效数字的位数在测量仪器的最小分度值的下一位上. 当然，这最后一位的数字是估计出来的. 如用米尺测量某物体的长度，若它的末端正好与刻度 135 相重合，这时就必须把测量结果记为 135.0 mm 而不是笼统地记为 135 mm. 从数字的概念上看，两者一样大，但从测量及其误差的角度来看，前者却表示了测量进行到了这一位，只不过把它估计为"0"而已. 从有效数字的另一面也可以看出测量用具的最小刻度值，如 0.0135 m 是用最小刻度为毫米的尺子测量的，而 1.030 m 是用最小刻度为厘米的尺子测量的. 有效数字的实际意义在于能反映测量时的准确程度.

有效数字与单位的变化无关. 即测量单位的变化只改变有效数字中的小数点的位置，而有效数字的位数仍保持不变. 由于以表示小数点位置的 0 不是有效数字，当 0 不是用做表示小数点位置时，0 和其他数字具有同等地位，都是有效数字. 如 0.0135 m 是三位有效数字，0.0135 m、1.35 cm 及 13.5 mm 三者是等效的，只不过是分别采用了米、厘米和毫米作为长度的表示单位；1.030 m 是四位有效数字. 在进行单位换算时，要避免把 0.0135 m 写成 13500 μm，因为这就无故增加了有效数字的位数. 为了避免单位换算中位数很多时写一长串，或计数时出现错位，常采用科学表达式，通常是在小数点前保留一位整数，用其与 10^n 的乘式表示，如 1.35×10^2 m，1.35×10^4 μm 等，这样既简单明了，又便于计算和确定有效数字的位数.

表达测量结果的有效数字确定的基本依据是不确定度有效数字. 一般地，不确定度只取一位或二位有效数字，表达测量结果的有效数字，其尾数应与不确定度的尾数对齐. 如测某长度的平均值为 10.742 mm，而不确定度是 0.02 mm，则最后结果应写为 10.74 ± 0.02 mm.

三、数字修约规则

在 1981 年发布的国家标准 GB1∶1 中，要对各种测量、计算的数值进行修约. 数值修约(rounding off 或 round off)就是去掉数据中多余的位数，也叫做化整. 数字修约的规则如下：

① 在拟舍弃的数字中，若左边第一个数字小于 5(不包括 5)时，则舍去，即所

拟保留的末位数字不变. 例如:在 36 056.$\underline{43}$ 数字中拟舍去 43 时,4<5,则应为 36 056,我们简称为“四舍”.

② 在拟舍弃的数字中,若左边第一个数字大于 5(不包括 5)时,则进一,即所拟保留的末位数字加一. 例如:在 3 605.$\underline{623}$ 数字中拟舍去 623 时,6>5,则应为 3 606,我们简称为“六入”.

③ 在拟舍弃的数字中,若左边第一个数字等于 5,其右边数字并非全部为零时,则进一,即所拟保留的末位数字加一. 例如:在 360.$\underline{512\ 3}$ 数字中拟舍去 512 3 时,5=5,其右边的数字为非零的数,则应为 361,我们简称为“五看右”.

④ 在拟舍弃的数字中,若左边第一个数字等于 5,其右边数字皆为零时,所拟保留的末位数字若为奇数则进一,若为偶数(包括 0)则不进. 例如:在 360.$\underline{50}$ 数字中拟舍去 50 时,5=5,其右边的数字皆为零,而拟保留的末位数字为偶数(含 0)时则不进,故此时应为 360,简称为“看右左”.

上述规定可概述为:舍弃数字中最左边一位数为小于四(含四)舍、为大于六(含六)入、为五时则看五后若为非零的数则入、若为零则往左看拟留的数的末位数为奇数则入为偶数则舍. 可简述为“四舍六入五看右左”. 还要指出,在修约最后结果的不确定度时,为确保其可信性,还往往根据实际情况执行“宁大勿小”原则.

修约过程应该一次完成,不能多次连续修约. 例如,要使 0.547 保留到一位有效位数,不能先修约成 0.55,接着再修约成 0.6,而应当一次修约成 0.5.

四、有效数字的运算法则

在进行有效数字计算时,参加运算的分量可能很多. 各分量数值的大小及有效数字的位数也不相同,而且在运算过程中,有效数字的位数会越乘越多,除不尽时有效数字的位数也无止境. 即便是使用计算器,也会遇到中间数的取位问题以及如何更简洁的问题. 测量结果的有效数字,只能允许保留一位欠准确数字,直接测量是如此,间接测量的计算结果也是如此. 简化有效数字的运算,约定如下规则.

(一) 加法或减法运算

其结果的有效数字取舍以小数点最少的数值为准,例如:

$$97.\underline{4}+6.23\underline{8}=103.\underline{6}\underline{3}\underline{8}=103.\underline{6}$$

$$21\underline{7}-14.\underline{8}=20\underline{2}.\underline{2}=20\underline{2}$$

推论:若干个直接测量值进行加法或减法计算时,测量时选用精度相同的仪器最为合理.

(二) 乘法和除法运算

计算结果的有效数字的位数与参与运算的各个量中有效数字的位数最少者相同,但是,如果两数字中的第一位数字的相乘加上后面进上来的数大于 10 时,积的位数应多取一位,如:

$$13.\underline{6}\times 1.\underline{6}=2\underline{1}.\underline{76}=2\underline{2}$$

$$2.45\underline{3}\times 6.\underline{2}=15.\underline{2}\,\underline{0}\,\underline{8}\,\underline{6}=1\underline{5}.\underline{2}$$

$$2\,569.\underline{4}\div 19.\underline{5}=13\underline{1}.\underline{7}\,\underline{6}\,\underline{4}\,\underline{1}\cdots=13\underline{2}$$

上例中$2.45\underline{3}$是四位有效数字，$6.\underline{2}$为二位，而这两个乘数的第一位乘积大于 10，因此结果比乘数位数最少的 $6.\underline{2}$ 多一位.

推论：测量的若干个量，若是进行乘法、除法运算，应按照有效位数相同的原则来选择不同精度的仪器.

(三) 乘方和开方运算

其运算结果有效数字的位数与其底数的有效数字的位数相同，例如：

$$(7.32\underline{5})^2=53.6\underline{6}$$

$$\sqrt{32.\underline{8}}=5.7\underline{3}$$

(四) 三角函数和对数运算

其运算结果的有效位数取决于测量值末位变化 1 时计算出函数的绝对误差值的有效位数. 一般情况下可以用微分公式先求出误差，再由误差确定有效数字的位数，例如：

$$\ln 543=6.297$$

由于 $\mathrm{d}(\ln x)=\frac{\mathrm{d}x}{x}$，$x=543$，$\mathrm{d}x=1$，则有$\frac{\mathrm{d}x}{x}=0.002$，因此可取到小数点后第三位，如：

$$\sin 60°16'=0.8683$$

类似地，$\mathrm{d}(\sin x)=\cos x\mathrm{d}x$，则 $\cos 60°16'\times\frac{\pi}{180\times 60}=0.0001$，即最后结果可取到小数点后四位.

物理公式中有些数值，自然数 1，2，3，…以及无理常数 π，$\sqrt{2}$，$\sqrt{3}$，…，不是实验测量值，不存在欠准确数字. 因此，可以视为无穷多位有效数字的位数，书写也不必写出后面的 0，如 $D=2R$，D 的位数仅由直测量 R 的位数决定. 再如测圆柱体体积的公式

$$V=\frac{\pi D^2 h}{4}$$

中的$\frac{1}{4}$不是测量值，在确定 V 的有效数字位数时不必考虑$\frac{1}{4}$的位数. 测圆周长 $L=2\pi R$，若测量值 $R=2.35\times10^{-1}$ m 时，π 应取为 3.142，则

$$L=2\times3.142\times2.35\times10^{-2}=1.48\times10^{-1}\ (\mathrm{m})$$

有多个数值参加运算时，在运算中途应比有效数字运算规则要求的多保留一位，以防止多次取舍引入计算误差，但运算最后仍应舍去，例如：

$$
\begin{aligned}
4\pi\times(3.615^2-2.684^2)\times 12.39 &= 4\pi\times(13.068-7.203\bar{9})\times 12.39 \\
&= 4\pi\times 5.86\bar{4}\times 12.39 \\
&= 4\pi\times 72.6\bar{5} = 4\times 3.142\times 72.6\bar{5} \\
&= 913
\end{aligned}
$$

数字上有横线的不是有效数字,运算过程中保留它,π 要多取一位有效数字,这都是为了减少舍入误差.

第四节 数据处理

物理实验中测量得到的许多数据需要处理后才能用于表示测量的最终结果.用简明而严格的方法把实验数据所代表的事物内在规律性提炼出来就是数据处理.数据处理是指从获得数据起到得出结果为止的加工过程.数据处理包括记录、整理、计算、分析、拟合等多种处理方法,本节主要介绍列表法、作图法、图解法、逐差法、最小二乘法等.

一、列表法

列表是有序记录原始数据的必要手段,也是用实验数据显示函数关系的原始方法.欲使实验结果一目了然,避免混乱,避免丢失数据,便于查对,列表法是记录的最好方法.将数据中的自变量、因变量的各个数值一一对应排列出来,要简单明了地表示出有关物理量之间的关系;可检查测量结果是否合理,能及时发现问题;有助于找出有关量之间的联系和建立经验公式,此为列表法的优点.设计记录表格要求如下.

(一)表格要简明易用

列表要简单明了,利于记录、运算处理数据和检查处理结果,便于一目了然地看出有关量之间的关系.

(二)表中各项目清晰明确

列表要标明符号所代表的物理量的意义.表中各栏中的物理量都要用符号标明,并写出数据所代表物理量的单位及量值的数量级.单位写在符号标题栏,不要重复记在各个数值上.

(三)根据需要选择表格项目

列表的形式不限,根据具体情况,决定列出哪些项目.有些个别与其他项目联系不大的数可以不列入表内.列入表中的除原始数据外,计算过程中的一些中间结果和最后结果也可以列入表中.

(四) 记录的数据应真实有效

表格记录的测量值和测量偏差,应正确反映所用仪器的精度,即正确反映测量结果的有效数字.一般记录表格还有序号和名称.

(五) 按一定顺序排序

若是有函数关系的测量数据,则应按自变量由小到大或由大到小的顺序排列.

例如:如表 0-5 所示,列表表示伏安法测量电阻的测量数据如下.

表 0-5 电阻 R 的伏安特性

电压(V)	0.00	1.00	2.00	3.00	4.00	5.00	6.00	7.00	8.00
电流(mA)	0.00	0.05	1.02	1.49	2.05	2.51	2.98	3.52	4.00

二、作图法

用作图法处理实验数据是数据处理的常用方法之一,它能直观地显示物理量之间的对应关系,揭示物理量之间的联系.作图法是在现有的坐标纸上用图形描述各物理量之间的关系,将实验数据用几何图形表示出来,这就叫做作图法.作图法的优点是直观、形象,便于比较研究实验结果,求出某些物理量,建立关系式等.为了能够清楚地反映出物理现象的变化规律,并能比较准确地确定有关物理量的量值或求出有关常数.在使用作图法时要注意以下几点.

(一) 作图一定要用坐标纸

当决定了作图的参量以后,根据函数关系选用直角坐标纸,单对数坐标纸,双对数坐标纸,极坐标纸等,本书主要采用直角坐标纸.

(二) 坐标纸的大小及坐标轴的比例

应当根据所测得的有效数字和结果的需要来确定,原则上数据中的可靠数字在图中应当标出,图形应布局美观、合理.

(三) 标明坐标轴

对直角坐标系,一般是自变量为横轴,因变量为纵轴,采用粗实线描出坐标轴,并用箭头表示出方向,注明所示物理量的名称、单位.坐标轴上标明所用测量仪器的最小分度值,并要注意有效位数.

(四) 描点

根据测量数据,用直尺和笔尖使其函数对应的实验点准确地落在相应的位置,一张图纸上画上几条实验曲线时.每条图线应用不同的标记如“×”“○”“△”等符号标出,以免混淆.

（五）连线

根据不同函数关系对应的实验数据点分布，把点连成直线或光滑的曲线或折线，连线必须用直尺或曲线板，如校准曲线中的数据点必须连成折线. 由于每个实验数据都有一定的误差，所以将实验数据点连成直线或光滑曲线时，绘制的图线不一定通过所有的点，而要使数据点均匀分布在图线的两侧，尽可能使直线两侧所有点到直线的距离之和最小并且接近相等，有个别偏离很大的点应当应用异常数据的剔除中介绍的方法进行分析后决定是否舍去，原始数据点应保留在图中. 在确信两物理量之间的关系是线性的，或所绘的实验点都在某一直线附近时，将实验点连成一直线.

（六）写图名

作完图后，在图纸下方或空白的明显位置处，写上图的名称，一般将纵轴代表的物理量写在前面，横轴代表的物理量写在后面，中间用“～”连接.

（七）将图纸贴上

最后将图纸贴在实验报告的适当位置，便于教师批阅实验报告.

三、图解法

在物理实验中，做出实验图线以后，可以由图线求出经验公式. 图解法就是根据实验数据作好的图线，用解析法找出相应的函数形式. 实验中经常遇到的图线是直线、抛物线、双曲线、指数曲线、对数曲线. 特别是当图线为直线时，采用此方法更为方便，通过图示的直线关系确定该直线的参数——截距和斜率.

由实验图线建立经验公式的一般步骤：

① 根据解析几何知识判断图线的类型.

② 由图线的类型判断公式的可能特点.

③ 利用半对数、对数或倒数坐标纸，把原曲线改为直线.

④ 确定常数，建立起经验公式的形式，并用实验数据来检验所得公式的准确程度.

（一）用直线图解法求直线的方程

如果做出的实验图线是一条直线，则经验公式应为直线方程

$$y=kx+b \tag{0-24}$$

要建立此方程，必须由实验直接求出 k 和 b，一般有两种方法.

1. 斜率截距法

在图线上选取两点 $P_1(x_1, y_1)$ 和 $P_2(x_2, y_2)$，其坐标值最好是整数值. 用特定的符号表示所取的点，与实验点相区别. 一般不要取原实验点. 所取的两点在实验范围内应尽量彼此分开一些，以减小误差. 由解析几何知，上述直线方程中，k 为直

线的斜率,b 为直线的截距. k 可以根据两点的坐标求出. 则斜率为

$$k=\frac{y_2-y_1}{x_2-x_1} \tag{0-25}$$

其截距 b 为 $x=0$ 时的 y 值;若原实验中所绘制的图形并未给出 $x=0$ 段直线,可将直线用虚线延长交 y 轴,则可量出截距. 如果起点不为零,也可以由式

$$b=\frac{x_2y_1-x_1y_2}{x_2-x_1} \tag{0-26}$$

求出截距,求出斜率和截距的数值代入方程中就可以得到经验公式.

2. 端值求解法

在实验图线的直线两端取两点(但不能取原始数据点),分别得出它的坐标为 (x_1,y_1) 和 (x_2,y_2),将坐标数值代入式(0-26)得

$$\begin{cases} y_1=kx_1+b \\ y_2=kx_2+b \end{cases} \tag{0-27}$$

联立两个方程求解得 k 和 b.

经验公式得出之后还要进行校验,校验的方法是:对于一个测量值 x_i,由经验公式可写出一个 y_i 值,由实验测出一个 y_i' 值,其偏差 $\delta=y_i'-y_i$,若各个偏差之和 $\sum(y_i'-y_i)$ 趋于零,则经验公式就是正确的.

在实验问题中,有的实验并不需要建立经验公式,而仅需要求出 k 和 b 即可.

(二) 曲线改直,曲线方程的建立

在实验工作中,许多物理量之间的关系并不都是线性的,由曲线图直接建立经验公式一般是比较困难的,但仍可通过适当的变换而成为线性关系,即把曲线变换成直线,再利用建立直线方程的办法来解决问题. 这种方法叫做曲线改直. 做这样的变换不仅是由于直线容易描绘,更重要的是直线的斜率和截距所包含的物理内涵是我们所需要的. 例如:

① $y=ax^b$,式中 a、b 为常量,可变换成 $\ln y=b\ln x+\ln a$,$\ln y$ 为 $\ln x$ 的线性函数,斜率为 b,截距为 $\ln a$.

② $y=ab^x$,式中 a、b 为常量,可变换成 $\ln y=(\ln b)\cdot x+\ln a$,$\ln y$ 为 x 的线性函数,斜率为 $\ln b$,截距为 $\ln a$.

③ $PV=C$,式中 C 为常量,要变换成 $P=C\left(\frac{1}{V}\right)$,$P$ 是 $\frac{1}{V}$ 的线性函数,斜率为 C.

④ $y^2=2px$,式中 p 为常量,$y=\pm\sqrt{2p}\cdot x^{\frac{1}{2}}$,$y$ 是 $x^{\frac{1}{2}}$ 的线性函数,斜率为 $\pm\sqrt{2p}$.

例 0-7　单摆的周期 T 随摆长 L 而变,绘出 $T\sim L$ 实验曲线为抛物线形,如图 0-1(a)所示. 若作 $T^2\sim L$ 图,则为一直线,如图 0-1(b)所示. 斜率

$$k=\frac{T^2}{L}=\frac{4\pi^2}{g}$$

由此可写出单摆的周期公式

$$T=2\pi\sqrt{\frac{L}{g}}$$

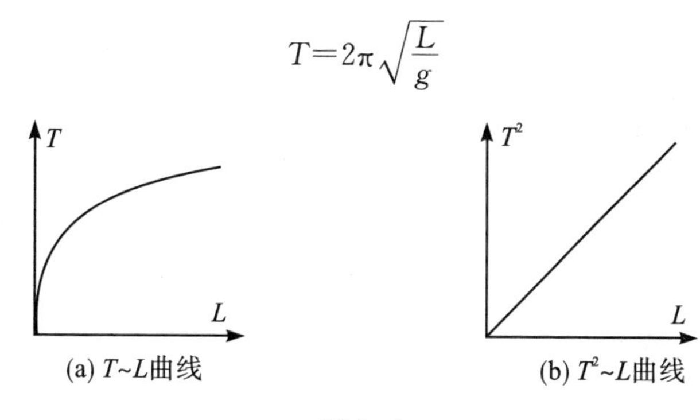

(a) T~L曲线　(b) T^2~L曲线

图 0-1

四、逐差法

在处理实验数据时,若自变量等间距变化(这一点在实验中容易实现),且物理量之间又存在线性关系,可以利用物理实验中经常使用的逐差法来处理数据. 逐差法处理数据与图解法相比,没有人为拟合的随意性,与下面将要介绍的最小二乘法相比,计算又比较简单.

以金属丝的弹性模量的测量为例,在金属丝的弹性限度内,每次加载质量相等的砝码,测得光杠杆标尺读数 x_i;然后再逐次减砝码,对应地测出标尺读数为 x_i',取平均值 $\overline{x}_i=\dfrac{x_i+x_i'}{2}$. 要求应用逐差法计算每增加(或减少)质量相等的砝码时引起的读数变化的平均值$\overline{\Delta x}$.

首先将测量数据按顺序分为两组$(\overline{x_1},\overline{x_2},\cdots,\overline{x_n})$,$(\overline{x_{n+1}},\overline{x_{n+2}},\cdots,\overline{x_{2n}})$,取两组对应项之差$\overline{\Delta x_i}=(\overline{x}_{n+i}-\overline{x}_i)(i=1,2,3,\cdots,n)$. 再求平均值,即

$$\begin{aligned}\overline{\Delta x} &= \frac{1}{n}\sum_{i=1}^{n}\overline{\Delta x_i}=\frac{1}{n}\sum_{i=1}^{n}(\overline{x}_{n+i}-\overline{x}_i)\\ &=\frac{1}{n}[(\overline{x}_{n+1}-\overline{x}_1)+(\overline{x}_{n+2}-\overline{x}_2)+\cdots+(\overline{x}_{2n}-\overline{x}_n)]\end{aligned}\qquad(0-28)$$

相应地,它们对应的砝码质量为

$$m_{n+i}-m_i\qquad(i=1,2,\cdots,n)$$

这样处理保留了多次测量的优越性.

如果不采用逐差法,而采用一般取平均,则

$$\begin{aligned}\Delta x &= \frac{1}{n}\sum_{i=1}^{n}(\overline{x}_{i+1}-\overline{x}_i)\\ &=\frac{1}{n}[(\overline{x}_2-\overline{x}_1)+(\overline{x}_3-\overline{x}_2)+\cdots+(\overline{x}_n-\overline{x}_{n-1})+\cdots+(\overline{x}_{2n}-\overline{x}_{2n-1})]\\ &=\frac{1}{n}(\overline{x}_{2n}-\overline{x}_1)\end{aligned}$$

从上式可以看出,只有首末两次读数对测量结果有贡献,失去了多次测量的好处.这两次读数误差将对测量结果的准确度有很大的影响.

以上讨论说明,逐差法多用在自变量等间隔测量且其测量误差可以略去的情况下.其优点是可以充分利用数据,计算也比较简单,且计算时有某种平均效果,还可以绕过一些具有确定值的未知量而直接得到斜率.在使用该方法计算线性函数时应该注意,必须把数据分为相等数量的两组,并对前后两组数据对应进行逐差.有时测量数据为奇数个,则此时中间的数据可以公用.

五、最小二乘法与一元线性回归

(一) 最小二乘法

数据处理要充分利用测量所获得的信息,以减小误差对测量结果的影响.在处理实验数据时,除了以上介绍的方法之外,还经常使用最小二乘法(method of least squares,MLS).MLS 是一种比较精确的曲线拟合方法,它的基本原理是:**对于等精密度测量,若存在一条最佳的拟合曲线,那么各测量值与这条曲线上对应点之差的平方和(即残差的平方和)应取极小值.**

要想根据原始实验数据拟合最佳曲线,必须首先确定曲线的函数形式.一般采取的方法是根据理论的推断或从实验数据变化的趋势来推测.假设拟合的函数形式为 $y=b_0+\sum b_n x^n$,实验测量数据为 $x_1,x_2,x_3,\cdots,x_k;y_1,y_2,y_3,\cdots,y_k$.在等精密度测量中,当自变量 x 的测量误差远远小于因变量 y 的测量误差时,用最小二乘法估计 b_0,b_k 之值,应满足 y 的测量值 y_i 和 $b_0+\sum b_n x_i^n$ 之差的平方和取极小,即

$$\mathrm{RSS}=\sum_{i=1}^{k}\left[y_i-\left(b_0-\sum_n b_n x_i^n\right)\right]^2=\min \tag{0-29}$$

为满足上述条件,下式应该成立:

$$\begin{cases}\dfrac{\partial}{\partial b_0}\left\{\sum\limits_{i=1}^{k}\left[y_i-\left(b_0-\sum\limits_n b_n x_i^n\right)\right]^2\right\}=0\\ \dfrac{\partial}{\partial b_n}\left\{\sum\limits_{i=1}^{k}\left[y_i-\left(b_0-\sum\limits_n b_n x_i^n\right)\right]^2\right\}=0\end{cases} \tag{0-30}$$

通过解方程组(0-30),就可以求出表达式 $y=b_0+\sum b_n x^n$ 中的 $b_0,b_1,b_2,\cdots,b_n$ 之值.

(二) 用最小二乘法进行一元线性回归

下面介绍利用上面介绍的方法,讨论用最小二乘法处理直线拟合(一元线性回归)的具体问题.

设直线的函数形式是 $y=b+kx$.由实验测得自变量 x 与因变量 y 的数据是

$x_1, x_2, \cdots, x_k$ 和 $y_1, y_2, \cdots, y_k$. 在自变量 x 的测量误差远远小于因变量 y 的测量误差的前提下,可以认为 x 的测量是准确的,即认为 $x_1, x_2, \cdots, x_k$ 没有测量误差,因变量 y 的相应回归值是 $b+kx_1, b+kx_2, \cdots, b+kx_k$.

用最小二乘法原理估计,k、b 的值满足 y 的测量值 y_i 和 $b+kx_i$ 之差的平方和取极小(图 0-2),即

$$\sum_{i=1}^{n}\Big[y_i-\big(b+kx_i\big)\Big]^2=\min \tag{0-31}$$

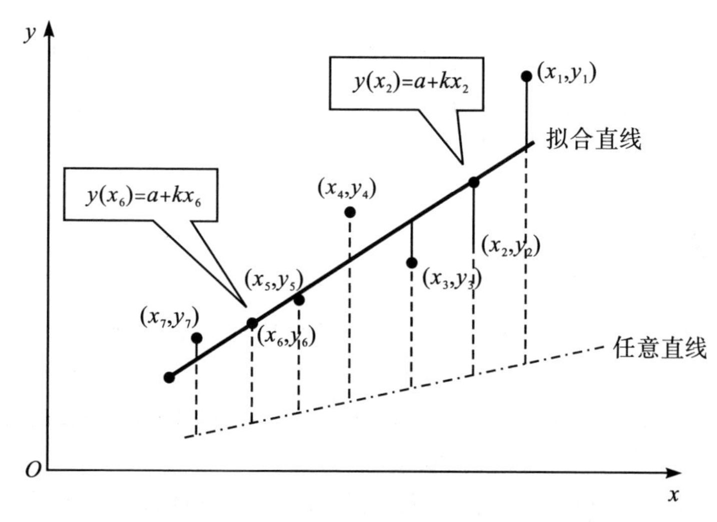

图 0-2

选择 b,k 使式(0-30)取极小的必要条件是

$$\begin{cases}\dfrac{\partial}{\partial b}\left\{\sum\limits_{i=1}^{n}\Big[y_i-\big(b+kx_i\big)\Big]^2\right\}=0\\[2ex]\dfrac{\partial}{\partial k}\left\{\sum\limits_{i=1}^{n}\Big[y_i-\big(b+kx_i\big)\Big]^2\right\}=0\end{cases} \tag{0-32}$$

即

$$\begin{cases}-2\sum\limits_{i=1}^{n}\Big[y_i-(b+kx_i)\Big]=0\\[2ex]-2\sum\limits_{i=1}^{n}\Big[y_i-(b+kx_i)\Big]x_i=0\end{cases}$$

得

$$\begin{cases}\overline{y}-b-k\,\overline{x}=0\\\overline{xy}-b\,\overline{x}-k\,\overline{x^2}=0\end{cases} \tag{0-33}$$

式(0-33)中 $\overline{x}$ 表示 x 的平均值,即 $\overline{x}=\dfrac{1}{n}\sum\limits_{i=1}^{n}x_i$,$\overline{y}$ 表示 y 的平均值,即 $\overline{y}=$

$\frac{1}{n}\sum_{i=1}^{n}y_i$，$\overline{x^2}$ 表示 x^2 的平均值，即$\overline{x^2}=\frac{1}{n}\sum_{i=1}^{n}x_i^2$，$\overline{xy}$ 表示 xy 的平均值，即$\overline{xy}=\frac{1}{n}\sum_{i=1}^{1}x_iy_i$.

解方程(0-33)得

$$k=\frac{\overline{x}\cdot\overline{y}-\overline{xy}}{\overline{x}^2-\overline{x^2}} \tag{0-34}$$

$$b=\overline{y}-k\overline{x} \tag{0-35}$$

必须指出，实验中只有当 x 和 y 之间存在线性关系时，拟合的直线才有意义. 在待定参数确定以后，为了判断所得的结果是否有意义，在数学上引进一个叫“相关系数”的量. 通过计算一下相关系数 r 的大小，才能确定所拟合的直线是否有意义. 对于一元线性回归，r 的定义为

$$r=\frac{\overline{xy}-\overline{x}\cdot\overline{y}}{\sqrt{\left(\overline{x^2}-\overline{x}^2\right)\cdot\left(\overline{y^2}-\overline{y}^2\right)}} \tag{0-36}$$

可以证明，$|r|\leqslant 1$. 若直线 $y=b+kx$ 通过所有的实验点，则 $r=1$ 或 $r=-1$. 若 x,y 之间线性相关强烈，则$|r|\approx 1$，且当 $r>0$ 时，表示正相关；$r<0$ 时表示负相关. 如果$|r|\approx 0$，则说明实验数据分散，x,y 之间无线性关系，此时应根据实验数据或理论推演，重新试探 x,y 之间的函数关系.

$|r|$ 存在一个临界值，当 $|r|$ 大于临界值，回归的线性方程才有意义. $|r|$ 的临界值与实验观测次数 n 和置信度有关，可查表 0-6.

用最小二乘法求经验公式中的常数 k 和 b 是“最佳的”，但并不是没有误差. 可以证明，斜率 k 的标准偏差

$$s_k=k\sqrt{\frac{1}{n-2}\cdot\left(\frac{1}{r^2}-1\right)} \tag{0-37}$$

截距 b 的标准偏差为

$$s_b=s_k\cdot\sqrt{\overline{x^2}} \tag{0-38}$$

表 0-6

n	3	4	5	6	7	8	9	10	11	12
$r_{临}$	0.9998	0.9990	0.959	0.917	0.874	0.834	0.798	0.765	0.735	0.708
n	13	14	15	16	17	18	19	20	21	22
$r_{临}$	0.684	0.661	0.641	0.623	0.606	0.590	0.575	0.561	0.549	0.537

非线性回归是一个很复杂的问题，并无一定的解法. 但是通常遇到的非线性问题多数能够化为线性问题. 已知函数形式为：$y=C_1e^{C_2x}$，两边取对数得

$$\ln y=\ln C_1+C_2x$$

令 $\ln y=z$，$\ln C_1=b$，$C_2=k$，则上式变为

$$z=kx+b$$

这样就将非线性回归问题转化成为一个一元线性回归问题.

例 0-8 现有一电阻丝，测得其阻值随温度变化的实验数据如表 0-7 所示.用最小二乘法做以下内容.

(1) 线性拟合，并写出直线方程；

(2) 求出电阻温度系数 α 和 0 ℃时的电阻 R_0；

(3) 求出相关系数 r，评价相关程度.

表 0-7

t(℃)	15.0	20.0	25.0	30.0	35.0	40.0	45.0	50.0
R(Ω)	28.05	28.52	29.10	29.56	30.10	30.57	31.00	31.62

解 金属导体的电阻和温度的关系为

$$R=R_0(1+\alpha t)=R_0+\alpha R_0 t$$

令

$$y=R$$
$$x=t$$
$$b=R_0$$
$$k=\alpha R_0$$

则有

$$y=kx+b$$

相关计算数据结果见表 0-8.

表 0-8

i	x_i	x_i^2	y_i	y_i^2	x_iy_i
1	15.0	225.0	28.05	786.8	420.8
2	20.0	400.0	28.52	813.4	570.4
3	25.0	625.0	29.10	846.8	727.5
4	30.0	900.0	29.56	873.8	886.8
5	35.0	1225	30.10	906.0	1054
6	40.0	1600	30.57	934.5	1223
7	45.0	2025	31.00	961.0	1395
8	50.0	2500	31.62	999.8	1581
平均值	32.5	1187.5	29.815	890.269	982.219

由表 0-8 知

$$\overline{x}=32.5,\quad \overline{x^2}=1187.5$$

$$\overline{y}=29.815,\quad \overline{y^2}=890.269$$

$$\overline{xy}=982.219$$

代入式(0-34)、式(0-35)中得

$$aR_0=k=\frac{\overline{x}\cdot\overline{y}-\overline{xy}}{\overline{x}^2-\overline{x^2}}=0.101$$

$$R_0=b=\overline{y}-A_1\overline{x}=26.5$$

故函数关系为

$$R=26.5+0.101t$$

其中

$$R_0=26.5\ (\Omega)$$

$$\alpha=\frac{A_1}{R_0}=\frac{0.101}{26.5}=3.81\times10^{-3}(℃^{-1})$$

又由式(0-36)得

$$r=\frac{\overline{xy}-\overline{x}\cdot\overline{y}}{\sqrt{\left(\overline{x^2}-\overline{x}^2\right)\left(\overline{y^2}-\overline{y}^2\right)}}=0.9995$$

由 r 值可见,R 与 t 之间有较好的线性关系,即相关程度较好.

【课后习题】

1. 选择题

(1) 依据获得测量结果方法的不同,测量可以分为两大类,即(　　).

(A) 多次测量和单次测量　　(B) 等精度测量和不等精度测量

(C) 直接测量和间接测量　　(D) 以上都正确

(2) 对一物理量进行等精度多次测量,其算术平均值是(　　).

(A) 最接近真值的值　　(B) 真值

(C) 误差最大的值　　(D) 误差为零的值

(3) 对一物理量进行多次等精度测量,其目的是(　　).

(A) 减少随机误差　　(B) 消除随机误差

(C) 减少系统误差　　(D) 消除系统误差

(4) 用螺旋测微计测量长度时,测量值=末读数-初读数,初读数是为了消除(　　).

(A) 随机误差　　(B) 系统误差

(C) 绝对误差　　(D) 相对误差

(5) 测量结果的标准表达式为 $x=\overline{x}\pm\sigma_x$,其含义是(　　).

(A) 被测量值必定等于 $\overline{x}+\sigma_x$ 或 $\overline{x}-\sigma_x$

(B) 被测量值可能等于 $\overline{x}+\sigma_x$ 或 $\overline{x}-\sigma_x$

(C) 被测量值以一定的概率落在 $\overline{x}-\sigma_x$ 和 $\overline{x}+\sigma_x$ 之间

(D) 被测量值一定落在 $\overline{x}-\sigma_x$ 或 $\overline{x}+\sigma_x$ 之间

2. 改正下列错误的写法.

(1) $N=10.8000\pm0.2$ cm;

(2) $q=(1.61248\pm0.28765)\times10^{-19}$ C;

(3) $L=12$ km±100 m;

(4) $E=(1.93\times10^{11}\pm6.67\times10^{9})$ N·m^{-2}.

3. 用天平称一物体质量,五次测量值为(单位:g)

36.12 ,36.16 ,36.18 ,36.15 ,36.13

求这些数据的算术平均值以及标准偏差和算术平均值的标准偏差.

4. 已知电阻 $R_1=50.2\pm0.5\ \Omega$,$R_2=149.8\pm0.5\ \Omega$,求它们并联的电阻 R 结果的标准式.

5. 计算 $\rho=\dfrac{4m}{\pi D^2 H}$的结果,其中 $m=236.124\pm0.002$ g;$D=2.345\pm0.005$ cm;$H=8.21\pm0.01$ cm.

6. 利用单摆测重力加速度 g,当摆角 $\theta<5^\circ$时,$T=2\pi\sqrt{\dfrac{L}{g}}$,式中摆长 $L=97.69\pm0.02$ cm,周期 $T=1.9842\pm0.0002$ s. 求 g 和 σ_g,并写出标准式.

7. 把下列各数按数字修约规则取为四位有效数字.

(1) 21.495;

(2) 43.465;

(3) 8.1308;

(4) 1.799501.

8. 根据有效数字运算规则,计算下列各式的结果.

(1) $\dfrac{\pi}{4}\times2.575\times(3.600^2-2.880^2)$ (其中圆周率 $\pi=3.141592653\cdots$,4 为常数);

(2) $\dfrac{0.427\times(72.6+4.38)^2}{323.7-319.312}+0.10$;

(3) $\dfrac{50.00\times(18.30-16.3)}{(103-3.0)\times(1.00+0.001)}+210.00$.

9. 测量一金属的线胀系数所得的数据如表 0 - 9 所示.

表 0 - 9

t (℃)	30.0	40.0	50.0	60.0	70.0	80.0	90.0	100.0
L (cm)	60.124	60.162	60.206	60.242	60.284	60.320	60.366	60.402

设 $L=L_0(1+bt)$，其中 b 为线胀系数，L_0 为 0 ℃时的金属条的长度. 分别以

(1) 作图法；

(2) 最小二乘法，

求出该金属条的线胀系数 b 及长度 L_0.

10. 现以测量热敏电阻的阻值 R_T 随着温度变化的关系为例，其函数关系为 $R_T=ae^{\frac{b}{T}}$，其中 a,b 为待定常数，T 为热力学温度. 实验时测得热敏电阻在不同温度下的阻值，如表 0 - 10 所示，要求：

表 0 - 10

T (K)	300.0	302.7	305.2	309.2	311.2	315.2	317.5	321.0	326.5	330.5
R_T (Ω)	3427	3127	2824	2489	2261	2000	1826	1634	1353	1193

(1) 变换成直线形式并作图；

(2) 用最小二乘法求出该热敏电阻的常数 a,b 及 r.

一　力热部分

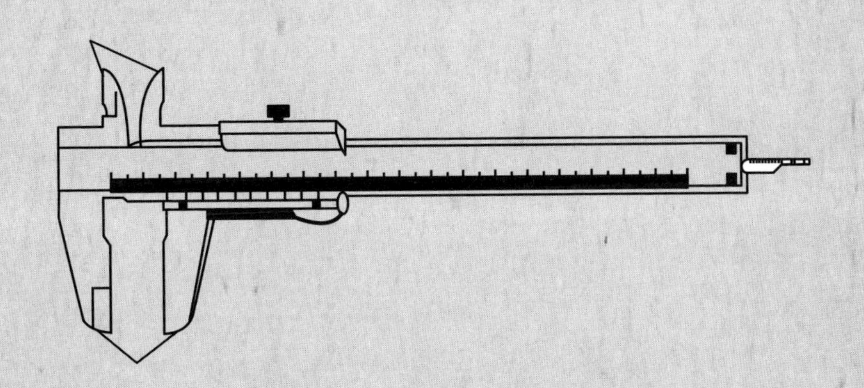

实验一　长度的测量

长度是一个基本物理量.长度测量不仅在生产和科学实验中被广泛使用,而且其他许多物理量也常常化为长度量进行测量.长度测量是一切测量的基础.掌握长度测量方法显得十分重要.

物理实验中常用的长度测量仪器是米尺、游标卡尺、螺旋测微计(千分尺)、读数显微镜等.通常用量程和分度值表示这些仪器的规格.量程是测量范围,分度值是仪器所标示的最小分划单位,仪器的最小读数.分度值的大小反映仪器的精密程度,分度值越小,仪器越精密,仪器的误差相应也越小.学习使用这些仪器,应该掌握它们的构造原理、规格性能、读数方法、使用规则及维护知识等.

【实验目的】

(1) 学会游标卡尺、螺旋测微器和读数显微镜的测量原理与使用方法.

(2) 学会一般仪器的读数规则,掌握不确定度计算和有效位数的基本概念.

【实验仪器】

米尺、游标卡尺、螺旋测微计、读数显微镜和待测物体(圆柱体、小钢球和遮光片等).

【实验原理】

一、米尺

米尺的最小分度值一般为 1 mm,使用米尺测量长度时,可以准确读到毫米这一位上,米尺以下的一位要凭视力估读.使用米尺测量时,为了避免因米尺顶端磨损而引入的误差,一般不从“0”刻度线开始;为了避免因米尺具有一定厚度,观察者视线方向不同而引入的误差,必须使待测物与米尺刻度线紧贴;为了减少因米尺刻线不均匀而引入的误差,可以选择不同的测量起点对待测物做多次测量.

二、游标卡尺

为了提高测量精度,在米尺上再附加一个可以滑动的游标,这就构成了游标卡尺,如图 1-1 所示.

游标原理:游标上的 m 个分格的总长度与主尺上 $m-1$ 个分格的总长度相等.设 y 代表主尺上一个分格的长度,x 代表游标上一分格的长度,则有

$$mx=(m-1)y$$

那么

$$\Delta x=y-x=\frac{y}{m}$$

Δx 就是从游标尺上可以精确读出的最小数值,即 Δx 是游标尺的分度值.

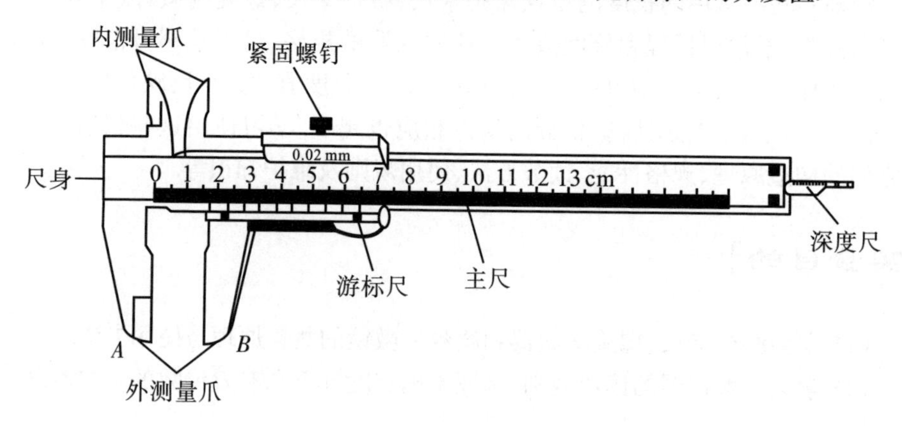

图 1-1　游标卡尺

下面以 $m=10$ 的游标(即十分游标)为例说明这一点.对 $m=10$,游标上刻有 10 个小分格,这 10 个分格的总长应等于主尺上的 9 个分格的长度.因为主尺上每个分格是 1 mm,所以游标上 10 个分格的总长是9 mm,

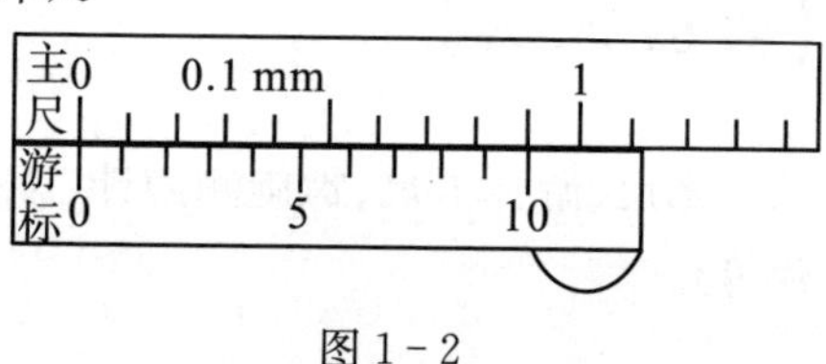

图 1-2

显然游标上每个分格的长度是 0.9 mm,当卡口 AB 合拢时,游标上的"0"线与主尺上的"0"线相重合.这时游标上的第一条刻度线必然处在主尺第一条刻度线的左边,且相差 0.1 mm,游标上第二条刻度线在主尺第二条刻度线左边的 0.2 mm 处……以此类推,游标上的第十条刻度线正好与主尺上第九条刻度线相对齐,如图 1-2 所示.

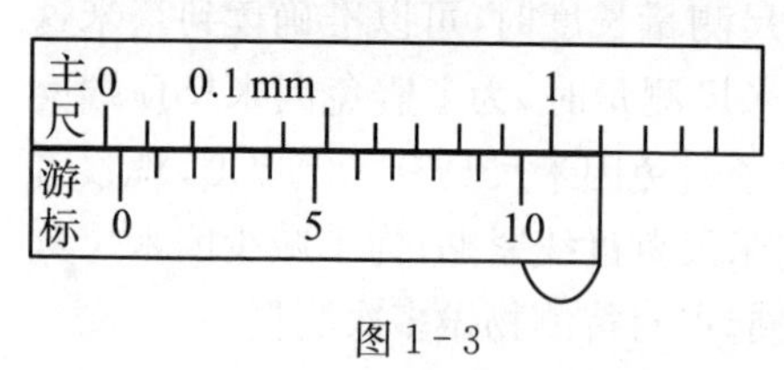

图 1-3

如果我们在外测量爪间放一个待测物,如厚度为 0.1 mm 的薄片,这时游标的第一条刻度线就会与主尺的第一条刻度线相重合,而游标上的其他所有刻度线都不会与主尺上的任何一条刻度线相重合(图 1-3).如

果薄片厚为0.2 mm，那么，游标的第二条刻度线就会与主尺上的第二条刻度线相重合，以此类推. 反过来讲，如果游标上的第一条刻度线与主尺上的刻度线相重合，那么薄片的厚度就是 0.1 mm，如果游标上的第二条刻度线与主尺上的刻度线相重合(图 1-3)，薄片的厚度就是 0.2 mm，以此类推. 这说明利用游标可以精确读出毫米以下的值，而精确程度则由主尺与游标的每个分格之差 Δx 来决定.

我们实验室里用得较多的游标卡尺是 $m=50$ 的一种，即游标上的 50 个分格与主尺上的 49 mm 等长. 这就是五十分游标，它的分度值为：$\Delta x=y-x=\frac{1}{50}y=0.02$ (mm). 当外测量爪间放一个待测物薄片厚度为 0.02 mm 时，游标的第一条刻度线正好与主尺上的第一条刻度线相重合；当待测薄片的厚度为 0.04 mm 时，游标上的第二条刻度线与主尺上的第二条刻度线相重合……反过来说，当游标上第一条刻度线与主尺刻度线相重合时，就可读出待测厚度为 0.02 mm，当游标上第二条刻度线与主尺刻度线相重合时，就可读出待测厚度值为 0.04 mm，以此类推. 举例来说，当游标上的第十二条刻度线与主尺的某一刻度线相重合时，即可直接读出待测厚度为 0.24 mm. 按图 1-4 所示，游标上刻有 0,1,2,3,4,5,6,7,8,9,10，是为了便于直接读数. 例如，测量某一薄片，当我们判定游标上 7 字刻度线(游标上 0 刻度线右边第 35 条刻度线)与主尺的刻度线相重合时，即可直接读出 0.70 mm，而不必数它是游标上的多少条刻度线，再读 0.70 mm.

游标尺的读数误差：用游标尺测量结果的读数，根据游标上某一条刻度线与主尺上刻度线相重合而定，因而这种读数方法产生的误差就由游标上刻度线与主尺上刻度线两者接近的程度所决定，而两者的不重合程度又总小于$\frac{\Delta x}{2}$，所以游标尺的读数误差不会超过$\frac{\Delta x}{2}$. 例如，五十分游标的 $\Delta x=0.02$ mm，测量结果所记录的最小值是 0.02 mm；某一测量记录可以是 18.02 mm 或 18.04 mm，而不取 18.03 mm. 因为我们要么判定游标的第一条刻度线与主尺重合，要么判定游标的第二条刻度线与主尺刻度线重合，一般难以再做细微的分辨，所以不取 18.03 mm 这个读数. 游标尺的零点校正：使用游标尺测量之前，应先把卡口 A、B 合拢，检查游标的“0”线和主尺的“0”线是否重合，如不重合，应记下零点读数，用它对测量结果加以校正. 即待测量 $x=x'-x_0$，x' 为未做零点校正的测量值，x_0 为零点读数. x_0 可以为正，也可以为负.

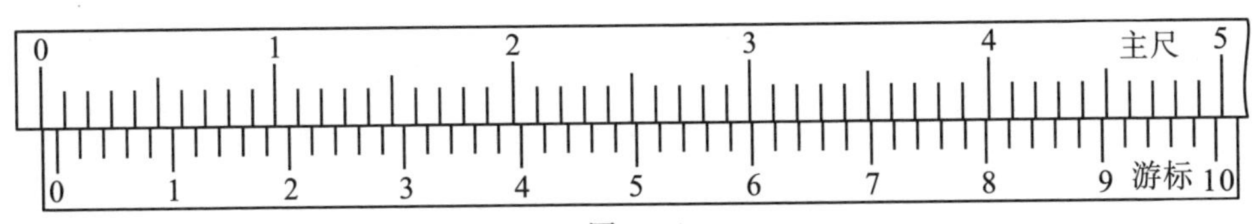

图 1-4

三、螺旋测微器(计)和螺旋测微原理

螺旋测微器:是比游标尺更精密的长度测量仪器,实验室常用的螺旋测微器量程为 25 mm,分度值是 0.01 mm,可估读到$\frac{1}{1\ 000}$ mm,故又名千分尺. 螺旋测微器的构造如图 1-5 所示. 主要部分是一个微动螺杆,螺距是 0.5 mm,也就是说,当螺旋杆旋转一周时,沿轴线方向的移动是 0.5 mm,螺旋杆与螺旋柄相连,在柄上有沿圆周的刻度,共 50 分格. 显然,螺旋柄上圆周的刻度走过一分格时,螺杆沿轴线方移动$\frac{0.5}{50}$ mm=0.01 mm.

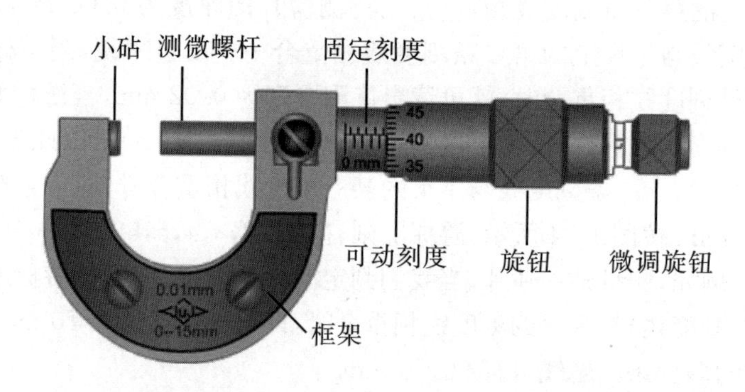

图 1-5

螺旋测微器的读数:在图 1-6 中,可以这样读数,先以 C 线为准读主尺,显然长度在 6.5～7.0 mm 之间,于是先读出 6.5 mm,然后再以 D 线为准读圆周上的刻度,D 线处在 25～26 之间,于是可以读出 0.25 mm(因分度值是 0.01 mm),最后还要估计下一位数,例如估计为 5(即 0.005 mm),于是最后可得出读数为 6.755 mm. 图 1-7 中所示的读数为 6.251 mm. 在此要注意半毫米指示线,读数时要看清 C 线是处在半毫米线的哪一边,再判定应读多少,否则容易出错.

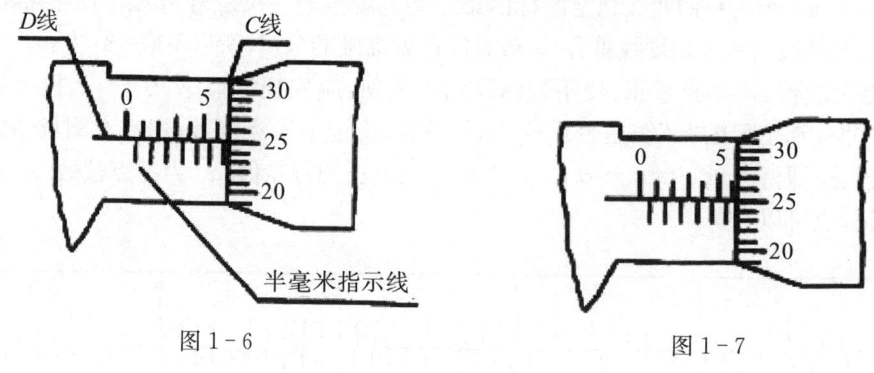

图 1-6　　图 1-7

【使用螺旋测微器要点】

(1) 测量读数时应注意以下几点.

① 测量时,在测微螺杆快靠近被测物体时应停止使用旋钮,而改用微调旋钮,避免产生过大的压力,既可使测量结果精确,又能保护螺旋测微器.

② 在读数时,要注意固定刻度尺上表示半毫米的刻线是否已经露出.

③ 读数时,千分位有一位估读数字,不能随便扔掉,即使固定刻度的零点正好与可动刻度的某一刻度线对齐,千分位上也应读取为"0".

④ 校正零点:常会发现圆周上的"0"线并不正指着 D 线"0",即零点不重合,将出现零误差,应加以修正,即在最后测长度的读数上去掉零误差的数值.

例如,它指在"2"刻度线上,则在以后测长度时,需将测得值减去 0.020 mm;又如,距"0"线尚差 2 个分度,则实际长度应以读出长度减去 −0.020 mm(即加上 0.020 mm).

(2) 校正零点及夹紧待测物体时,都应轻轻转动小棘轮推进螺杆,不得直接拧转螺旋柄,以免夹得太紧,影响测量结果,甚至损坏仪器.转动小棘轮时,只要听到"咯咯"响声,螺杆就不再推进了,即可进行读数.

(3) 制动器是用来锁紧螺杆的,使用时应放松,不得在锁紧螺杆的情况下进行测量.

四、读数显微镜工作原理

读数显微镜是将测微螺旋和显微镜组合起来精确测量长度的仪器,如图 1-8 所示.它的测微螺距为 1 mm,螺旋测微器的活动套筒对应的部分是测微鼓轮,它的周边等分为 100 个分格,每转一分格显微镜将移动 0.01 mm,所以读数显微镜的测量精度也是 0.01 mm,它的量程一般是 50 mm.此仪器所附的显微镜是低倍的,由三部分组成:目镜、叉丝和物镜.

读数显微镜的调节与使用:

① 调节物镜或待测物,使它们位于同一竖直面上.

② 伸缩目镜看清叉丝.

③ 转动调焦手轮,前后移动显微镜筒,改变物镜到待测物之间的距离,看清待测物.

④ 转动测微鼓轮移动显微镜,使十字准线中的交叉点与待测物上目标点重合,读出主尺与测微鼓轮上的示数,沿同方向旋转测微鼓轮,使准线中交叉点与待测物上另一目标点重合,记下主尺与测微鼓轮示数,两次读数之差的绝对值即为两目标点间的距离.

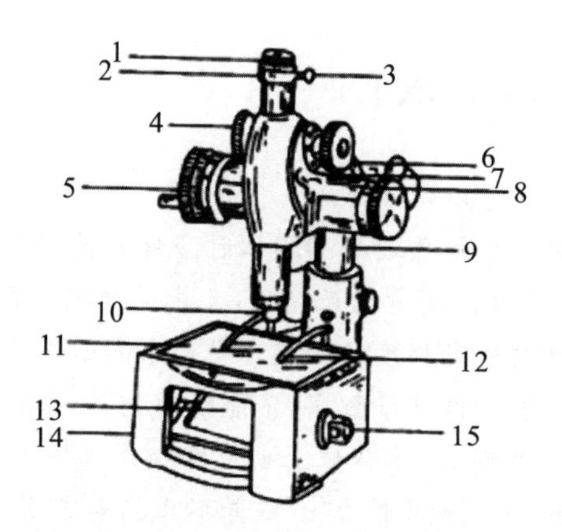

1. 目镜 2. 锁紧圈 3. 锁紧螺钉 4. 调焦手轮 5. 测微鼓轮 6. 横杆 7. 标尺 8. 旋手 9. 立柱 10. 物镜 11. 台面玻璃 12. 弹簧压片 13. 反光镜 14. 底座 15. 旋转手轮

图 1-8 读数显微镜

注意防止回程误差.

移动显微镜,使其从相反方向对准同一待测物,两次读数似乎应当相同,实际上由于螺丝和螺套不可能完全密接,螺旋转动方向改变时,它们的接触状态也将改变,两次读数将不同,由此产生的测量误差称为回程误差. 为了防止回程误差,在测量时向同一方向转动鼓轮使叉丝和各待测物目标对准,当移动叉丝超过了待测物时,就要多退回一些,重新再向同一方向转动鼓轮去对准待测物即可.

【实验步骤与要求】

一、空心圆柱体体积测量

(1) 检查调整游标卡尺,使其能顺利测量,并观其是否有零差,如有,必须记录零差.

(2) 用游标卡尺测量空心圆柱体外径 D、内径 d 及高 h 各 10 次,并列成数据表格.

(3) 严格按有效数字运算法则计算空心圆柱体(样品)体积及其标准偏差.

(4) 估算样品体积的不确定度,完整表达实验结果(记录在表 1-1 中).

表 1-1 空心圆柱体内外直径和高的测量数据参考表格 (单位:mm)

游标卡尺编号( )				游标卡尺精度( )				零点读数( )		
外径 D										
内径 d										
高 h										

二、钢球体积的测量

(1) 弄清螺旋测微器的构造和读数方法,记录螺旋测微器的零差(注意其正负值).

(2) 用螺旋测微器测量钢球的直径 D,在不同的部位测量 8 次.

(3) 计算钢球(样品)直径 D 的标准偏差与体积 V 的标准偏差.

(4) 计算钢球的体积,并估算其不确定度,完整表达实验结果(将其记录在表 1-2 中).

表 1-2　钢球直径测量数据参考表格　　(单位:mm)

螺旋测微器型号(　　　　)				零点读数(　　　　)				
测量值								
真实值								

三、读数显微镜的使用

(1) 练习使用读数显微镜.

(2) 用读数显微镜测量钢板尺刻度线的宽度(或遮光片的宽度)6 次并取平均.

(3) 计算样品测量的不确定度,给出测量结果的表达式(将其记录在表 1-3 中).

表 1-3　待测体宽度的测量数据参考表格　　(单位:mm)

目标点 1 读数								
目标点 2 读数								
待测体宽度								

【预习思考题】

(1) 使用螺旋测微器夹紧待测物体时,为什么要轻轻转动小棘轮,而不允许直接拧转螺旋柄?

(2) 用米尺(最小分度为 mm)测物体长度,正确的记录是______.

(A) 3.2 cm　　(B) 50 cm　　(C) 78.86 cm

(D) 60.00 cm　　(E) 16.175 cm

(3) 用温度计(最小分度为 0.5 ℃)测温度,正确的记录是______.

(A) 3.20 ℃　　(B) 50.4 ℃　　(C) 100 ℃

(D) 14.73 ℃　　(E) 50.00 ℃

(4) 如图 1-9 所示,主尺最小分度是 1 mm,游标上有 20 个小的等分刻度的游标卡尺测量一工件的长度,图示的长度是______ mm.

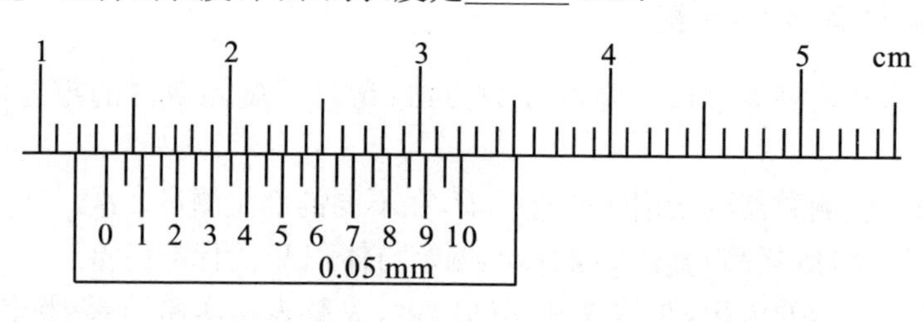

图 1 - 9

【课后习题】

(1) 游标尺的最小分度为 0.01 mm,其主尺的最小分度为 0.5 mm,此游标尺的分度格数是多少?

(2) 有一游标卡尺,主尺的最小分度为 1 mm,游标尺上有 50 分等分刻度,其长度为 49 mm,这种游标卡尺的精确度为______. 用这种游标卡尺测某物体的长度时,游标尺上第 36 条刻度线与主尺上的"12 cm"刻度对齐,该物体的长度是______.

(3) 何谓仪器的分度数值? 米尺、20 分度游标卡尺和螺旋测微器的分度数值各为多少? 如果用它们测量一个物体约 2 cm 的长度,问待测量能分别读得几位有效数字?

(4) 用游标卡尺测一金属棒的直径 d 得到如下数据(单位:cm)

1.515,1.510,1.520,1.515,1.510,1.515

试求 $d=\overline{d}\pm u(\overline{d})$.

(5) 已知一铁管的体积计算公式 $V=\frac{\pi}{4}(d_2^2-d_1^2)l$,且测得 $d_1=2.8700\pm 0.0046$ cm,$d_2=3.2463\pm 0.0038$ cm,$l=10.05\pm 0.05$ cm,求 $V=\overline{V}\pm u(\overline{V})$.

实验二　密度的测量

密度是物体的基本属性之一，它是用来表征物质的成分及其组成结构这一特性的，各种物质具有确定的密度值，它的大小与物质的纯度有关. 因此工业上常通过物质的密度测定来进行原料成分的分析和纯度鉴定. 物质密度测定在生产实践和科学实验中应用非常广泛. 本实验介绍几种固体和液体密度的测量原理与方法.

【实验目的】

(1) 了解物理天平的构造原理，掌握它的正确使用方法.

(2) 学会用流体静力称衡法测定固体或液体的密度.

*(3) 了解用比重瓶测定小颗粒固体或液体密度的原理和方法.

【实验仪器】

物理天平，温度计，待测固体和液体，玻璃烧杯，细线，比重瓶等.

【实验原理】

一、流体静力称衡法测固体密度

物质的密度是指单位体积中所含物质的量，若匀质物体的质量为 m，体积为 V，则其密度 ρ 为

$$\rho=\frac{m}{V} \tag{2-1}$$

物体的质量可以通过天平测得很精确，但对于外形不规则的物体的体积，难以由外形尺寸算出精确值. 下面介绍两种情况下测固体密度的流体静力称衡法.

(一) 用流体静力称衡法测定物质密度大于水的固体密度

若不计空气的浮力，物体在空气中称得的质量为 m_1，浸没在液体中称得的质量为 m_2，如图 2-1(a)所示.

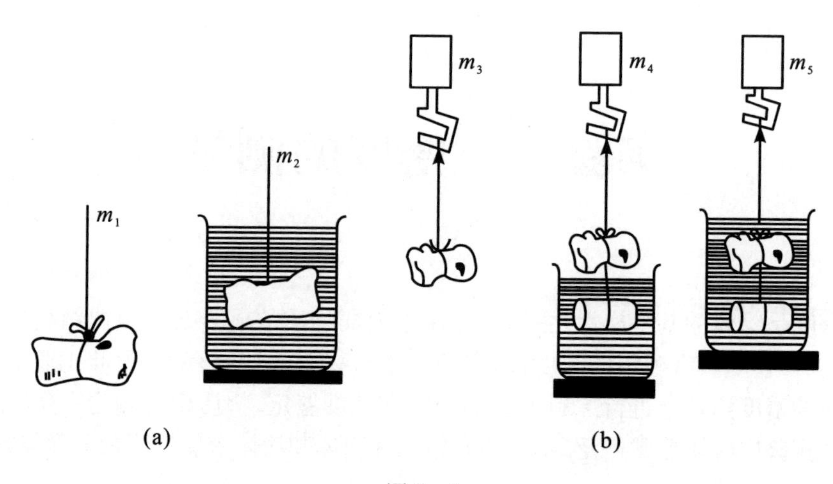

图 2 - 1

根据阿基米德浮力原理,物体受到的浮力等于物体完全浸没于水中所减轻的重量,即

$$V\rho_0 g = m_1 g - m_2 g$$

式中,ρ_0 为液体(如水)的密度,V 为物体排开液体(如水)的体积,也即是待测物体的体积,由此可得

$$V = \frac{m_1 - m_2}{\rho_0}$$

因此,可以推导出不规则形状物体的密度计算公式

$$\rho = \frac{m_1}{V} = \frac{m_1}{m_1 - m_2}\rho_0 \tag{2-2}$$

这种方法实质上是用对易测的质量的测量代替体积的测量.

(二) 用流体静力称衡法测定物质密度小于水的固体密度

当待测物质(如石蜡)的密度小于液体(如水)的密度时,仍然根据流体静力称衡原理,关键是要解决在测量过程中,如何使物体保持完全浸没于液体中的问题.按照图 2 - 1(b)所示,先将物体悬挂于空气中称衡得质量为 m_3,然后将该物体与配重金属物拴在一起,使配重物完全浸没于液体中称得质量为 m_4,最后将配重物和待测物一道完全浸没于液体中,称衡得 m_5. 待测物(如石蜡)浸没于液体中所受到的浮力为 $V\rho_0 g = m_4 g - m_5 g$. 同上原理,待测物体体积为 $V = \frac{m_4 - m_5}{\rho_0}$,则待测物体密度为

$$\rho = \frac{m_3}{V} = \frac{m_3}{m_4 - m_5}\rho_0 \tag{2-3}$$

二、用流体静力称衡法测定液体的密度

任选一质量为 m 的物体全部浸在已知密度为 ρ_0 的液体中，称得其质量为 m_0，又全部浸在待测液体中称得其质量为 m_6，则液体的密度为

$$\rho=\frac{m-m_6}{m-m_0}\rho_0 \tag{2-4}$$

*三、比重瓶法测定固体或液体的密度

（一）用比重瓶法测液体的密度

实验所用比重瓶如图 2-2 所示，在比重瓶中注满液体后，用中间有毛细管的玻璃塞子塞住，则多余的液体就会通过毛细管流出来，这时瓶内盛有固定体积的液体.

若用比重瓶法测量液体的密度，先把比重瓶洗净烘干，称出空瓶质量 M_0，再分两次将同温度的待测液体和纯水注满比重瓶，分别称出待测液体和比重瓶的总质量 M_2，以及纯水和比重瓶的总质量 M_1，因此，待测液体的质量为 M_2-M_0，同体积纯水的质量为 M_1-M_0，而待测液体的体积为 $V=\frac{M_1-M_0}{\rho_水}$，则待测液体的密度为

$$\rho=\frac{M_2-M_0}{V}=\frac{M_2-M_0}{M_1-M_0}\rho_水 \tag{2-5}$$

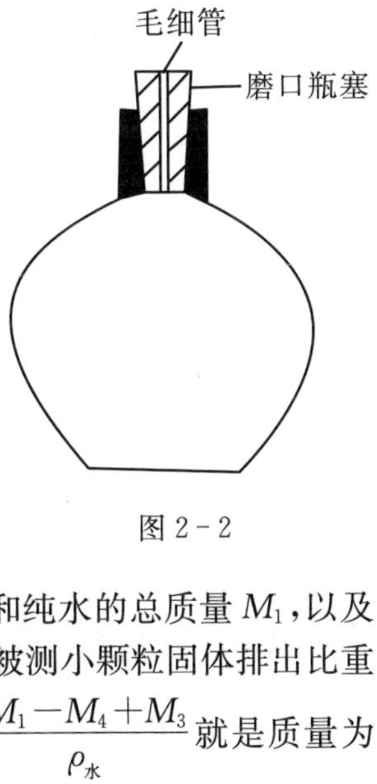

图 2-2

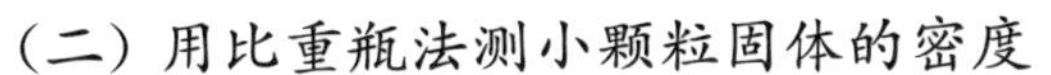

（二）用比重瓶法测小颗粒固体的密度

比重瓶法也可以测量不溶于水的小颗粒固体的密度 ρ，可以依次称出小颗粒固体的质量 M_3，盛纯水后比重瓶和纯水的总质量 M_1，以及在装满纯水的瓶内投入小颗粒固体后的总质量 M_4，显然被测小颗粒固体排出比重瓶外的水的质量为 $M_1+M_3-M_4$，排出水的体积 $V=\frac{M_1-M_4+M_3}{\rho_水}$ 就是质量为 $M_水$ 的小颗粒固体的体积. 所以，被测小颗粒固体的密度为

$$\rho=\frac{M_3}{M_1-M_4+M_3}\rho_水 \tag{2-6}$$

【实验步骤与要求】

一、用流体静力称衡法测定形状不规则铜块的密度

*(1) 记录所用物理天平的感量 δ_m.

(2) 用物理天平测定铜块在空气中的质量 m_1.

(3) 将盛有水的烧杯放在天平左边的支架盘上,然后将待测铜块用细线挂在天平左边的小钩上,使得铜块全部浸入水中而不碰到烧杯的边底部,设法消除附着在铜块上的气泡,测出铜块在水中的视质量 m_2.

(4) 记录此时的水温 t 和相应的水密度 ρ_0,并将 $t,\rho_0,\delta_m,m_1,m_2$ 填入表 2-1 中.

表 2-1 用流体静力称衡法测定形状不规则铜块密度的数据

天平感量 δ_m=______	水温 t=______	水密度 ρ_0=______
质量(g)	m_1	m_2
测得值		
密度 ($g\cdot cm^{-3}$)		

*(5) 计算形状不规则的物体铜块的密度和相对不确定度.

铜块密度:

$$\rho=\frac{m_1}{V}=\frac{m_1}{m_1-m_2}\rho_0$$

它的相对不确定度是

$$E_\rho=\frac{u_\rho}{\rho}=\sqrt{\left(\frac{m_2}{m_1(m_1-m_2)}\right)^2u_{m_1}^2+\left(\frac{1}{m_1-m_2}\right)^2u_{m_2}^2} \tag{2-7}$$

二、用流体静力称衡法测定形状不规则石蜡的密度

*(1) 记录所用物理天平的感量 δ_m.

(2) 用物理天平测定石蜡在空气中的质量 m_3.

(3) 将盛有水的烧杯放在天平左边的支架盘上,然后将待测石蜡和配重物用细线挂在天平左边的小钩上,使得石蜡在空气中且配重物全部浸入水中而不碰到烧杯的边底部,设法消除附着在配重物上的气泡,测出石蜡和水中配重物的质量 m_4. 再将石蜡和配重物全部浸入水中,测出石蜡和配重物在水中的视质量 m_5.

(4) 记录此时的水温 t 和相应的水密度 ρ_0,并将 $t,\rho_0,\delta_m,m_3,m_4$ 和 m_5 填入表 2-2.

表 2-2 用流体静力称衡法测定形状不规则石蜡密度的数据

天平感量 δ_m=______	水温 t=______	水密度 ρ_0=______	
质量(g)	m_3	m_4	m_5
测得值			
密度 ($g\cdot cm^{-3}$)			

*(5) 计算形状不规则的物体石蜡的密度和它的相对不确定度.

石蜡密度:

$$\rho=\frac{m_3}{V}=\frac{m_3}{m_4-m_5}\rho_0$$

它的相对不确定度是

$$E_\rho=\frac{u_\rho}{\rho}=\sqrt{\left(\frac{1}{m_3}\right)^2u_{m_3}^2+\left(\frac{1}{m_4-m_5}\right)^2u_{m_4}^2+\left(\frac{1}{m_4-m_5}\right)^2u_{m_5}^2} \qquad (2-8)$$

三、用流体静力称衡法测定酒精(或盐水)的密度

*(1) 记录所用物理天平的感量 δ_m.

(2) 用物理天平测定玻璃球(或铜块)在空气中的质量 m.

(3) 然后将玻璃球(或铜块)用细线挂在天平左边的小钩上,全部浸在已知密度为 ρ_0 的液体中,称得其质量为 m_0,又全部浸在待测液体中称得其质量为 m_6.

(4) 记录此时的水温 t 和相应的水密度 ρ_0,并将 t,ρ_0,δ_m,m,m_0 和 m_6 填入表2-3中.

表 2-3　用流体静力称衡法测定酒精密度的数据

天平感量 δ_m=________	水温 t=________		水密度 ρ_0=________
质量(g)	m	m_0	m_6
测得值			
密度 ($g\cdot cm^{-3}$)			

*(5) 计算盐水(或酒精)的密度 $\rho=\frac{m-m_6}{m-m_0}\rho_0$ 和它的相对不确定度 E_ρ 如下:

$$E_\rho=\frac{u_\rho}{\rho}$$

$$=\sqrt{\left(\frac{m_6-m_0}{(m-m_0)(m-m_6)}\right)^2u_m^2+\left(\frac{1}{m-m_0}\right)^2u_{m_0}^2+\left(\frac{1}{m-m_6}\right)^2u_{m_6}^2} \qquad (2-9)$$

*四、用比重瓶法测定盐水(或酒精)的密度

选做实验部分,请自己设计实验步骤、数据记录表格并给出计算和实验结果.

*五、用比重瓶法测定不规则小金属粒密度

选做实验部分,请自己设计实验步骤、数据记录表格并给出计算和实验结果.

【预习思考题】

(1) 用物理天平称衡物体质量时,可否把砝码与待测物体交换位置? 为什么?

(2) 物理天平的正确操作规程是什么?

(3) 用天平称物体质量 M,将物体放在左盘上称,得其质量为 M_l,放在右盘上称,得其质量为 M_r,则 $M=$______.(提示:考虑天平横梁不等臂.)

【课后习题】

(1) 在精确测定物体密度时,需用精密天平,而且应该考虑空气浮力的影响,设空气密度为 ρ_w,问若考虑空气浮力,则测量密度的计算公式应如何修正?

(2) 试设计推导用比重瓶测颗粒状固体密度的计算公式.设可用的仪器和材料有:天平(砝码)和蒸馏水,其中蒸馏水的密度 ρ_w 为已知量.

(3) 试证明:比重瓶测未知液体密度的计算公式为

$$\rho=\rho_0\frac{m_2-m_1}{m_3-m_1}$$

其中,m_1 是空比重瓶的质量,m_2 是比重瓶中充满密度为 ρ 的被测液体时的质量,m_3 是比重瓶中充满密度为 ρ_0 的同温度的蒸馏水时的质量.

【附录】

物理天平的介绍与使用说明

物理天平的构造如图 2-3 所示,在横梁上装有三角刀口 A,F_1,F_2,中间刀口 A 置于支柱顶端的玛瑙刀口垫上,作为横梁的支点.两边刀口各有秤盘 P_1,P_2,横梁上升或下降,当横梁下降时,制动架就会把它托住,以免刀口磨损.横梁两端各有一平衡螺母 B_1,B_2,用于空载调节平衡.横梁上装有游动砝码 D,用于 1 g 以下物体的称量.

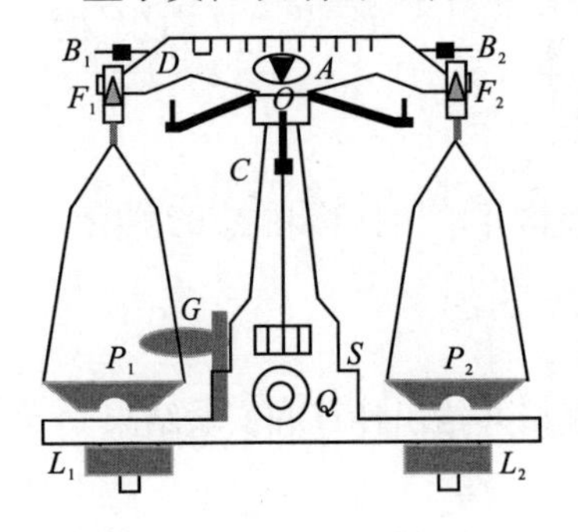

图 2-3 物理天平

物理天平的规格由最大称量值和感量(或灵敏度)来表示.最大称量值是天平允许称量的最大质量.感量就是天平的指针从标牌上零点平衡位置转过一格,天平两盘上的质量差,灵敏度是感量的倒数,感量越小灵敏度就越高.物理天平的操作步骤如下.

一、水平调节

使用天平时，首先调节天平底座下两个螺钉 L_1、L_2，使水准仪中的气泡位于圆圈线的中央位置.

二、零点调节

天平空载时，将游动砝码拨到左端点，与 0 刻度线对齐. 两端秤盘悬挂在刀口上顺时针方向旋转制动旋钮 Q，启动天平，观察天平是否平衡. 当指针在刻度尺 S 上来回摆动，左右摆幅近似相等，便可认为天平达到了平衡. 如果不平衡，反时针方向旋转制动旋钮 Q，使天平制动，调节横梁两端的平衡螺母 B_1，B_2，再用前面的方法判断天平是否处于平衡状态，直至达到空载平衡为止.

三、称量

把待测物体放在左盘中，右砝码盘中放置砝码，轻轻右旋制动旋钮使天平启动，观察天平向哪边倾斜，立即反向旋转制动旋钮，使天平制动，酌情增减砝码，再启动，观察天平倾斜情况. 如此反复调整，直到天平能够左右对称摆动. 然后调节游动砝码，使天平达到平衡，此时游动砝码的质量就是待测物体的质量. 称量时选择砝码应由大到小，逐个试用，直到最后利用游动砝码使天平平衡.

【仪器使用注意事项】

（1）天平的负载量不得超过其最大称量值，以免损坏刀口或横梁.

（2）为了避免刀口受冲击而损坏，在取放物体、取放砝码、调节平衡螺母以及不使用天平时，都必须使天平制动. 只有在判断天平是否平衡时才将天平启动. 天平启动或制动时，旋转制动旋钮动作要轻.

（3）砝码不能用手直接取拿，只能用镊子间接夹取. 从秤盘上取下后应立即放入砝码盒中.

（4）天平的各部分以及砝码都要防锈、防腐蚀，高温物体以及有腐蚀性的化学药品不得直接放在盘内称量.

（5）称量完毕将制动旋钮左旋转，放下横梁，保护刀口.

实验三　单摆实验与偶然误差的统计规律

重力加速度是一个重要的地球物理常数.各地区的重力加速度数值,随该地区的地理纬度和海拔高度不同而不同.在理论、生产和科学研究中,重力加速度的测定都具有很重要的意义.本实验用单摆测定重力加速度,同时,通过手控多次测量单摆的周期以验证偶然误差的正态分布规律.

【实验目的】

(1) 了解镜尺、光电计时装置的使用方法.

(2) 掌握用单摆测量重力加速度的方法.

*(3) 从单摆的周期测量值的变化,认识偶然误差的规律性.

【实验仪器】

单摆、精密计时器、光电计时装置、镜尺、钢卷尺、游标卡尺等.

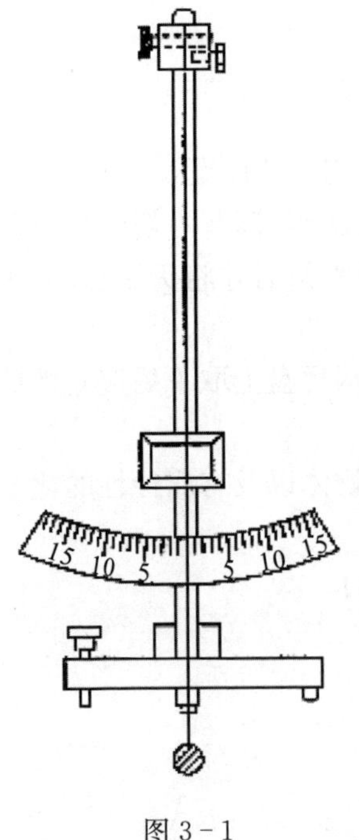

图 3-1

【实验原理】

简单地说,单摆就是由一个不能伸长的轻质细线和悬在该细线下端且体积很小的金属摆球所构成的装置.要求摆线的长度远大于摆球的直径,摆球质量远大于细线质量.

单摆装置(图 3-1)的调节:调节底座的水平螺丝,使摆线与铅直的立柱平行;调节摆幅测量标尺高度与镜面位置,使得标尺的上弧边中点与顶端悬线夹下平面间距离为 50 cm;调节标尺平面垂直与顶端悬线夹的前伸部分;调节标尺上部平面镜平面与标尺平面平行,镜面上指标线处于仪器的对称中心.

秒表和光电计时装置均可用来计时. 相关计时装置的使用请参见相应的说明书.

一、单摆测重力加速度

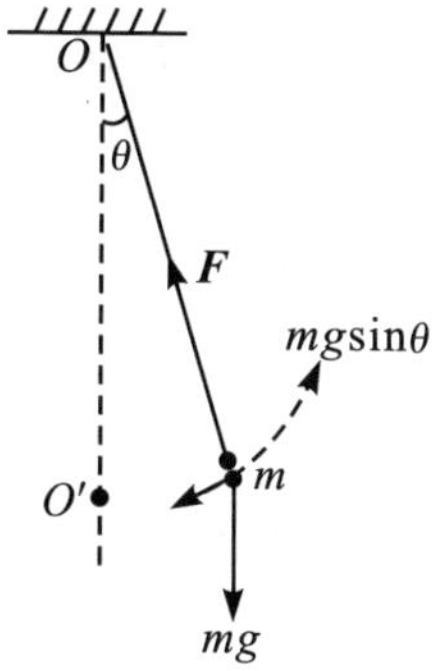

将摆球自平衡位置拉至一边(摆角小于 5°)释放,摆球即在平衡位置左右往返做周期性摆动,如图 3-2 所示.

设摆球的质量为 m ,其质心到摆的支点 O 的距离为 l(摆长). 作用在摆球上的切向力的大小为 $mg\sin\theta$. 它总指向平衡点 O'. 当角 $\sin\theta\approx\theta$ 很小时,则切向力的大小约为 $mg\theta$,按照牛顿第二定律,质点的运动方程为

图 3-2

$$ma_{切}=-mg\theta\Rightarrow ml\frac{\mathrm{d}^2\theta}{\mathrm{d}t^2}=-mg\theta$$

$$\frac{\mathrm{d}^2\theta}{\mathrm{d}t^2}+\frac{g}{l}\theta=0 \tag{3-1}$$

这是一简谐运动方程,可知简谐振动角频率 ω 的平方等于$\frac{g}{l}$,由此得出

$$\begin{cases} \omega=\dfrac{2\pi}{T}=\sqrt{\dfrac{g}{l}} \\ T=2\pi\sqrt{\dfrac{l}{g}} \\ g=4\pi^2\dfrac{l}{T^2} \end{cases} \tag{3-2}$$

式(3-2)中,T 为单摆的周期. 实验中,若测出摆长 l 和周期 T,则重力加速度 g 即可由式(3-2)求得.

式(3-2)也可以写成

$$T^2=\frac{4\pi^2}{g}l \tag{3-3}$$

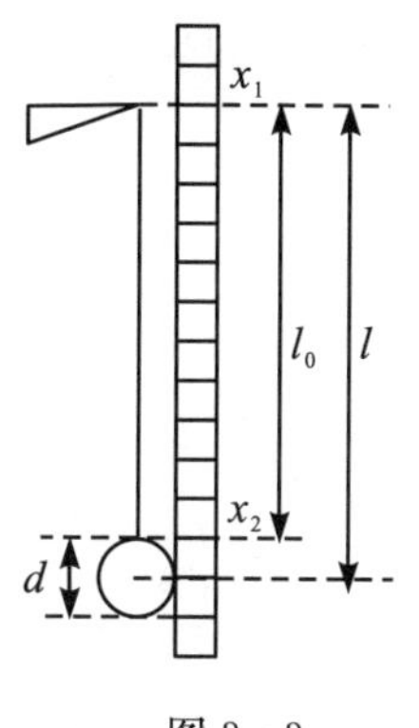

图 3-3

这里 T^2 和 l 之间具有线性关系,$\frac{4\pi^2}{g}$为其斜率. 如果测出各种摆长及其对应的周期,便可作出一个 $T^2\sim l$ 图线,由该图线的斜率即可求出 g 值.

测量摆长时,用游标卡尺测量摆球直径 d ,用钢卷尺测量摆线长 l_0,记录起末位置坐标 x_1 和 x_2,则由图 3-3 可知摆长 $l=l_0+\frac{d}{2}=(x_2-x_1)+\frac{d}{2}$. 测量单摆周期时,为了减小测量单个周期的相对误差,我们一般是测量连续摆动 n 个周期的时间

t ,则 $T=\frac{t}{n}$.

二、单摆的摆角与周期

当摆角不太小时,按照振动理论,单摆的振动周期 T 和摆动的角度 θ 之间存在下列关系

$$T=2\pi\sqrt{\frac{L}{g}}\left[1+\left(\frac{1}{2}\right)^2\sin^2\frac{\theta}{2}+\left(\frac{1}{2}\right)^2\left(\frac{3}{4}\right)^2\sin^4\frac{\theta}{2}+\cdots\right] \tag{3-4}$$

取零级近似

$$T_0=2\pi\sqrt{\frac{l}{g}}$$

取二级近似

$$T=2\pi\sqrt{\frac{l}{g}}\left(1+\frac{1}{4}\sin^2\frac{\theta}{2}\right)$$

或写成

$$T=T_0\left(1+\frac{1}{4}\sin^2\frac{\theta}{2}\right) \tag{3-5}$$

如果测出不同摆角下的周期 T,作 $T^2\sim\sin^2\frac{\theta}{2}$图线,即可验证式(3-5).

三、偶然误差的统计规律

在同一条件下对某一物理量 x 进行多次测量,测得值为 $x_i(i=1,2,\cdots,N)$,平均值为 $\bar{x}=P$,标准偏差为 S,当 N 无限增大时,满足正态分布的概率密度分布函数为

$$f(x)=\frac{1}{S\sqrt{2\pi}}\exp\left[-\frac{(x-P)^2}{2S}\right] \tag{3-6}$$

其中,x 是随机变量,是测得值可能的取值,$f(x)$是测得值落在 x 处单位区间的概率.

【实验步骤与要求】

一、研究周期与单摆长度的关系,并测定 g 值

(1) 用游标卡尺测量摆动小球直径 d,测三次,取平均值.

(2) 用停表或光电计时装置测时间.

(3) 取细线约一米,使用镜尺来测量单摆长度 L.

(4) 取不同的单摆长度(每次改变 10 cm),拉开单摆的小球,让其在摆动角度

小于 5°的情况下自由摆动，用停表或计时装置测出摆动 50 个周期所用的时间 t. 在测量时要注意选择摆动小球通过平衡位置时开始计时. 将数据填入表 3－1 中.

表 3－1　周期 T 与单摆长度 L 的关系数据表

L (cm)	$50T$ (s)	T' (s)	T (s)	T^2 (s^2)
50.0				
60.0				
…				

(5) 研究周期 T 与单摆长度的关系，用作图的方法求 g 值.

根据以上数据可以在坐标纸上作 $T^2 \sim L$ 图，从图中知 T^2 与 L 成线性关系. 在直线上选取两点 $P_1(L_1, T_1^2)$ 和 $P_2(L_2, T_2^2)$，由两点式求出斜率 $k=\dfrac{T_2^2-T_1^2}{L_2-L_1}$，再从 $k=\dfrac{4\pi^2}{g}$ 求得重力加速度，即

$$g=4\pi^2 \frac{L_2-L_1}{T_2^2-T_1^2} \tag{3-7}$$

【注意事项】

(1) 选择细绳时应选择细、轻且又不易伸长的线，长度一般在 1 m 左右，小球应选用密度较大的金属球，直径应较小，最好不超过 2 cm.

(2) 单摆悬线的上端不可随意卷在铁夹的杆上，应夹紧在铁夹中，以免摆动时发生摆长改变、摆线下滑的现象.

(3) 摆动时控制摆线偏离竖直方向不超过 5°，可通过估算振幅的办法掌握.

(4) 摆球摆动时，要使之保持在同一个竖直平面内，不要形成圆锥摆.

(5) 计算单摆的振动次数时，应以摆球通过最低位置时开始计时，以后摆球从同一方向通过最低位置时，进行计数，且在数“零”的同时按下秒表，开始计时计数.

*二、周期 T 和摆动角度 θ 的关系研究

对同一摆长度 L，取不同的摆动角度 θ，测相应振动周期 T，验证摆动角度 θ 和周期 T 之间满足以下的关系

$$T=2\pi\sqrt{\frac{L}{g}}\left(1+\frac{1}{4}\sin^2\frac{\theta}{2}\right) \tag{3-8}$$

(1) 研究周期与摆动角度的关系,填写表 3-2.

表 3-2 测量数据表

次数	1	2	3	4	5	6	7	8
θ								
$50T$ (s)								
T (s)								

(2) 使用坐标纸作 $T\sim\sin^2\frac{\theta}{2}$ 图,求直线的斜率,并与 $\frac{\pi}{2}\sqrt{\frac{L}{g}}$ 做比较,验证式(3-8).

三、验证偶然误差的统计规律

(1) **用手控开关**测量单摆周期 $N(N\geqslant 100)$ 次,时标可取 0.1 ms,按照顺序记录每次的测得值 $x_m(m=1,2,\cdots,N)$.

(2) 数据统计.

① 先求平均值 P 和测量列的标准偏差

$$\left.\begin{aligned} P &= \bar{x} = \frac{\sum x_i}{N} \\ S(x) &= \sqrt{\frac{(x_1-P)^2+(x_2-P)^2+\cdots+(x_N-P)^2}{N-1}} \end{aligned}\right\} \tag{3-9}$$

② 按拉易达准则将满足不等式 $|x-P|>3S(x)$ 的数据剔除.

③ 求完全剔除坏数据后测量列的平均值 P 及标准偏差 $S(x)$,要求每增加 10 个数据时求出一次结果,如表 3-3 所示.

表 3-3 平均值 P 及标准偏差 S

测量顺序	1~10	1~20	1~30	…	1~N
数据个数	10	20	30	…	N
P				…	
$S(x)$				…	

最后用折线图分别作 P 和 $S(x)$ 随数据个数的变化图形(图样如图 3-4 所示).

④ 分区统计并和正态分布做比较(取最后一组数据,例如,$N=100$,此组数据的 P 和 $S(x)$ 在上一步中已经计算出).

ⅰ. 把该组数据重新排序,找出数据的最小值(x_A)和最大值(x_B).

ⅱ. 将所有数据($x_A\rightarrow x_B$)等分为 M 个小区间(例 M 可取 7),区间宽度 E 为

$$E=\frac{x_B-x_A}{M}$$

统计每个区间的数据个数 $N_i(i=1,2,\cdots,M)$.

ⅲ. 以测得值 x 为横坐标,以频率 $\frac{N_i}{N}$ 和区间宽度 E 的比值 $\frac{N_i}{NE}$ 为纵坐标作统计直方图并和概率密度分布函数曲线比较(图样如图 3-5 所示).

ⅳ. 统计 $[P-s(x)]\leqslant x\leqslant[P+s(x)]$ 的数据个数 n. 计算 $\frac{n}{N}$.

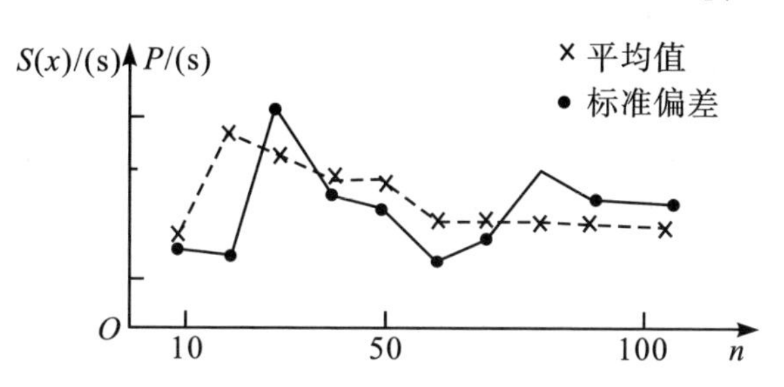

图 3-4　P 和 $S(x)$随数据个数的变化的参考图样

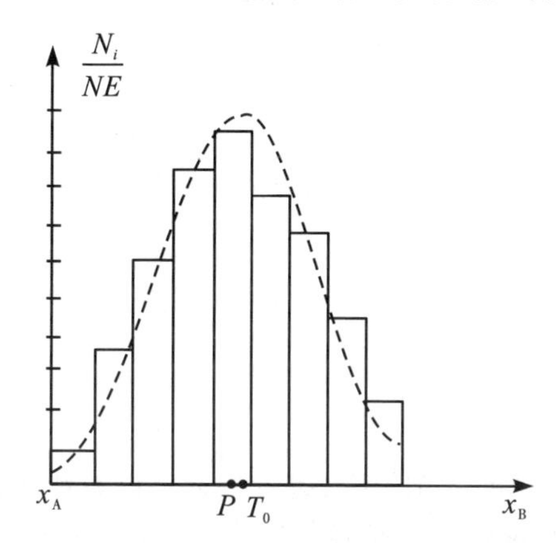

图 3-5　统计直方图参考图样,图中虚线为概率密度曲线

【预习思考题】

(1) 摆动小球从平衡位置移开的距离为单摆长度的几分之一时摆动角度为 5°?

(2) 从减少误差考虑,测周期时要在摆锤通过平衡位置时去按停表,而不在摆锤达最大位移时按表,试分析其理由.

(3) 为什么测量周期 T 时,不直接测量往返摆动一次时的周期值? 试从测量误差的角度来分析说明.

(4) 偶然误差的统计规律是什么?

【课后习题】

(1) 某同学在做"利用单摆测重力加速度"实验中,测得的 g 值偏小,可能的原因是(　　).

(A) 测摆线长时摆线拉得过紧

(B) 摆线上端未牢固地系于悬点,振动中出现松动,使摆线长度增加了

(C) 开始计时时,秒表过迟按下

(D) 实验中误将 49 次全振动数为 50 次

(2) 把步骤(4)中的$\frac{n}{N}$与 0.683 比较,说明了什么问题?

(3) 设单摆摆角 θ 接近 0°时的周期为 T_0,任意幅角 θ 时周期为 T,两周期间的关系近似为

$$T=T_0\left(1+\frac{1}{4}\sin^2\frac{\theta}{2}\right)$$

若在 $\theta=10°$条件下测得 T 值,将给 g 值引入多大的相对不确定度?

(4) 有一摆长很长的单摆,不许直接去测量摆长,你设法用测时间的工具测出摆长?

(5) 要测量单摆长度 L,就必须先确定摆动小球重心的位置,这对不规则的摆动球来说是比较困难的.那么,采取什么方法可以测出重力加速度呢?

【附录】

一、停表(秒表)

停表是测量时间间隔的常用仪表,表盘是有一长的秒针和一短的分针,秒针转一周,分针转一格.停表的最小分度值有几种,常用的有 0.2 s 和 0.1 s 两种.停表上端的按钮是用来旋紧发条和控制表针转动的.使用停表时,用手握紧停表,大拇指按在按钮上,稍用力即可将其按下.按停表分三步:第一次按下时,表开始转动,第二次按就停止转动,第三次按下表针就弹回零点(回表).使用注意事项:

(1) 使用停表前先上紧发条,但不要过紧,以免损坏发条;

(2) 按表时不要用力过猛,以防损坏机件;

(3) 回表后,如秒表不指零,应记下其数值(零点读数),实验后从测量值中将其减去(注意符号);

(4) 要特别注意防止摔碰停表,不使用时一定将表放在实验台中央的盒中.

二、数字毫秒计

停表计时是以摆轮的摆动周期为标准,数字毫秒计的计时是以石英晶片控制

的振荡电路的频率为标准. 常用的数字毫秒计的基准频率为 100 kHz,经分频后可得 10 kHz,1 kHz,0.1 kHz 的时标信号,信号的时间间隔分别为 0.1 ms,1 ms,10 ms. 数字毫秒计上时间选择挡就是对这几种信号的选择. 如选用 1 ms 挡,而在测量时间内有 123 个信号进入计数电路,则数字显示为 123,即所测量的时间长度是 123 ms 或 0.123 s. 对数字毫秒计计时的控制有机控(机械控制,即用电键)和光控(光控制,即用光电门)两种. 光电门是对数字毫秒计进行光控的部件,它由聚光灯和光电二极管组成(图 3-6),当光电管被遮光时产生的电讯号输入毫秒计,控制其计时电路. 控制信号又分为 S_1 和 S_2 两种,S_1 是测量遮光时间的长度,遮光开始的信号使计时电路的"门"打开,时标信号依次进入毫秒计的计数电路,遮光终了的信号使计时电路的"门"关闭,时标信号不能再进入计数电路,显示的数值即遮光时间的长度. 使用 S_2 时,是测量两次遮光之间的时间间隔,第一次开始遮光时,计时电路和"门"打开,第二次再遮光时,"门"才关闭,显示的数值就是两次遮光的时间间隔. 一般测量多选用 S_2 挡. 为了在一次测量之后,消去显示的数字,毫秒计上设有手动和自动置零机构,自动置零时还可调节以改变显示时间的长短. 当测完一次之后来不及置零时,则最后显示的是两次被测时间的累计.

图 3-7 所示的是数字毫秒计面板的示意图,所用仪器的实际面板可参阅仪器说明书.

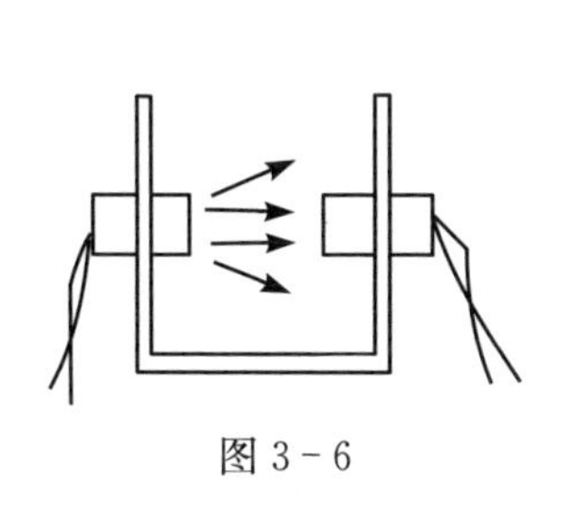

图 3-6

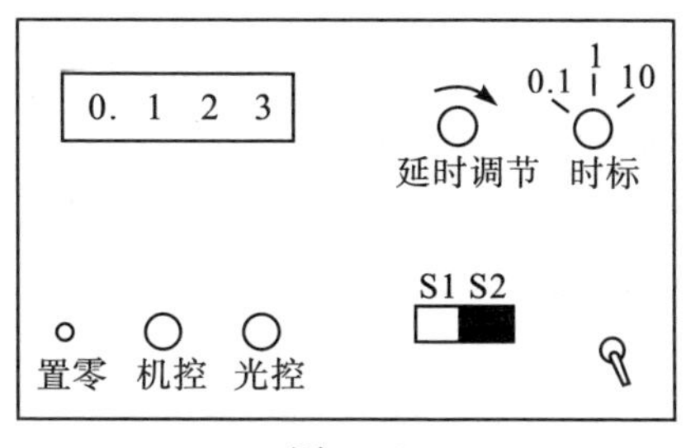

图 3-7

三、J-25 周期测定仪

J-25 周期测定仪在物理实验中用来测量周期,是性能可靠稳定、计时精度高的实验仪器. 该仪器用单片机来显示周期数和时间,有记忆功能,可以任意提取 1 次、10 次、20 次、30 次周期的时间. 使用方法如下:

(1) 先将光电开关连接线插入"信号输入"口. 调整好光电开关.

(2) 接通电源,显示"——HELLO——"后,周期数显示"01",时间显示"0.00000","1"上方的指示灯亮.

(3) 按"周期数/时间"按钮,选择周期数"1,10,20,30",相应的指示灯亮,然后按"开始测量"按钮. 显示"——YES——". 开始进入测量状态. 有信号通过时,周期数两数码管显示所测的周期数,时间显示"——BUSY——"测量完后,自动停止.

(4)提取周期"1,10,20,30"的时间,按"周期数/时间"按钮即可.

实验四　气垫导轨的使用

摩擦力的存在会给某些力学实验带来误差,影响实验结果的真实性. 为了消除或减小摩擦,提高实验的准确度,可以采用气垫技术. 气垫导轨就是应用气垫技术减小摩擦力的典型设备.

任务一　牛顿第二运动定律的验证

牛顿第二运动定律定量地表述了物体的加速度与其所受合外力之间的瞬时关系. 物体的加速度与物体所受的合外力成正比、与物体的质量成反比. 加速度的方向与力的方向具有瞬时一致性的物体的运动情况除取决于它所受的合外力外,还与物体运动的初始条件有关.

【实验目的】

(1) 熟悉气垫导轨的构造,熟练掌握其调平方法.

(2) 熟悉光电计时系统的工作原理,学会用光电计时系统测量时间、速度和加速度.

(3) 掌握在气垫导轨上验证牛顿第二运动定律的方法.

【实验仪器】

气垫导轨(滑块)、MUJ-5B 测速仪(光电门)或 CS-Z 智能数字测时器、游标卡尺、物理天平(砝码)、气源、米尺.

实验方案一

【实验原理】

质量为 m 的运动系统，在不同的合外力的 $\boldsymbol{F}$ 作用下，产生不同的加速度 $\boldsymbol{a}$. 低速情况下，三者之间存在如下关系

$$\boldsymbol{F}=m\boldsymbol{a}$$

如何利用气垫导轨及其附属装置测定物体的加速度 $\boldsymbol{a}$ 呢？在导轨上相距 S 的两处放置两光电门 A 和 B，测出滑块系统在合外力的作用下通过两光电门的速度 $\boldsymbol{V}_A$ 和 $\boldsymbol{V}_B$. 由于是一维运动，所以系统的加速度 $\boldsymbol{a}$ 的数值为

$$a=\frac{V_B^2-V_A^2}{2S}$$

具体方法是：在滑块上放置一个双挡光片，如图 4－1 所示. 利用计时器测出滑块上的双挡光片经过光电门 A 时的时间间隔 Δt_1 以及经过光电门 B 时的时间间隔 Δt_2. 则滑块系统的加速度为

$$a=\frac{1}{2S}\left(V_B^2-V_A^2\right)=\frac{\Delta d^2}{2S}\left(\frac{1}{\Delta t_2^2}-\frac{1}{\Delta t_1^2}\right) \quad (4-1)$$

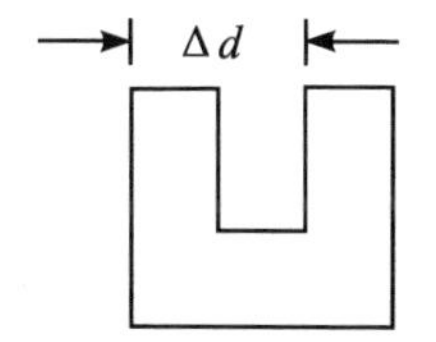

图 4－1　挡光片示意图

其中，Δd 为遮光片两个挡光沿的宽度. 在此测量中，实际上测定的是滑块上遮光片(宽 Δd)经过某一段时间的平均速度. 但由于 Δd 较窄，所以在 Δd 范围内，滑块的速度变化比较小，故可把平均速度看成是滑块上遮光片经过光电门的瞬时速度. 如果 Δt 越小(相应的遮光片宽度 Δd 也越窄)，则平均速度越能准确地反映滑块在该时刻运动的瞬时速度.

【实验步骤与要求】

一、检查仪器的工作状态

检查仪器的工作状态，如 MUJ-5B 测速仪、气源、光电门是否正常工作，气垫导轨表面上的出气孔是否堵塞，并用纱布沾酒精擦洗气垫导轨和滑块表面. 实验中可把光电门 A，B 分别置于气垫导轨的 40 cm 和 100 cm 处[$S=60$ cm]. 测量挡光片两次挡光的距离 Δd.

二、导轨的水平调整

在使用前,应调节气轨的轨面成水平.因为轨面不水平会使滑行器所受的重力产生与导轨长度方向平行的分力.由于滑行器是“飘浮”在气垫上的,任何微小的分力都会给滑行器以附加的加速度,从而带来实验误差.气轨的调平一般可按下列两种方法之一进行,也可采用“静态调平”“动态调平”的综合调平方法.

(一) 静态调平法

气垫导轨的调平螺钉一般是按等腰三角形的三个顶点分布的.先调节位于三角形底边两端的调平螺钉,使轨面在与长度垂直方向上达到目视水平.然后向导轨通气,将滑行器轻放在轨面上,调节位于三角形顶点位置的螺钉,使滑行器在轨面上的任何位置停住不动或无明显移动,则可认为轨面已经调平.注意在即将调平时要以很小的角度旋转调平螺钉,以免调节过量.

(二) 动态调平法

将两个光电门按实验需要拉开一段距离(例如,可相距 60 cm)安装在导轨上,使其指针对准导轨上标尺刻度.将两光电门和计时器连通.开启计时器电源,使计时器能正常工作.在滑行器中部安装挡光片,接通气源,将滑行器轻放在轨面上,使其运动起来.微调光电门的位置,使其能被挡光片有效遮光,又不妨碍滑行器运动.让滑行器从导轨一端向另一端运动,挡光片顺序通过两个光电门.计时器分别记下挡光片通过两个光电门的速度.调节处于三角形顶点位置的调平螺钉,使计时器计两次测量的速度值基本相等,使滑行器从另一端向相反方向运动,计时器的两次测量的速度值也基本相等,即可认为轨面已调平.

三、验证牛顿第二定律

(一) 数据记录

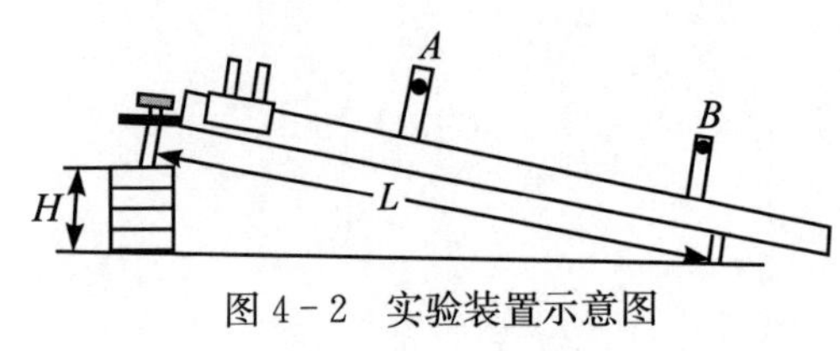

图 4-2 实验装置示意图

如图 4-2 所示,将滑块从同一高度静止释放,当滑块在倾斜(或水平)的导轨上滑动时,其经过光电门 A 的速度大小 V_A,经过光电门 B 的速度大小 V_B 以及平均加速度大小 $\bar{a}=\dfrac{V_B-V_A}{t_{AB}}$,均可由 MUJ-5B 测速仪直接测出(仪器使用方法参见本实验附录).按下面表格记录数据(表 4-1、表 4-2、表 4—3).

表 4-1　当 $H=0$ 时调气垫导轨水平的数据参考表格

	滑块向右运动 $A \to B$				滑块向左运动 $B \to A$		
V_A				V_A			
V_B				V_B			
$\Delta V_{AB}=V_A-V_B$				$\Delta V_{AB}=V_B-V_A$			

表 4-2　当导轨倾斜，H 分别取 1 cm，2 cm，3 cm，4 cm，5 cm 时的数据参考表格(5 个相同表格)

测量次数 n	1	2	3	4	5	6
V_A						
V_B						
$\bar{a}$						

表 4-3　其他数据

L (m)	m (kg)	S_{AB} (m)

（二）数据处理与分析

(1) 在 H 不同的情况下，由式(4-2)计算 F.

$$F=mg\frac{H}{L}-b\overline{V} \tag{4-2}$$

其中

$$b=\frac{m}{S_{AB}}\left(\frac{\Delta V_{AB}+\Delta V_{BA}}{2}\right)$$

$$\overline{V}=\frac{V_A+V_B}{2}$$

(2) 根据不同的力 F 及相应的加速度 a 进行检验：F 与 a 之间是否存在线性关系，若 F，a 间存在 $F=\alpha+\beta a$ 的线性关系，试求出斜率 β，讨论 β 和运动系统质量 m 在测量误差范围内是否相等？

实验方案二

【实验原理】

如图 4-3 所示，处在水平气垫导轨上质量为 M 的滑块(包括滑块连同挡光片本身的质量 M_0 以及其上所加小砝码的质量 m_1)，通过细绳跨过滑轮和质量为 m

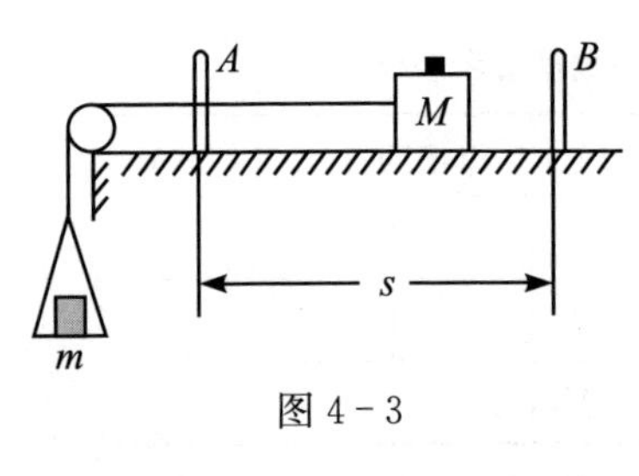

图 4-3

的砝码盘相连(包括砝码盘本身质量 m_0 和其上所加小砝码 m_2).

把砝码盘、小砝码和滑块等看做一个系统,则系统中各物体的加速度大小是相等的. 忽略空气阻力及气垫对滑块的黏滞阻力,并设细绳中张力为 T,那么由牛顿第二运动定律可得

$$\begin{cases} mg-T=ma \\ T=Ma \end{cases} \tag{4-3}$$

解得

$$a=\frac{mg}{M+m} \tag{4-4}$$

令

$$F=mg=(m_0+m_2)g$$
$$M_{总}=M+m=(M_0+m_1)+(m_0+m_2)$$

则式(4-4)可写成

$$a=\frac{F}{M_{总}} \tag{4-5}$$

由式(4-5)可以看出,当保持 $M_{总}$ 不变时,a 与 F 成正比.

实验中,逐次将滑块上的小砝码 m_1 移到砝码盘中(保持系统总质量 $M_{总}$ 不变,改变 F 的大小),利用式(4-3)测出系统相应的加速度的大小,即可验证式(4-5),即验证了牛顿第二运动定律.

【实验内容和步骤】

(1) 调平气垫导轨.

(2) 置两光电门 A,B 之间的距离为 50 cm 左右,用天平称出滑块连同挡光片的质量 M、砝码盘的质量 m_0. 然后用细绳或尼龙搭扣跨过滑轮,把滑块和砝码盘连接起来,最后在滑块上加 4 个小砝码(小砝码质量可分别为 1 g,2 g,2 g 和 5 g).

(3) 将滑块在导轨上某个位置(光电门 B 的外侧)由静止开始释放,使之做匀加速运动,测量并列表记录相关数据. 计算滑块运动的加速度,重复 3 次.

(4) 分 5 次,每次移动 2 g 砝码至砝码盘中(注意砝码的组合),重复步骤 3. 从而验证总质量保持不变时,加速度与外力成正比关系.

(5) 根据测量的数据分别作 $a\sim F$ 和 $a\sim\frac{1}{M}$曲线,用作图法验证牛顿第二运动定律的正确性.

【预习思考题】

(1) 本实验中,你是如何检验气垫导轨已基本水平了?

(2) 利用实验方案一验证牛顿第二运动定律时,其合外力 $\boldsymbol{F}$ 指的是什么力?

【课后习题】

(1) 在气垫导轨调平的过程中,为什么不以经过两个光电门的时间相等作为气垫导轨水平的判据?

(2) 如何调节使在某一速度下滑块经过两个光电门的时间正好相等,而当滑块以不同速度运动时,这两个时间一般又不相等,为什么?

【设计实验】

用气垫导轨及相应仪器,设计一个测量重力加速度的气垫导轨实验. 试写出测量原理、主要计算公式,给出简要的实验方案.

【附录】

一、气垫导轨简介

气垫导轨(简称气轨,如图4-4所示)是一种摩擦阻力很小的力学实验仪器,用来测定速度、加速度、验证牛顿第二定律和动量守恒定律,研究碰撞、简谐振动、受

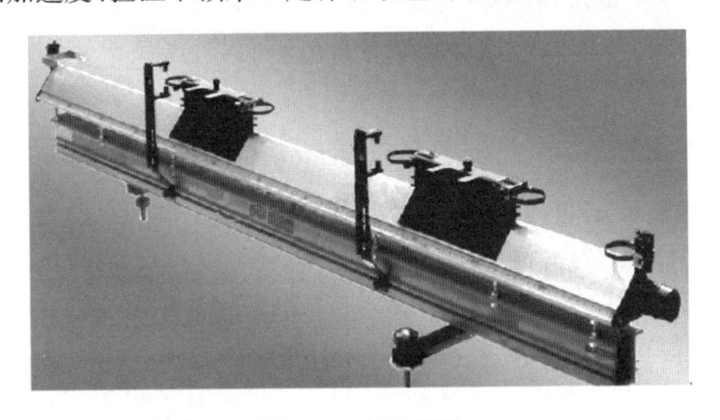

图 4-4　气垫导轨

迫振动、阻尼振动等等.它由导轨、滑块和光电门组成.气垫导轨是利用导轨表面小孔中喷出的压缩空气,使导轨表面和滑块(即运动的物体)之间形成一层很薄的空气膜(即所谓"气垫")而将滑块托起.这样,滑块在导轨表面上运动时就不存在接触摩擦力,仅仅有很小的空气阻力,滑块的运动可近似地看成是无摩擦运动.由于气垫导轨极大地减少了以往力学实验中难于克服的摩擦力的影响,因而可以获得比较精确的实验数据,大大提高了实验效果.

注意事项:

(1) 导轨未通气时,不得将滑块放在其上滑动.

(2) 导轨和其上滑块的内表面都是经过精细研磨加工而制成的,两者配套使用,不得与其他实验台上的滑块任意调换.实验中严禁敲碰、划伤导轨表面.调整挡光片时应将滑块取下操作.实验结束后,勿将滑块放在导轨上,以免导轨变形.

(3) 导轨表面有污物时,可用棉花沾酒精擦洗,小孔堵塞时,可用钢丝扎通.实验完毕,应将导轨表面擦净,用罩子盖好.

(4) 只有在需要滑块在导轨上运动时,才可使气源工作.不用时应随手关上气源开关,以免因电机过热而烧毁.

(5) 实验中,滑块由静止释放时,动作一定要轻,以防滑块左右滑动.与滑块相连的砝码盘在滑块释放时应使之静止不动.另外,每次实验中要保证细绳在滑轮上,每次释放滑块应保证从同一位置.

二、CS-Z智能数字测时器使用方法简介

(1) 1pr:测一个时间间隔 Δt(即通过光电门进行两次遮光之间的时间间隔).

(2) 2pr:测两个时间间隔 Δt_1,Δt_2(先显示 Δt_2,按"选择"键显示 Δt_1,按"执行"键再进入测量).

(3) 3-V:测一个速度(按"执行"键选择此功能时显示遮光片宽度 d,按"选择"键选好 d,按"执行"键进入测量,速度单位是 $\mathrm{mm \cdot s^{-1}}$).

(4) 4-V:测两个速度 V_1,V_2(先显示 V_1,按"选择"键显示 V_2,再按"执行"键进入测量).

(5) 5A:测加速度 $\bar{a}=\dfrac{V_2-V_1}{t_{AB}}$,单位是 $\mathrm{mm \cdot s^{-2}}$(先显示 V_2,按"选择"键显示 V_1,按"执行"键显示 a,再按"执行"键进入测量).

(6) 6pd:测周期,7Fr:测频率(略).

(7) 8cc:测碰撞数据,先显示 $V_1(B)$,按"选择"键显示 $V_2(B)$,按"执行"键显示 $V_2(A)$,按"选择"键显示 $V_1(A)$.

三、MUJ－5B测速仪(图4－5)使用方法简介

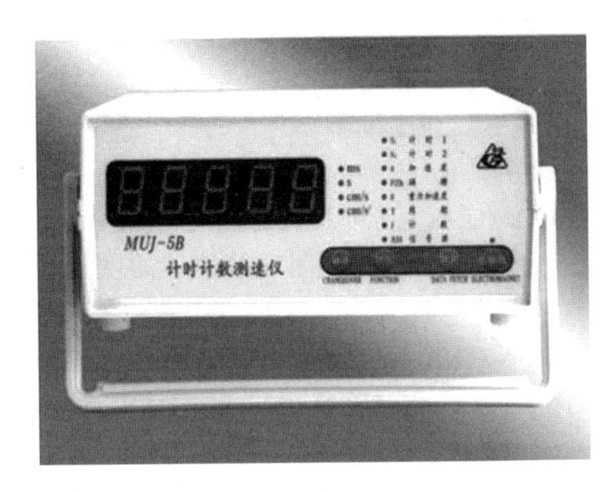

图4－5 MUJ－5B测速仪

(1) 计时1(S):测量对任一光电门的挡光时间,可自动存入前20个数据,按取数键查看.

(2) 计时2(S):测量对任一光电门两次挡光的间隔时间,可自动存入前20个数据,按取数键查看.

(3) 加速度(a):测量滑块通过两个光电门的速度(时间)和通过两个光电门这段路程的加速度(时间).

仪器循环显示下列数据:

1——第一个光电门　* * * *——第一个光电门测量值.

2——第二个光电门　* * * *——第二个光电门测量值.

1－2——第一至第二个光电门　* * * *——第一至第二个光电门测量值.

任务二 碰撞实验

物体间的碰撞是自然界中普通存在的现象,从宏观物体的天体碰撞到微观物体的粒子碰撞都是物理学中极其重要的研究课题.动量守恒定律在物理学中占有非常重要的地位.在现代物理学所研究的领域中存在很多牛顿定律不适用的情况,例如,高速运动物体或微观领域中粒子的运动规律和相互作用等,但是此时动量守恒定律仍然有效.因此,动量守恒定律成为了比牛顿定律更为普遍适用的定律.

本实验的目的是利用气垫导轨研究一维碰撞情况,验证动量守恒定律,测量碰

撞物体的恢复系数，定量研究碰撞过程中机械能的损失，同时通过实验还可培养学生进行误差分析的能力.

【实验目的】

(1) 验证动量守恒定律.

(2) 了解非完全弹性碰撞与完全非弹性碰撞的特点.

(3) 研究气轨上非弹性碰撞情况、测量碰撞物体的恢复系数以及碰撞过程中机械能的损失.

【实验仪器】

气垫导轨(滑块)、MUJ-5B测速仪(光电门)、物理天平(砝码)、游标卡尺、气源.

【实验原理】

当两滑块在水平导轨上沿直线做对心碰撞时，若忽略滑块运动过程中受到的摩擦阻力和空气阻力，则两滑块在水平方向上除受到碰撞时彼此相互作用的内力外，不受其他外力作用，两个物体碰撞前后的总动量保持不变.

设两个滑块的质量分别为 m_1 和 m_2，它们碰撞前的速度为 V_{10} 和 V_{20}，碰撞后的速度为 V_1 和 V_2，根据动量守恒定律，有

$$m_1V_{10}+m_2V_{20}=m_1V_1+m_2V_2 \tag{4-6}$$

式中各速度均为代数值，其值的正负号取决于速度的方向与所选取的坐标轴方向是否一致，这一点要特别注意.

牛顿通过总结实验结果提出碰撞定律：碰撞后两物体的分离速率 V_2-V_1 与碰撞前两物体的接近速率 $V_{10}-V_{20}$ 成正比，即

$$e=\frac{|V_2-V_1|}{|V_{10}-V_{20}|} \tag{4-7}$$

式中，e 称为恢复系数，由两物体的材料决定. 碰撞的分类可以根据恢复系数的值来确定：当 $e=1$ 时为完全弹性碰撞，$e=0$ 时为完全非弹性碰撞，$0<e<1$ 时为非完全弹性碰撞. 下面分情况进行讨论.

一、完全弹性碰撞

弹性碰撞的特点是碰撞前后系统的动量守恒，机械能也守恒. 如果在两个滑块相碰撞的两端装上缓冲弹簧，在滑块相碰时，由于缓冲弹簧发生弹性形变后恢复原状，系统的机械能基本无损失，两个滑块碰撞前后的总功能不变，可用公式

表示为

$$\frac{1}{2}m_1V_{10}^2+\frac{1}{2}m_2V_{20}^2=\frac{1}{2}m_1V_1^2+\frac{1}{2}m_2V_2^2 \tag{4-8}$$

式(4－6)和式(4－8)联合求解可得

$$\left.\begin{aligned}V_1&=\frac{(m_1-m_2)V_{10}+2m_2V_{20}}{m_1+m_2}\\V_2&=\frac{(m_2-m_1)V_{20}+2m_1V_{10}}{m_1+m_2}\end{aligned}\right\} \tag{4-9}$$

在实验时，若令 $m_1=m_2$，两个滑块的速度必交换. 若不仅 $m_1=m_2$，且令 $V_{20}=0$，则碰撞后 m_1 滑块变为静止，而 m_2 滑块却以 m_1 滑块原来的速度沿原方向运动起来. 这与公式的推导一致.

若两个滑块的质量 $m_1\neq m_2$，仍令 $V_{20}=0$，则有

$$\left.\begin{aligned}V_1&=\frac{(m_1-m_2)V_{10}}{m_1+m_2}\\V_2&=\frac{2m_1V_{10}}{m_1+m_2}\end{aligned}\right\} \tag{4-10}$$

完全弹性碰撞的实验装置见图 4－6(a).

二、非完全弹性碰撞

实际上完全弹性碰撞只是理想的情况，一般碰撞时总有机械能损耗，所以碰撞前后仅是总动量保持守恒. 取质量不同的两滑块($m_1>m_2$)，将滑块 2 置于 A，B 两光电门之间，使 $V_{20}=0$ 推动滑块 1 以速度 V_{10} 与滑块 2 相碰撞，碰撞后速度分别为 V_1 和 V_2，则

$$m_1V_{10}=m_1V_1+m_2V_2 \tag{4-11}$$

碰撞前后机械能的变化为

$$\Delta E_K=\frac{1}{2}(m_1V_1^2+m_2V_2^2)-\frac{1}{2}m_1V_{10}^2 \tag{4-12}$$

非完全弹性碰撞的实验装置见图 4－6(b).

三、完全非弹性碰撞

如果两个滑块碰撞后不再分开，而以同一速度运动，我们把这种碰撞称为完全非弹性碰撞，其特点是碰撞前后系统动量守恒，但机械能不守恒. 为了实现完全非弹性碰撞，在两滑块相碰端安装尼龙粘胶带，则两滑块相碰时将通过尼龙粘胶带粘在一起. 若 $m_1=m_2$，$V_{20}=0$，$V_1=V_2=V$，由式(4－6)得

$$V=\frac{1}{2}V_{10} \tag{4-13}$$

若 $m_1\neq m_2$，仍令 $V_{20}=0$，则有

$$V = \frac{m_1}{m_1 + m_2} V_{10} \tag{4-14}$$

此外，碰撞前后的动能比也是反映碰撞性质的物理量，在 $m_1 = m_2$，$V_{20} = 0$ 时，动能比为

$$R = \frac{1}{2}(1 + e^2) \tag{4-15}$$

若物体做完全弹性碰撞时，$e = 1$ 则 $R = 1$（无动能损失）；若物体做非完全弹性碰撞时，$0 < e < 1$，则 $\frac{1}{2} < R < 1$.

完全非弹性碰撞的实验装置见图 4-6(c).

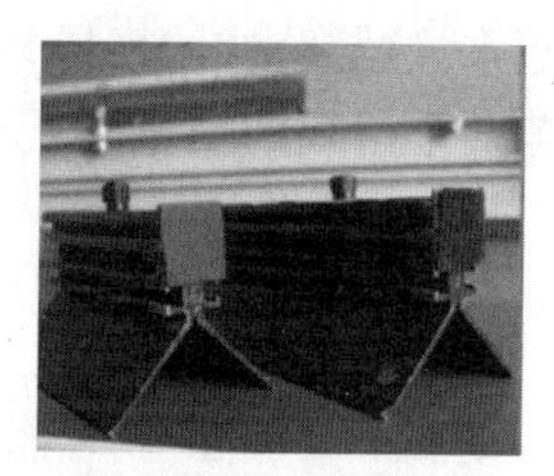

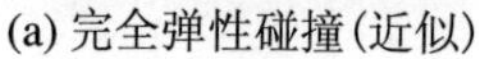

(a) 完全弹性碰撞(近似)　(b) 非完全弹性碰撞　(c) 完全非弹性碰撞

图 4-6　三种碰撞的滑块实验装置图

【实验步骤与要求】

一、非完全弹性碰撞

(1) 检查仪器的工作状态(如数字计时器、气源、光电门是否正常工作，气垫导轨表面上的出气孔是否堵塞)，并用纱布沾酒精擦洗气垫导轨和滑块内表面.

(2) 调平气轨；检查滑块碰撞弹簧，保证对心碰撞.

注意：碰撞前后滑块运行是否平稳对此实验十分重要，除了检查碰撞弹簧保证对心碰撞以外，在推动滑块 1 去碰撞滑块 2 时也应特别小心，最好不要用手直接去推滑块 1，而是在滑块 1 后面再加一小滑块，通过小滑块去推动滑块 1，使推力和气轨平行.

(3) 取两个滑块分别称其质量为 m_1 和 m_2.

(4) 适当安置光电门 A，B 的位置(A，B 的距离小些)，在左光电门外侧放大滑块 1，较小的滑块 2 放在两光电门之间，使 $V_{20} = 0$.

(5) 推动 m_1 使之与 m_2 相碰，顺序测出三个速度 V_{10}（滑块 1 通过 A 门时），V_2（滑块 2 通过 B 门时），V_1（滑块 1 通过 B 门时）.

注意：每次碰撞时，要使 $V_{20} = 0$，速度 V_{10} 也不要太大.

(6) 验证在此实验条件下的动量守恒,即

$$m_1V_{10} = m_1V_1 + m_2V_2$$

(7) 改变弹性碰撞的速度 V_{10},重复测量 6～10 次,自拟表格记录有关数据.

(8) 用碰撞前后的速度算一下恢复系数和动能比.

二、完全非弹性碰撞

(1) 将两滑块相对的碰撞面上粘上尼龙胶带,分别称其质量为 m_1 和 m_2.

(2) 适当安置光电门 A,B 的位置(A,B 的距离小些),在左光电门外侧放大滑块 1,较小的滑块 2 放在两光电门之间,使 $V_{20} = 0$.

(3) 推动 m_1 使之与 m_2 相碰,顺序测出两个速度 V_{10}(滑块 1 通过 A 门时),V(两滑块通过 B 门时).

(4) 验证在此实验条件下的动量守恒,即

$$m_1V_{10} = (m_1 + m_2)V$$

(5) 改变弹性碰撞的速度 V_{10},重复测量 6～10 次,自拟表格记录有关数据.

(6) 用碰撞前后的速度算一下恢复系数和动能比.

【预习思考题】

(1) 如果滑车碰撞轨道的末端然后弹回,它的动量应该会非常接近原来的大小,但方向相反,这样的碰撞是否动量守恒?请说明并试举例.

(2) 假设在弹性碰撞实验中轨道是倾斜的,滑块是否会遵守动量守恒?为什么?

【课后习题】

(1) 在完全非弹性碰撞实验中,可利用何种方式代替双面胶带进行实验?请说明原因.

(2) 当取 $m_1 < m_2$ 进行碰撞时,其测量误差与 $m_1 > m_2$ 时相比,哪一种可能小些?

(3) 在弹性碰撞情况下,当 $m_1 \neq m_2$,$V_{20} = 0$ 时,两个滑块碰撞前后的动能是否相等?如果不完全相等,试分析产生误差的原因.

(4) 为了验证动量守恒定律,应如何保证实验条件减少测量误差?

实验五　声速的测量(超声)

声波特性的测量,如频率、波长、声速、声压衰减、相位等,是声波检测技术中的重要内容.特别是声速的测量,不仅可以了解介质的特性,而且还可以了解介质的状态变化,在声波定位、探伤、测距等应用中具有重要的实用意义.例如,声波测井、声波测量气体或液体的浓度和密度、声波测量输油管中不同油品的分界面等等.声速的测量方法可以分为两大类:一类是根据运动学理论 $v=\frac{L}{t}$,通过测量传播距离 L 和时间间隔 t 得到声速 v;另一类是根据波动理论 $v=f\lambda$,通过测量声波的频率 f 和波长 λ 得到声速 v.

实验中使用的驻波法和相位比较法,这两种测量方法在声学、电磁场与电磁波、光学等领域都有着重要应用.

【实验目的】

(1) 学会使用示波器和信号发生器.

(2) 学会用共振干涉法和相位法测量超声波在气体、液体、固体中的传播速度.

(3) 了解压电陶瓷换能器的功能.

(4) 加强对驻波及振动合成等理论的理解.

【实验仪器】

声速测量仪、示波器、SV-DH-7A 型多功能信号发生器等.

【实验原理】

振动状态在弹性介质中传播形成波,波速完全由介质的物理性质决定.声波在空气中的传播,是由于空气的压强在平衡位置附近的瞬时起伏在空间激起疏密区,这些疏密区向前传播,从而形成声波.

声波在空气中的传播速度与其自身频率无关,只取决于空气本身的性质,理论上有

$$v=v_0\sqrt{\frac{T}{T_0}}=v_0\sqrt{\frac{T_0+t}{T_0}} \tag{5-1}$$

式中，$v_0=331.5\ \mathrm{m\cdot s^{-1}}$是标准状态下干燥空气中的声速，$T_0=273.15$ K 为绝对温度，t 为测量时的室温.

空气压强变化引起的空间疏密区在向前传播时，相邻两疏区(或密区)之间的距离是一个波长. 由波动学原理可知，波速 v、波长 λ 和波的频率 f 之间的关系为

$$v=f\lambda \tag{5-2}$$

式(5-2)即为本实验的测量公式. 频率 f 可通过测定声源(信号源)振动频率而得到，波长 λ 可分别用驻波法和相位法进行测量，λ 的测量是本实验的一个重要内容.

由于超声波具有波长短、易于定向发射等优点，因而在超声波段进行声速测量能够有效避免其他各种声音的干扰，测量精确度高.

一、超声波与压电陶瓷换能器

某些固体电介质，当受到沿一定方向的压力或张力作用而变形时，由于内部电荷发生极化，在受力方向的两表面上会产生符号相反的电荷，从而产生电势差，电势差的方向随压力与张力的交替而改变，电势差亦随此外力的消失而消失，这种现象称之为压电效应. 压电效应还有逆效应：当施加电场时，该电解质会发生机械形变，且随所加电场的交替而产生伸与缩，所以常把它称为电致伸缩效应. 不同材质、不同形状的介质对不同频率的电信号的伸缩效应和电效应不尽相同，此为材料的固有频率.

实验时，产生超声波的装置是用压电陶瓷超声波换能器，它是利用压电体的逆压电效应来实现电压和声压之间的转换，即在交变电压体产生周期性的伸长与压缩的机械振动，从而在空气中激发出声波. 同样压电陶瓷也可以使声压转化为电压的变化，用来接收信号.

压电陶瓷换能器根据它的工作方式，分为纵向(振动)换能器、径向(振动)换能器及弯曲振动换能器. 声速教学实验中所用的大多数采用纵向换能器. 图 5-1 所示为纵向换能器的结构简图.

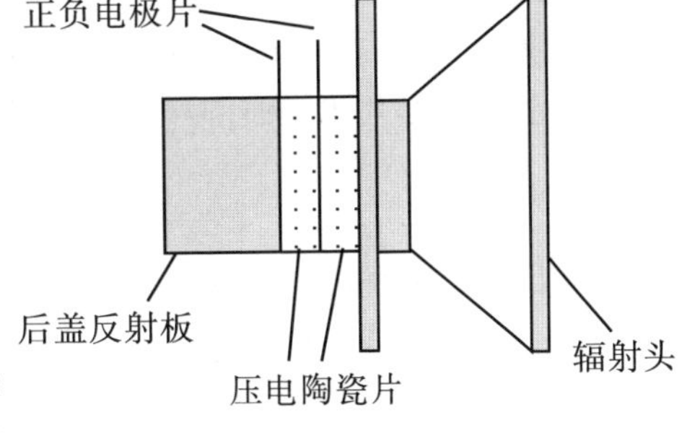

图 5-1　纵向换能器的结构简图

频率 20Hz～20 kHz 的机械振动在弹性介质中传播形成声波，高于 20 kHz 称为超声波，超声波具有波长短，易于定向发射等优点. 声速实验所采用的声波频率一般都在 20Hz～60 kHz 之间，在此频率范围内，采用压电陶瓷换能器作为声波的发射器、接收器效果最佳.

二、共振干涉法(驻波法)测量声速

如图 5-2 所示，两个压电陶瓷换能器发射头 S_1(电声转换)和接收头 S_2(声电转换)，面对面平行放置，其端面间距为 L. S_1 发射的超声波在被 S_2 接收的同时又被反射回一部分，使声波在 L 区间内不断地来回反射、叠加. 当 $L=n\cdot\frac{\lambda}{2}$时，在 S_1 与 S_2 端面间的声波干涉场内产生共振，形成驻波. 两相邻波节(或波腹)之间的距离是$\frac{\lambda}{2}$. 由波动理论知，波节处声压最大，转换后的电压信号也最强，在示波器上观察到的信号振幅达到极大. 移动 S_2，可在示波器上看到信号振幅由大到小呈周期性变化. 因此，只要测出两相邻极大值时 S_2 的位置值，就可测出声波的波长. 即

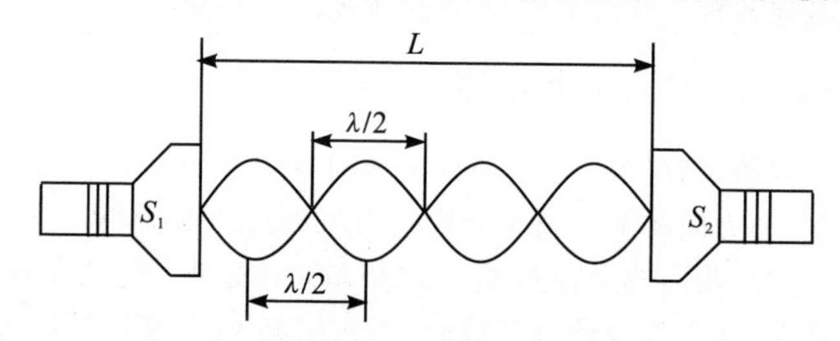

图 5-2　驻波法测量波长原理图

$$\Delta L=|L_{n+1}-L_n|=\frac{\lambda}{2}\qquad(\lambda=2\Delta L)\qquad(5-3)$$

需要说明的是:实际测量中由于波阵面的发散和能量的消耗，随着间距增大，电信号振幅的极大值会逐渐减小，但两相邻极大值的间距不变.

三、相位法测量原理

由 S_1 发出的超声波在被 S_2 接收并反射回一部分后，在 S_1 与 S_2 端面间形成声波场. 声波场中任一点(S_2 所处的位置)的振动相位是随时间变化的，但该点与 S_1 之间的相位差却不随时间变化. 其相位差为

$$\Delta\varphi=2\pi\frac{L}{\lambda}$$

当 $L=n\lambda$ 时，相位差 $\Delta\varphi=2n\pi$，S_2 与 S_1 同相位；当 $L_n=(n+1)\lambda$ 时，相位差 $\Delta\varphi=2(n+1)\pi$，S_2 与 S_1 再次同相位，则

$$\Delta L=|L_n-L|=\lambda\qquad(\lambda=\Delta L)\qquad(5-4)$$

由于两振动频率相同，可将两振动信号分别输入示波器上的两个通道，进行 X,Y 轴方向振动的合成，即利用李萨如图形由椭圆到直线的周期性变化，如图 5-3 在图形显示直线状态时，测出 S_2 的位置值，从而求出声波的波长. 相邻两条斜率相同的直线所对应的波长是

$$\lambda=\Delta L$$

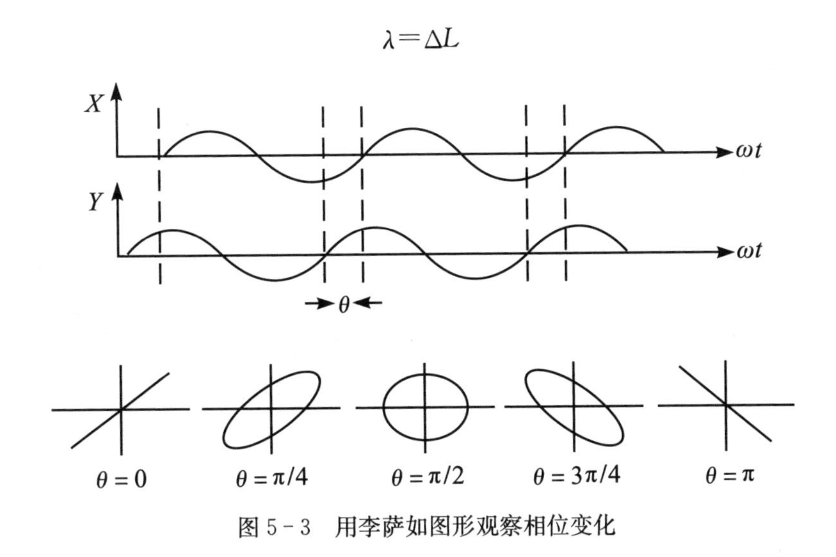

图 5-3　用李萨如图形观察相位变化

四、时差法测量原理

连续波经脉冲调制后由发射换能器发射至被测介质中,声波在介质中传播,经过 t 时间后,到达 L 距离处的接收换能器(图 5-4). 由运动定律可知,声波在介质中传播的速度 v 大小可由以下公式求出:

$$v=\frac{L}{t}$$

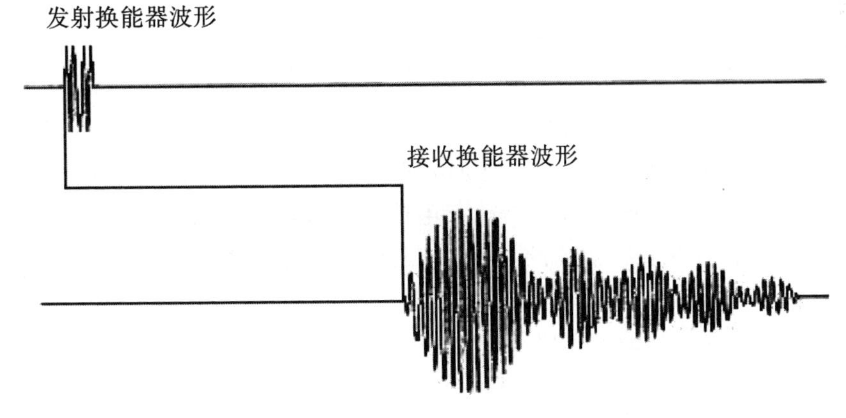

图 5-4　发射波与接收波

通过测量两换能器发射接收平面之间的距离 L 和时间 l,就可以计算出当前介质下的声波传播速度.

【实验步骤与要求】

一、驻波法测量声速

(一) 测量装置的连接

如图 5-5 所示,信号源面板上的发射端换能器接口(S_1),用于输出一定频率的功率信号,请接至测试架的发射换能器(S_1);信号源面板上的发射端的发射波形 Y_1,请接至双踪示波器的 CH1(Y_1),用于观察发射波形;接收换能器(S_2)的输出接至示波器的 CH2(Y_2).

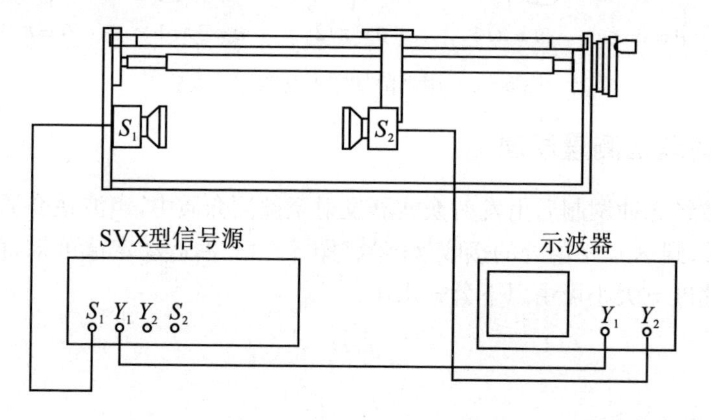

图 5-5 驻波法、相位法连线图

(二) 测定压电陶瓷换能器的测试频率工作点

只有当换能器 S_1 的发射面和 S_2 的接收面保持平行时才有较好的接收效果.为了得到较清晰的接收波形,应将外加的驱动信号频率调节到换能器 S_1,S_2 的谐振频率处,此时才能较好地进行声能与电能的相互转换(实际上有一个小的通频带),S_2 才会有一定幅度的电信号输出,才能有较好的实验效果.

方法:

(1)首先调节发射强度旋钮,使声速测试仪信号源输出合适的电压,再调整信号频率(在 25Hz~45 kHz 之间),观察频率调整时 CH2(Y_2)通道的电压幅度变化.

(2) 选择示波器的扫描时基 t/(div)和通道增益,并进行调节,使示波器显示稳定的接收波形.

(3) 在某一频率点处(34 Hz~40 kHz 之间),电压幅度明显增大,再适当调节示波器通道增益,仔细地细调频率,使该电压幅度为极大值,此频率即是压电换能器相匹配的一个谐振工作点,记录频率 f.

(4) 改变 S_1,S_2 之间的距离,适当选择位置,重新调整,再次测定工作频率,共测 10 次,取平均频率 f.

注意:仪器在使用之前,要加电开机预热 15 min 左右.在接通电后,自动工作在连续波方式,这时脉冲波强度选择按钮不起作用.

(三) 记录数据

转动鼓轮,记录波形幅度最大时的距离 L_i,填表 5-1.

表 5-1　驻波法测量声速数据记录表

测量次数	1	2	3	4	5	6	7	8	9	10
频率 f_i(Hz)										
S_2 位置 L_i(mm)										

步骤:

(1) 将测试方法设置到连续波方式,选择合适的发射强度.

(2) 选好谐振频率,然后转动距离调节鼓轮,这时波形的幅度会发生变化,记录下幅度为最大时的距离 L_{i-1},距离由数显尺或在机械刻度上读出.

(3) 再向前或者向后(必须是一个方向)移动一定距离,当接收波经变小后再到最大时,记录此时的距离 L_i,即可求得声波波长

$$\lambda_i = 2|L_i - L_{i-1}|$$

注意:信号源电源开关打开后,S_1 与 S_2 的间距必须大于 50 mm;实验中 S_2 的测量必须是连续进行的,决不可进行跳跃式测量.

(四) 计算实际声速

用逐差法求出波长 λ_i 的平均值 $\bar{\lambda}$,再依据选择的频率 f,根据公式(5-2)计算声速 v.

(五) 计算理论声速

测量室温 t(℃),再根据式(5-1),算出理论值 $v_{理}$,并求出相对误差.

$$E_r = \frac{|v_{实} - v_{理}|}{v_{理}} \times 100\%$$

二、相位法测量声速

(一) 调制信号

保持驻波法测量状态不变,另将信号源输出端与示波器 Y_2 通道连接;把“Y_2”钮拉出,分别调节 Y_1,Y_2 通道偏转因数,选择合适的示波器通道增益,使荧光屏上显示比例恰当的椭圆形或直线形李萨如图形.

(二) 观察记录

转动鼓轮,移动 S_2,观察李萨如图形,填表 5-2.

表 5-2 相位法测量声速数据记录表

测量次数	1	2	3	4	5	6	7	8	9	10
频率 f_i(Hz)										
S_2 位置 L_i(mm)										

方法：

(1) 转动鼓轮，微微改变 S_2 的位置，使李萨如图形显示的椭圆变为出现斜率为正(或负)的斜直线，记录信号源频率值和 S_2 的距离 L_{i-1}，距离在数显尺或机械刻度尺上读出.

(2) 再缓慢移动 S_2，使其与 S_1 的间距逐渐增大(或减小)，使荧光屏显示的李萨如图形又回到前面所说的特定角度的正(或负)斜率直线，这时接收波的相位变化 2π，记录此时的距离 L_i，即可依据下式求得声波波长：

$$\lambda_i = |L_i - L_{i-1}|$$

(3) 连续测 10 次(必须是一个方向)，使李萨如图形由直线椭圆呈周期性变化，再向前或者向后移动距离.

(三) 求实际声速

用逐差法求出波长 λ_i 的平均值 $\bar{\lambda}$，依据使用的频率 f，根据式(5-2)求声速 v.

(四) 计算理论声速

记录室温 t (℃)，再根据式(5-1)，算出理论值 $v_{理}$，并求出相对误差.

三、时差法测量声速

(一) 测量装置的连接

使用空气为介质测试声速时，按图 5-6 所示进行接线，这时示波器的 Y_1，Y_2 通道分别用于观察发射和接收波形.

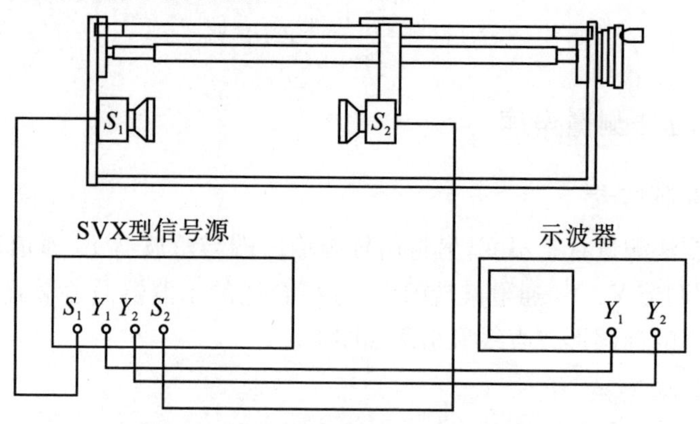

图 5-6 时差法测量声速接线图

(二) 观察记录

移动 S_2,显示的时间差值读数稳定,填表 5-3.

表 5-3　时差法测量声速数据记录表

测量次数	1	2	3	4	5	6	7	8	9	10
计时器 t_i(ms)										
S_2 位置 L_i(mm)										

方法:

(1) 将测试方法设置到脉冲波方式,选择合适的脉冲发射强度.

(2) 将 S_2 移动到离开 S_1 一定距离,选择合适的接收增益,使显示的时间差值读数稳定.然后记录此时的距离值和信号源计时器显示的时间值 L_{i-1},t_{i-1}.

(3) 连续移动 S_2,记录多次测量的距离值和显示的时间值 L_i,t_i,则声速

$$v=\frac{L_i-L_{i-1}}{t_i-t_{i-1}}$$

注意:

(1) 为了避免连续波可能带来的干扰,可以将连续波频率调离换能器谐振点.

(2) S_1 与 S_2 的间距必须大于 50 mm;实验中 S_2 的测量必须是连续进行的,绝不可进行跳跃式测量.

说明:

当使用液体为介质测试声速时,按图 5-6 所示进行接线.将测试架向上小心提起,就可对测试槽中注入液体,以把换能器完全浸没为准,注意液面不要过高,以免溢出.选择合适的脉冲波强度,即可进行测试,步骤相同.使用时应避免液体接触到其他金属件,以免金属物件被腐蚀.使用完毕后,用干燥清洁的抹布将测试架及换能器清洁干净.

(三) 计算实际声速

用逐差法求出声速 v.

(四) 与理论声速比较

记录室温,再将声速测量值与理论值(表 5-4)比较,并求出相对误差.

表 5-4　液体中的声速*

介质	海水	普通水	菜籽油	变压器油
温度(℃)	17	25	30.8	32.5
声速($m \cdot s^{-1}$)	1 510～1 550	1 497	1 450	1 425

* 以上数据仅供参考.由于介质的成分和温度的不同,实际测得的声速范围可能会较大.

四、测量固体介质中的声速

在固体中传播的声波是很复杂的，它包括纵波、横波、扭转波、弯曲波、表面波等，而且各种声速都与固体棒的形状有关，金属棒一般为各向异性结晶体，沿任何方向可有三种波传播.所以本仪器实验时采用同样材质和形状的固体棒.

固体介质中的声速测量需另配专用的 SVG 固体测量装置，用时差法进行测量.实验提供两种测试介质：有机玻璃棒和铝棒.每种材料有长 50 mm 的三根样品，只需将样品组合成不同长度测量两次，即可按上面的方法算出声速：

$$v=\frac{L_i-L_{i-1}}{t_i-t_{i-1}}$$

（一）测量装置的连接

按图 5 - 7 所示接线连接测量装置.

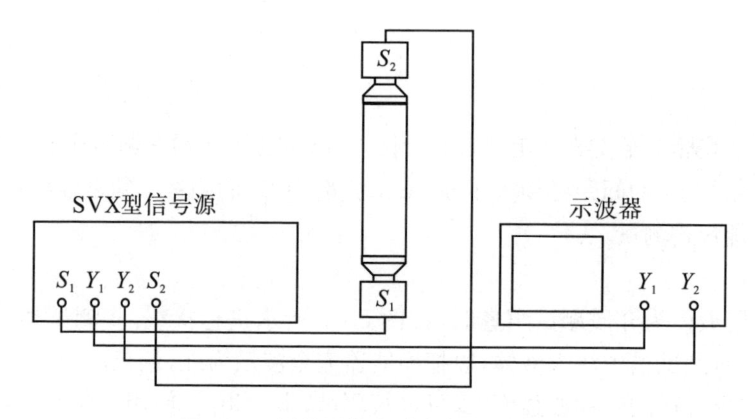

图 5 - 7　测量固体介质中声速的接线图

（二）列表记录用时差法测量有机棒及金属棒的实验数据

方法：

(1) 将发射换能器发射端面朝上竖立放置于托盘上，在换能器端面和固体棒的端面上涂上适量的耦合剂，再把固体棒放在发射面上，使其紧密接触并对准.

(2) 然后将接收换能器的接收端面放置于固体棒的上端面上并对准，利用接收换能器的自重与固体棒端面接触.这时计时器的读数为 L_{i-1}，固体棒的长度为 L_{i-1}.

(3) 移开接收换能器，将另 1 根固体棒端面上涂上适量的耦合剂，置于下面一根固体棒之上，并保持良好接触，再放上接收换能器，这时计时器的读数为 t_i，固体棒的长度为 L_i.（三根相同长度和材质的待测棒，利用叠加获得不同的长度.每个长度测得对应的时间.）

注意：

(1) 测量时，将接收增益调到适当位置(一般为最大位置)，以计时器不跳字为好.

(2) 完成实验后应关闭仪器的交流电源，并关闭数显测量尺的电源，以免耗费电池.

说明：

测量超声波在不同固体介质中传播的平均速度时，只要将不同的介质同时置于两换能器之间就可进行测量.

(三) 计算实际声速

求出相应的差值，然后计算出声速，并与理论声速传播测量参数(表 5－5)进行比较，计算百分误差.

表 5－5 固体中的纵波声速*

介 质	形 状	声速($m\cdot s^{-1}$)
铜	棒	3 700
	块	5 000
铝	棒	5 150
	块	6 300
钢	棒	5 050
	块	6 100
玻璃	棒	5 200
	块	5 600
有机玻璃	棒	1 500～2 200
	块	2 000～2 600

* 以上数据仅供参考.由于介质的成分和温度的不同，实际测得的声速范围可能会较大.

【预习思考题】

(1) 共振干涉法的理论根据是什么？何谓系统共振状态？

(2) 相位比较法的理论根据是什么？

(3) 用共振法和用相位比较法测声速时，接线有何不同？

(4) 声速测量中共振干涉法、相位法、时差法有何异同?

(5) 本实验选择在超声波范围内进行,这样做有什么好处?

【课后习题】

(1) 实验中信号发生器和示波器各起什么作用?

(2) 实验中为什么要在压电换能器谐振状态下测量空气中的声速?

(3) 实验前为什么要调整测试系统的谐振频率? 怎样进行调整?

(4) 实验中为什么要记录室温?

(5) 本实验采用逐差法处理数据有什么好处?

【附录】

一、SV-DH 系列声速测试仪

SV-DH 系列声速测试仪是观察、研究声波在不同介质中的传播现象,以及测量这些介质中声波传播速度的专用仪器. 仪器由声速专用测试架及专用信号源两部分组成,可用于大学基础物理实验.

SV-DH 系列声速测试仪不但覆盖了基础物理声速实验中常用的两种测试方法,而且,在上述常规测量方法基础上还可以用工程中实际使用的声速测量方法——时差法进行测量. 在时差法工作状态下,使用示波器可以非常明显、直观地观察声波在传播过程中经过多次反射、叠加而产生的混响波形. 图 5-8 所示为 SV-DH-SVX-7 声速测试仪信号源面板,图 5-9 所示为声速测试仪外形示意图.

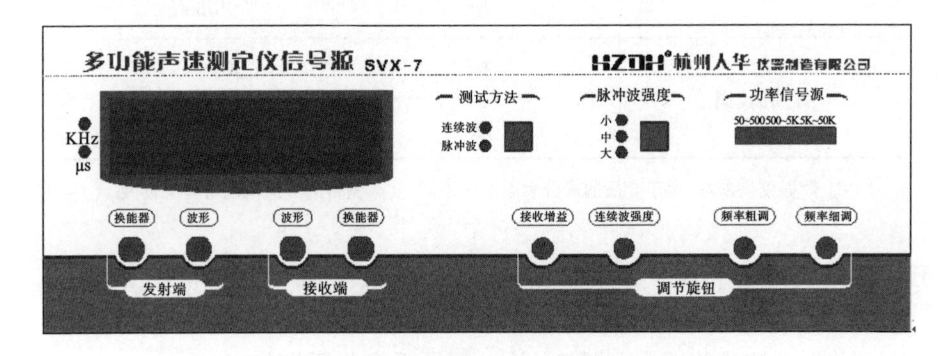

图 5-8 SV-DH-SVX-7 声速测试仪信号源面板

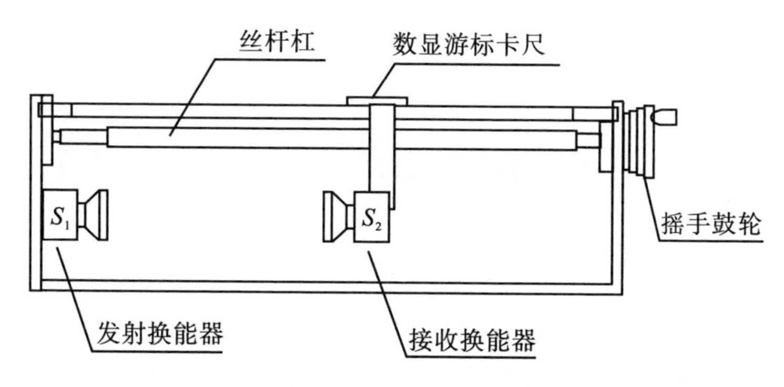

图 5-9　声速测试架外形示意图

二、调节旋钮的作用

(1) 信号频率:用于调节输出信号的频率.

(2) 发射强度:用于调节输出信号电功率(输出电压),仅连续波有效.

(3) 接收增益:用于调节仪器内部的接收增益.

注意事项:

(1) 使用时,应避免声速测试仪信号源的功率输出端短路.

(2) 严禁将液体(水)滴到数显尺杆和数显表头内,如果不慎将液体(水)滴到数显尺杆和数显表头上,请用 60℃以下的温度将其烘干,才可继续使用.

(3) 测试架体带有有机玻璃,容易破碎,使用时应谨慎,以防止发生意外.

(4) 数显尺用后应关闭电源. 电池使用寿命为 6 个月,过期后要及时更换电池.

(5) 信号发射器的信号输出幅度不要过大,避免仪器过热而损坏.

(6) 调节仪器旋钮要轻缓,以免损坏.

(7) 实验时要使函数信号发生器的输出频率等于换能器的谐振频率,并且在实验过程中保持不变.

(8) 用游标尺测量移动距离时,必须轻而缓慢地调节,手勿压游标尺.

(9) 换能器发射面和接收面要保持平行.

实验六　冰的融化热的测定(混合法)

单位质量的某种晶体融化成同温度的液体时,所吸收的热量称为该晶体的融化热. 本实验是根据热平衡原理,采用混合量热法来测量冰的融化热. 测量要求混合物是一个与外界没有热交换的孤立系统,但是实验中系统不可避免地会与外界进行热交换,因此要求学生学会用作图法进行温度修正,以消除系统与外界交换热量而带来的影响.

【实验目的】

(1) 用混合法测定冰的融化热.

(2) 学会在测定冰的融化热时用作图法进行温度修正,以消除系统与外界交换热量而带来的影响.

【实验仪器】

量热器、物理天平、水银温度计(0～100 ℃)、秒表、量筒、小烧杯、冰、水、干布、小勺子、镊子、冰箱(公用)等.

【实验原理】

一、混合法测定冰的融化热

在大气压强下,单位质量的冰在 0 ℃时吸收热量变成同温度的水,这个热量就称为冰的融化热,通常用符号 L_c 表示. 实验时,将质量为 M、温度为 0 ℃的冰(冰水中的冰)投入量热器内,使它与质量为 m_1、温度为 T_1 的水混合,则冰会使水温降低直至系统达到平衡温度 T_2,然后新的系统温度将不再降低而是从空气中吸热开始回升.

假设水的比热容为 c_1,铜的比热容为 c_2,量热器内筒及搅拌器(相同材质铜)质量为 m_2. 温度计浸入水中部分的热容量为 $h_i=0.46V$ (cal·℃$^{-1}$)(V 为温度计浸入

水中部分的体积),$|CQ|=4.18$ (J),则热平衡方程式为

$$ML_c+Mc_1(T_2-0)=(m_1c_1+m_2c_2+h_i)(T_1-T_2) \tag{6-1}$$

由此可得冰的融化热 L_c 为

$$L_c=\frac{(m_1c_1+m_2c_2+h_i)(T_1-T_2)}{M}-c_1T_2 \tag{6-2}$$

二、修正散热

进行实验时,要尽可能避免系统与环境进行热交换,如不要用手握住量热器的金属筒,不要在阳光直射或通风处等做实验,实验过程尽可能缩短等.尽管如此,系统与环境的热交换仍是不可避免的,除非系统与环境的温度时时刻刻完全相等,否则,就不可能完全达到绝热的要求,因此,在精确测量时,就需要采取修正的方法.

当系统与环境的温差不大时,可用牛顿冷却定律进行修正.实验证明,当温差较小时(10～15 ℃),散热速率与温度差成正比,此即牛顿冷却定律,数学表达式可写成

$$\frac{\Delta Q}{\Delta t}=k(T-T_0)$$

式中,T 和 T_0 分别是系统和环境温度;ΔQ 是系统散失的热量;Δt 是散热的时间间隔;k 是散热系数,与系统表面积成正比且随表面的吸收或发射辐射热的本领而变;$\frac{\Delta Q}{\Delta t}$称为散热率,表示单位时间内系统散失的热量.

本实验介绍根据牛顿冷却定律粗略修正散热的冷却补偿法.以室温 T_0 为参考,取热水的初温 T_1 高于室温 T_0,冰完全融化后的终温 T_2 低于室温 T_0,以期待整个实验过程中,系统与环境的热量传递前后抵消.

考虑到实验中的具体情况,在刚投入冰时,水温 T 高,冰的有效面积大,融化快,因此系统的表面温度(水温)下降较快;随着冰的不断融化,冰块不断减小,水温逐渐降低,冰的融化慢,水温下降也就相应慢了.从刚投入冰块到平衡后一段时间平均记下水的温度 T 和时间 t 的关系,绘制 $T\sim t$ 曲线,如图 6-1 所示.

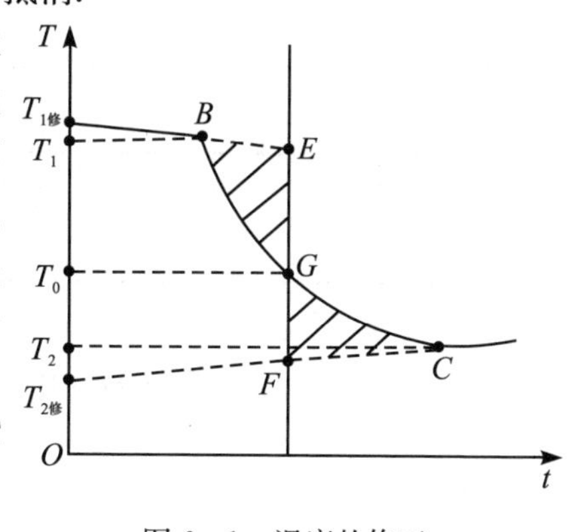

图 6-1　温度的修正

图 6-1 中 B 点对应的 T_1 为水的初温,C 点对应的 T_2 为系统的平衡温度(即水的终温),G 点对应的 T_0 为室温,由 G 点作一条直线垂直于 t 轴,它与 BGC 线组成两个小面积阴影 BGE 和 CGF,若这两个阴影部分面积相等,则热量得到"补偿".

连接并延长 EB 与 T 轴交于 $T_{1修}$,连接并延长 CF 与 T 轴交于 $T_{2修}$.分别用

$T_{1修}$和$T_{2修}$置换式(6-2)中的T_1和T_2,即可计算冰的融化热L_c.

【实验内容和步骤】

(1) 冰的制备:冰箱中制成的冰块往往低于0 ℃,需放在冰水混合物中数分钟,使冰块温度达到0 ℃.注意冰块的体积,以便能够放入量热器内筒.

(2) 将量热器的内筒(包括用同种材料制成的搅拌器)擦干净,用天平称出量热器内筒和搅拌器的总质量m_2,查出量热器内筒所用材料的比热容c_2,记下室内温度T_0.

(3) 向量热器内筒注入热水(水温高于室温6~7 ℃,水深以达到内筒深度的$\frac{2}{3}$为宜),尽快用天平称出总质量,算出杯中水的质量m_1.

(4) 参考图6-2,将量热器内筒放好,并用搅拌器轻轻搅拌,每隔0.5 min读出温度计示值,待水温降到高于室温4~5 ℃时,把事先用干布吸干外部水分的冰块投入水中,记下投入冰块的时刻和温度T_1,然后不断轻轻搅拌水,并继续按每0.5 min一次记录温度计示值直至冰全部融化后,再记录相应时刻对应的温度值T_2,填表6-1.

(5) 称量冰融化后整个系统的总质量,求出冰的质量M.

(6) 作T~t曲线,看系统与外界的热量交换是否大致得到"补偿",若相差较大,应合理改变实验条件重做一次.作图进行温度待修.

数据记录:

T_0=______ (℃)　　T_1=______ (℃)　　T_2=______ (℃)

m_2=______ (g)　　m_1+m_2=______ (g)　　m_1+m_2+M=______ (g)

表6-1

时间 t	0	0.5	1	1.5	……
温度 T					……

修正后的初温$T_{1修}$=______ (℃);修正后的末温$T_{2修}$=______ (℃).

(7) 用式(6-2)计算冰的融化热L_c,分析误差来源.

【预习思考题】

(1) 实验中量热器与外界的热交换是产生系统误差的主要原因,热散失的主要途径有哪些?应采取什么措施减少热散失?

(2) 简述实验中怎样用图解法修正水的初温T_1和末温T_2.

【思考题】

(1) 水的初温过高或过低对实验有什么不宜之处?

(2) 放置冰块时,是放一大块冰好,还是放同质量的几小块冰好? 为什么?

(3) 如果用图 6-1 中的 B,C 两点所对应的温度分别代替水的初温 T_1 和系统平衡温度 T_2 来计算融化热行不行? 为什么?

【附录】

量热器简介

本实验使用的主要装置是量热器,它是一种通过测量物体间传递的热量来得出物质的比热容、潜热或化学反应热的仪器,量热器的结构如图 6-2 所示,将一个金属筒放入另一有盖的大筒中,并插入带有绝缘柄的搅拌器和温度计,内筒放置在绝热架上,两筒互不接触,夹层充满不易传热的物质(一般为空气),这样就构成量热器. 量热器外筒用绝热盖盖住,使内筒上部的空气不与外界发生对流. 一般常将内筒与外筒内壁镀亮,以减少热辐射影响,这样内筒与外筒及环境之间不易进行热交换,因而我们就可以通过测定量热器内筒中待测物体的温度,来计算待测物的比热容或潜热等.

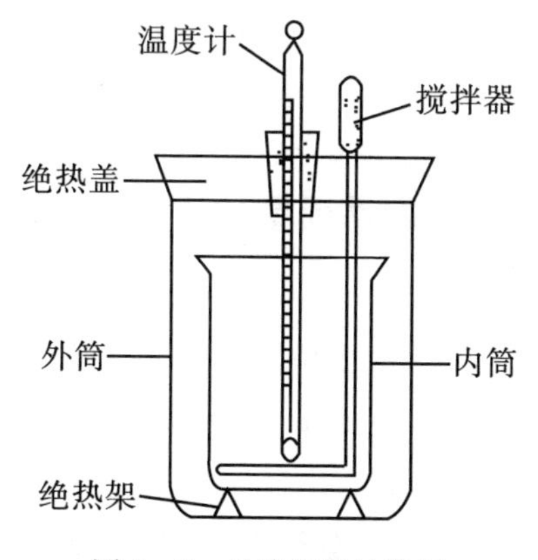

图 6-2　量热器的结构图

实验七　转动惯量的测定

转动惯量是刚体转动时惯性大小的量度，它与刚体的质量分布和转轴的位置有关. 对于质量分布均匀、外形不复杂的刚体，测出其外形尺寸及质量，就可以计算出其转动惯量；而外形复杂、质量分布不均匀的刚体，其转动惯量就难以计算，通常利用转动实验来测定.

【实验目的】

(1) 学习用恒力矩转动法测定刚体转动惯量的原理和方法.

(2) 观测转动惯量随质量、质量分布及转动轴线的不同而改变的状况，验证平行轴定理.

(3) 学会使用通用电脑计时器测量时间.

【实验仪器】

ZKY-ZS 转动惯量实验仪，ZKY-JI 通用电脑计时器.

【实验原理】

一、恒力矩转动法测定转动惯量的原理

根据刚体的定轴转动定律

$$M=J\beta \tag{7-1}$$

只要测定刚体转动时所受的总合外力矩 M 及该力矩作用下刚体的角速度 β，则可计算出该刚体的转动惯量 J.

设以某初始角速度转动的空实验台其转动惯量为 J_1，未加砝码时，在摩擦阻力矩 M_μ 的作用下，实验台将以角速度 B_1 做匀减速运动，即

$$-M_\mu=J_1\beta_1 \tag{7-2}$$

将质量为 m 的砝码用细线绕在半径为 R 的实验台塔轮上，并让砝码下落，系统在恒外力作用下将做匀加速运动. 若砝码的加速度为 a，则细线所受张力为 $T=m(g-a)$. 若此时实验台的角加速度为 β_2，则有 $a=R\beta_2$. 细线施加给实验台的力矩为

$$TR=m(g-R\beta_2)R$$

此时有

$$m(g-R\beta_2)R-M_\mu=J_1\beta_2 \tag{7-3}$$

将(7-2)、(7-3)两式联立消去 M_μ 后，可得

$$J_1=\frac{mR(g-R\beta_2)}{\beta_2-\beta_1} \tag{7-4}$$

同理，若在实验台上加上被测物体后系统的转动惯量为 J_2，加砝码前后的角加速度分别为 β_3 与 β_4，则有

$$J_2=\frac{mR(g-R\beta_4)}{\beta_4-\beta_3} \tag{7-5}$$

由转动惯量的迭加原理可知，被测试件的转动惯量 J_3 为

$$J_3=J_2-J_1 \tag{7-6}$$

测得 R，m 及 β_1，β_2，β_3，β_4，由式(7-4)、式(7-5)、式(7-6)即可计算被测试件的转动惯量.

二、β 的测量

实验中采用 ZKY-JI 通用电脑计时器记录遮挡次数和相应的时间. 固定在载物台圆周边缘相差 π 角的两遮光细棒，每转动半圈遮挡一次固定在底座上的光电门，即产生一个计数光电脉冲，计数器计下遮挡次数 k 和相应的时间 t. 若从第一次挡光($k=0$，$t=0$)开始计时，且初始角速度为 ω_0，则对于匀变速运动中测量得到的任意两组数据(k_m、t_m)，(k_n，t_n)，相应的角位移 θ_m，θ_n 分别为

$$\theta_m=k_m\pi=\omega_0 t_m+\frac{1}{2}\beta t_m^2 \tag{7-7}$$

$$\theta_n=k_n\pi=\omega_0 t_n+\frac{1}{2}\beta t_n^2 \tag{7-8}$$

从式(7-7)、式(7-8)两式中消去 ω_0，可得

$$\beta=\frac{2\pi(k_n t_m-K_m t_n)}{t_n^2 t_m-t_m^2 t_n} \tag{7-9}$$

由式(7-9)即可计算角加速度 β.

三、平行轴定理

理论分析表明，质量为 m 的物体围绕通过质心 O 的转轴转动时的转动惯量 J_0

最小. 当转轴平行移动距离 d 后,绕新转轴转动的转动惯量为

$$J=J_0+md^2 \tag{7-10}$$

【实验内容】

一、实验准备

在桌面上放置 ZKY-ZS 转动惯量试验仪,并利用基座上的 3 颗调平螺钉,将仪器调平. 将滑轮支架固定在实验台面边缘,调整滑轮高度及方位,使滑轮槽与选取的绕线塔轮槽等高,且其方位相互垂直,如图 7-1、图 7-2 所示.

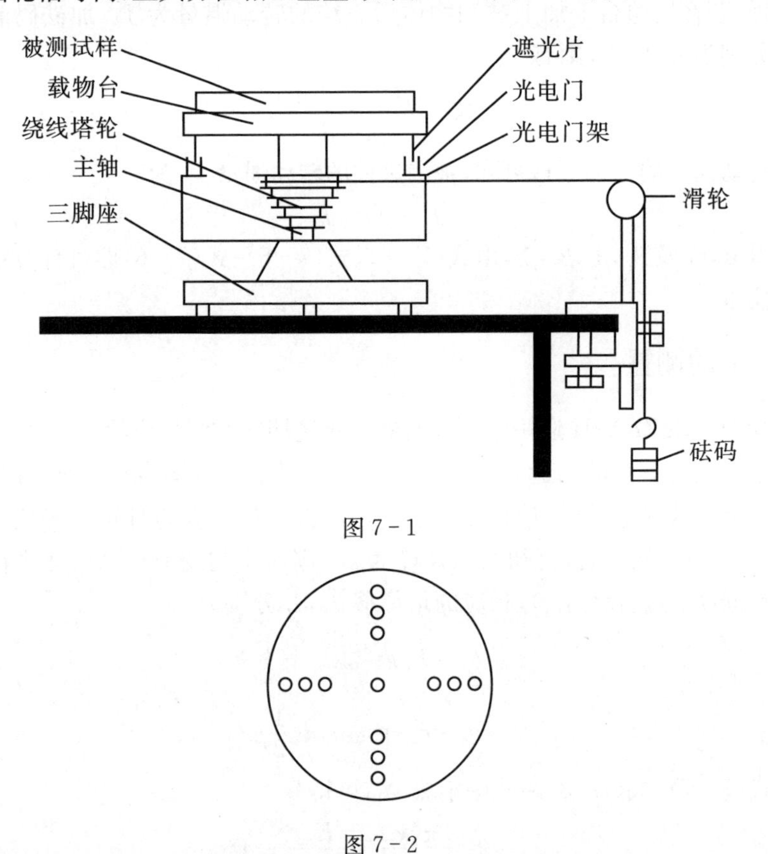

图 7-1

图 7-2

通用电脑计时器上 2 路光电门的开关应 1 路接通,另一路段开做备用. 当用于实验时,建议设置 1 个光电脉冲计数 1 次(若不这样,式(7-9)中的系数要相应改变),1 次测量记录大约 8 组数据(砝码下落距离有限).

二、测量并计算试验台的转动惯量 J_1

（一）测量 β_1

接通电脑计时器电源开关（或按“复位”键），进入设置状态，不用改变默认值；用手拨动载物台，使实验台有一初始转速并在摩擦力矩作用下做匀减速运动；按“待测/＋”键后仪器开始测量光电脉冲次数（正比于角位移）及相应时间；显示8组测量数据后再次按“待测/＋”键，仪器进入查阅状态，将查阅到的数据记下.

采用逐差法处理数据，用式（7-9）计算对应各组的 β_1 值，然后求其平均值作为 β_1 的测量值.

（二）测量 β_2

选择塔轮半径 R 及砝码质量，将一端打结的细线沿塔轮上的细缝塞入，并且不重叠地密绕于所选定半径的轮上，细线另一端通过滑轮后连接砝码托上的挂钩，用手将载物台稳住；按“复位”键，进入设置状态后再按“待测/＋”键，使计时器进入工作等待状态；将砝码放载物台，砝码重力产生的恒力矩使实验台产生匀加速转动；电脑计时器记录8组数据后停止测量. 查阅、记录数据并计算 β_2 的测量值. 由式（7-4）即可算出 J_1 的值.

三、测量与计算

测量并计算实验台放上试样后的转动惯量 J_2，计算试样的转动惯量 J_3 并与理论值比较.

将待测试样放上载物台并使试样几何中心轴与转轴中心重合，按与测量 J_1 同样的方法可分别测量未加砝码的角速度 β_3 与加砝码后的角速度 β_4. 由式（7-5）可计算 J_2 的值，已知 J_1，J_2，由式（7-6）可计算试样的转动惯量理论值 J_3.

已知圆盘、圆柱绕几何中心轴的转动惯量理论值为

$$J=\frac{1}{2}mR^2 \tag{7-11}$$

圆环绕几何中心轴的转动惯量理论值为

$$J=\frac{m}{2}(R_{外}^2+R_{内}^2) \tag{7-12}$$

计算试样的转动惯量理论值 J 并与测量值 J_3 比较，计算测量值的相对误差

$$E=\left(\frac{J_3-J}{J}\right)\times 100\% \tag{7-13}$$

四、验证平行轴定理

将两圆柱体对称插入载物台上与中心距离相等的圆孔中，测量并计算两圆柱

体在此位置的转动惯量. 将测量值与由式(7－10)、式(7－11)所得的计算值比较，若一致即验证了平行轴定理.

【课后习题】

(1) 若 $g \gg a$，且轮轴间摩擦力(矩)可忽略. 试推导式(7－3).

(2) 设 $g \gg a$，且摩擦力矩 M_f 为常量，但不能忽略. 试在这种情况下推导式(7－3)，并指出选何变量能得到线性关系.

(3) 在一般情况下，若 $g \gg a$ 不一定成立，且 M_f＝常量又不能忽略，问：是否可以适当选择变量得出一线性关系？通过实验和作图，可否既求出转动惯量，又求出摩擦力矩？

实验八　金属线胀系数的测定

绝大多数物质具有热胀冷缩的特性，在一维情况下，固体受热后长度的增加称为线膨胀. 在相同条件下，不同材料的固体，其线膨胀的程度各不相同，我们引入线膨胀系数来表征物质的膨胀特性. 线膨胀系数是物质的基本物理参数之一，在道路、桥梁、建筑等工程设计，精密仪器仪表设计，材料的焊接、加工等各种领域，都必须对物质的膨胀特性予以充分的考虑. 利用本实验提供的固体线膨胀系数测量仪和温控仪，能对固体的线膨胀系数予以准确测量.

【实验目的】

(1) 测定固体样品的线胀系数，了解线胀系数的概念并进行实际测量.

(2) 了解温度传感器的特性.

(3) 了解掌握测微小位移的一种方法——数字千分表测量法.

【实验仪器】

金属线膨胀实验仪、ZKY-PID 温控实验仪、千分表.

【实验原理】

为了定量地描述固体材料的热胀冷缩特性，在物理学中引进了线胀系数的概念. 线胀系数 α 定义为固体温度上升 1 ℃时，其线度伸长量与 0 ℃时的线度 L_0 之比. 设固体温度升高到 t ℃时的长度为 L，则线胀系数为

$$\alpha=\frac{L-L_0}{L_0 t} \tag{8-1}$$

根据式(8－1)测定线胀系数时，L_0 的测定不易实现，下面我们推求初温不为 0 ℃时，线胀系数的表示式.

若固体温度由 t_1℃升到 t_2℃，其长度分别为 L_1，L_2，则由式(8－1)可得

$$L_1=L_0(1+\alpha\cdot t_1),L_2=L_0(1+\alpha\cdot t_2) \tag{8-2}$$

式(8-2)两边分别相除得

$$\frac{L_1}{L_2}=\frac{1+\alpha t_1}{1+\alpha t_2} \tag{8-3}$$

整理后得

$$\alpha=\frac{L_2-L_1}{L_1t_2-L_2t_1}=\frac{\Delta L}{L_1(t_2-t_1)} \tag{8-4}$$

式(8-4)中,$\Delta L=L_2-L_1$ 为微小伸长量,测出了温度 t_1 和 t_2,长度 L_1 和 L_2,即可由式(8-4)求得线胀系数数值.

【实验步骤与要求】

一、检查仪器后面的水位管,将水箱水加到适当值

平常加水从仪器顶部的注水孔注入.若水箱排空后第1次加水,应该用软管从出水孔将水经水泵加入水箱,以便排出水泵内的空气,避免水泵空转(无循环水流出)或发出蜂鸣声.

二、设定 PID 参数

若对 PID 调节原理及方法感兴趣,可在不同的升温区段有意改变 PID 参数组合,观察参数改变对调节过程的影响.

若只是把温控仪作为实验工具使用,则可按以下的经验方法设定 PID 参数.

$$K_p=3(\Delta T)^{\frac{1}{2}}$$

$$T_1=30$$

$$T_D=\frac{1}{99}$$

ΔT 为设定温度与室温之差.参数设置好后,用"启控/停控"键开始或停止温度调节.

三、测量线膨胀系数

实验开始前检查金属棒是否固定良好,千分表安装位置是否合适.一旦开始升温及读数,避免再触动实验仪.为保证实验安全,温控仪最高设置温度为 60 ℃.若决定测量 n 个温度点,则每次升温范围为 $\Delta t=\frac{60-\text{室温}}{n}$.为减小系统误差,温度的设定值每次提高 Δt,温度在新的设定值达到平衡后,记录温度及千分表读数于表8-1中.

表 8-1

n(次)	1	2	3	4	5	6	7	8	9	10
t (℃)										
L (mm)										

四、作 $L\sim t$ 线,并求斜率

用 t_i 与 L_i 数据作 $L\sim t$ 图线,求其直线斜率 K 值.

五、计算线胀系数 α 的不确定度

根据公式

$$\alpha=\frac{\Delta L}{L_1\Delta t}$$

则有 $\alpha L_1=K$,故

$$\alpha=\frac{K}{L_1}$$

式中,$L_1=50$ cm.

【预习思考题】

(1) 本实验所用仪器和用具有哪些?如何将仪器安装好?操作时应注意哪些问题?

(2) 本实验中,什么对物理量的测量结果实验误差影响最大?

【课后习题】

(1) 开始测量时,千分表若没有和金属杠相接触,对测量结果有什么影响?

(2) 根据实验室条件你还能设计一种测量 ΔL 的方案吗?

【附录】

一、金属线膨胀实验仪

仪器外形如图 8-1 所示. 金属棒的一端用螺钉连接在固定端,滑动端装有轴承,金属棒可在此方向自由伸长. 通过流过金属棒的水加热金属,金属的膨胀量用

千分表测量.支架都用隔热材料制作,金属棒外面包有绝热材料,以阻止热量向基座传递,保证测量准确.

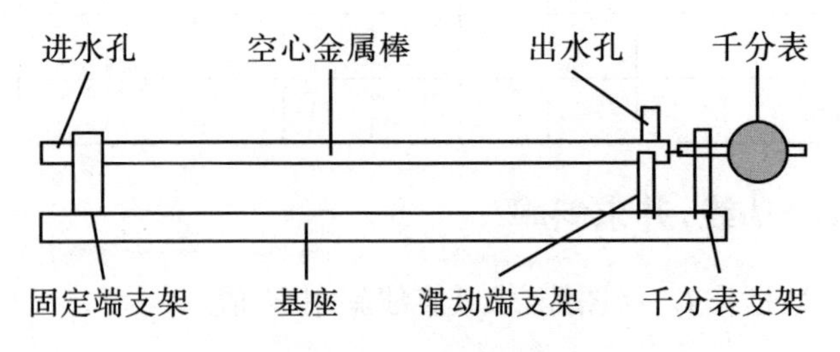

图 8-1　金属线膨胀实验仪

二、开放式 PID 温控实验仪

温控实验仪包含水箱、水泵、加热器、控制及显示电路等部分.

本温控实验仪内置微处理器,带有液晶显示屏,具有操作菜单化、能根据实验对象选择 PID 参数以达到最佳控制、能显示温控过程的温度变化曲线和功率变化曲线及温度和功率的实时值、能存储温度及功率变化曲线、控制精度高等优点.仪器面板如图 8-2 所示.

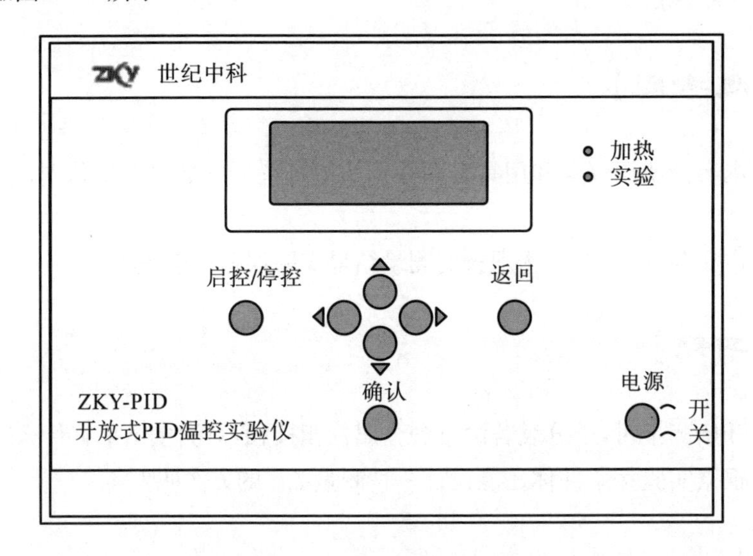

图 8-2　温控实验仪面板

开机后,水泵开始运转,显示屏显示操作菜单,可选择工作方式,输入序号及室温,设定温度及 PID 参数.使用"◀ ▶"键选择项目,"▲▼"键设置参数,按确认键进入下一屏,按返回键返回上一屏.进入测量界面后,屏幕上方的数据栏从左至右依次显示序号,设定温度、初始温度、当前温度、当前功率、调节时间等参数.图形区以横坐标代表时间,纵坐标代表温度(功率),并可用"▲▼"键改变温度坐标值.仪器每隔 15 s 采集 1 次温度及加热功率值，并将采得的数据标示在图上. 温度达到设定值并保持两分钟温度波动小于 0.1°，仪器自动判定达到平衡，并在图形区右边显示过渡时间 t_s、动态偏差 σ 和静态偏差 e. 一次实验完成退出时，仪器自动将屏幕按设定的序号存储(共可存储 10 幅)，以供必要时分析、比较.

三、千分表

千分表是用于精密测量位移量的量具，它利用齿条—齿轮传动机构将线位移转变为角位移，由表针的角度改变量读出线位移量. 大表针转动 1 圈(小表针转动 1 格)，代表线位移为0.2 mm，最小分度值为 0.001 mm.

实验九　液体黏滞系数的测定

各种实际液体具有不同程度的黏滞性. 当液体流动时,平行于流动方向的各层流体速度都不相同,即存在着相对滑动,于是在各层之间就有摩擦力产生,这一摩擦力称为黏滞力. 它的方向平行于接触面,其大小与速度梯度及接触面积成正比,比例系数 η 称为黏滞系数,液体黏滞系数又称液体黏度,它是表征液体黏滞性强弱的重要参数,液体的黏滞性的测量是非常重要的. 例如,现代医学发现,许多心血管疾病都与血液黏滞系数的变化有关,测量血黏滞系数的大小是检查人体血液健康的重要标志之一. 又如,石油在封闭管道中长距离输送时,其输运特性与黏滞性密切相关,因而在设计管道前,须测量被输石油的黏滞系数.

测定液体黏滞系数的方法有多种,本实验所采用的落球法是一种绝对法测量液体的黏滞系数. 如果一小球在黏滞液体中铅直下落,由于附着于球面的液层与周围其他液层之间存在着相对运动,因此小球受到黏滞阻力,它的大小与小球下落的速度有关. 当小球做匀速运动时,测出小球下落的速度,就可以计算出液体黏滞系数.

【实验目的】

掌握根据斯托克斯公式测定液体黏滞系数的方法——落球法.

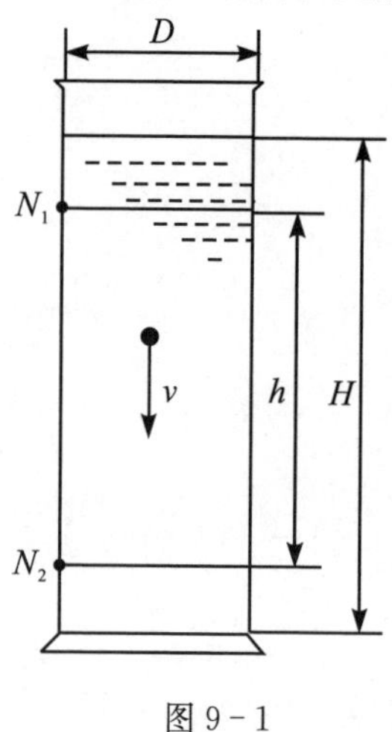

图 9 - 1

【实验仪器】

盛有待测液体(蓖麻油)的量筒、小球、秒表、米尺、游标卡尺、螺旋测微器、温度计、镊子等.

【实验原理】

如图 9 - 1 所示. 当半径为 r 的光滑小球以速度 v 在无限的液体中运动时,若液体的黏滞系数很大、球很小且速度不大,在液体中不产生涡流的情况下,根据斯托克斯公式,小球受到的黏性力为

$$f=6\pi\eta vr \tag{9-1}$$

式(9-1)中,η 为液体的黏滞系数.从式(9-1)可知,阻力的大小和小球运动速度成正比.

当密度为 ρ,体积为 V 的小球在密度为 ρ_0 的液体中下落时,作用在小球上的力有 3 个,即重力 ρVg、液体的浮力 $\rho_0 Vg$ 和液体的黏性力 $6\pi\eta vr$. 这 3 个力在同一铅直线上,重力向下,浮力和黏性力向上. 小球刚开始下落时,速度较小,黏性力也较小,小球将加速下落. 随着速度的增加,黏性力逐渐增大,当重力等于浮力和黏性力之和时,小球将不再加速而是开始匀速下落,即

$$\rho Vg=\rho_0 Vg+6\pi\eta vr \tag{9-2}$$

或

$$\frac{4}{3}\pi r^3\rho g=\frac{4}{3}\pi r^3\rho_0 g+6\pi\eta v_0 r \tag{9-3}$$

此时的速度 v_0 称为终极速度. 由式(9-3)可得

$$\eta=\frac{2}{9}\frac{(\rho-\rho_0)r^2 g}{v_0} \tag{9-4}$$

由于在实际测量时液体是盛放在有限的容器中的,不满足无限宽广的条件,这时实际测得的终极速度 v 和上述理想条件下的速度 v_0 之间存在如下关系:

$$v_0=v\left(1+2.4\frac{r}{R}\right)\left(1+3.3\frac{r}{H}\right) \tag{9-5}$$

因此,液体的黏滞系数应修正为

$$\eta=\frac{2}{9}\frac{(\rho-\rho_0)r^2 g}{v\left(1+2.4\frac{r}{R}\right)\left(1+3.3\frac{r}{H}\right)} \tag{9-6}$$

式中,R 为量筒的内半径,H 为液体的深度.

由于斯托克斯公式是在无涡流的理想状态下导出的,而实际小球下落时并不是这样的理想状态,因此还要进行修正,黏性力取一级近似为

$$f=6\pi\eta vr\left(1+\frac{3}{16}Re\right) \tag{9-7}$$

式中,雷诺系数 $Re=\frac{2\rho_0 vr}{\eta}$,则修正后的黏滞系数为

$$\eta=\frac{2}{9}\frac{(\rho-\rho_0)r^2 g}{v\left(1+2.4\frac{r}{R}\right)\left(1+3.3\frac{r}{H}\right)}-\frac{3}{8}\rho_0 vr \tag{9-8}$$

【实验内容和步骤】

(1) 使盛有待测液体(蓖麻油)的量筒的中心轴处于铅直方向;选取标线 N_1N_2.

(2) 用米尺测量液体深度 H 及标线间的距离 h，用游标卡尺测量量筒内径 D.

(3) 用螺旋测微器选择 10 个小球，使它们的半径在误差允许范围内可认为相同. 分别测量每个小球的半径.

(4) 用镊子将小球放置在液体表面，使其沿中心轴线下落，用秒表分别测出每个小球通过标线 N_1N_2 所用的时间 t，取平均值，则

$$v=\frac{h}{t}$$

(5) 利用公式计算 η 值并求出标准不确定度.

【预习思考题】

(1) 实验中，为什么不从小球落入液面时就开始计时？为何要取标线 N_1N_2？

(2) 如果投入的小球偏离中心轴线，将会有什么影响？

【课后习题】

如果用实验的方法求补正项 $\left(1+2.4\frac{r}{R}\right)$ 的系数 2.4，应如何进行？

实验十　杨氏模量的测定(伸长法)

固体在外力作用下发生形状变化,称为“形变”. 杨氏模量是描述固体材料形变能力的重要物理量,是选择机械构件材料的依据之一,是工程技术中常用的参数. 本实验提供了一种测量微小伸长的方法,即光杠杆法(一种光学放大装置). 此方法的原理广泛应用于测量技术中.

【实验目的】

(1) 了解光杠杆的结构和原理,学习用光杠杆测量微小长度变化的方法.

(2) 用伸长法测定金属丝的杨氏模量.

(3) 学会用逐差法处理实验数据.

【实验仪器】

杨氏模量测定仪、光杠杆测量系统、螺旋测微计、钢卷尺、游标卡尺、砝码.

【实验原理】

一、杨氏模量测定仪

杨氏模量测定仪的外形结构如图 10 - 1 所示,待测物 B 是一根粗细均匀的钢丝,其上端由上夹头 A 夹住,其下端由下夹头 E 夹住,在 E 的下端挂有砝码托盘 F,调节三角底座上的调整螺丝 H 可使工作平台 D 水平,以免下夹头 E 上下移动时与工作平台 D 发生摩擦,平台 D 上可以放置光杠杆.

光杠杆测量系统是用来测量微小长度变化的,它由光杠杆和望远镜尺组组成. 光杠杆的结构如图 10 - 2 所示,平面镜 S 在 T 形支架上,J 是前足,I 是后足,S 能绕平行于前足的轴转动,以调整平面镜的倾斜度,从 I 到 J 的垂直距离为 d_1. 测量时将光杠杆 C 的前足放在平台的凹槽中,后足放在下夹头 E 的上表面,在镜面 S 前方放置镜尺组,通过望远镜观察镜 S 可以看到标尺 L 的像. 当金属丝 B 发生形变时，光杠杆的镜面 S 随着下夹头 E 的上升或下降，而向前或向后倾斜，可以从望远镜的目镜 M 观察到 L 的像的读数发生变化，从而可以测出长度的微小变化.

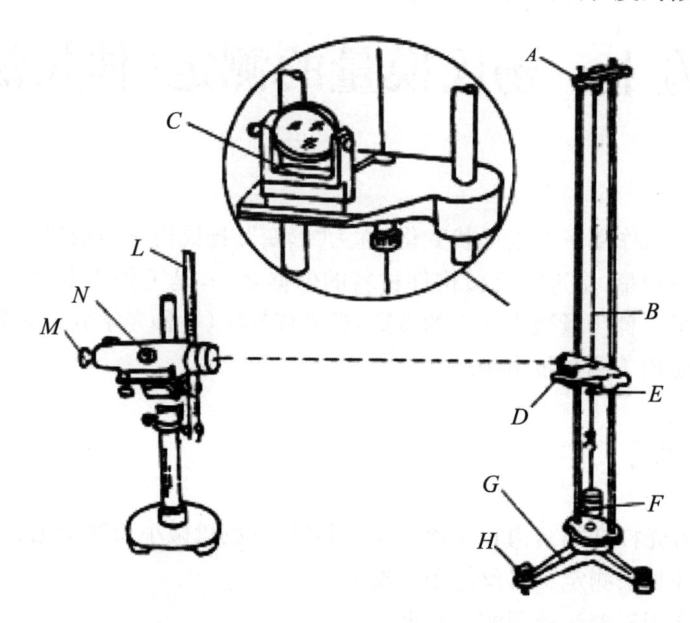

A 上夹头　B 钢丝　C 光杠杆　D 工作平台　E 下夹头　F 砝码托盘
G 三角底座　H 调整螺丝　M 目镜　N 调焦手轮　L 标尺

图 10-1　杨氏模量测定仪

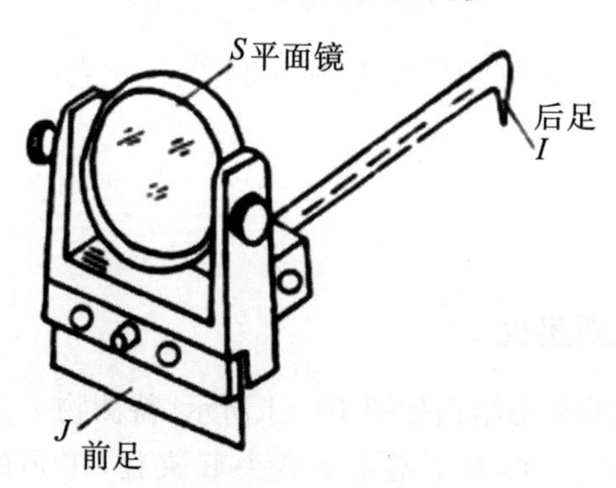

图 10-2　光杠杆

二、拉伸法测量杨氏模量的原理

胡克(R. Hooke，1635～1702)于 1678 年从实验中总结出：对于一根粗细均匀、长为 l、横截面积为 S 的弹性体(如金属丝)，如果其在外力 F 的作用下伸长了 δ，则当应变 $\varepsilon=\dfrac{\delta}{l_0}$ 较小时，应变与应力 $\sigma\left(\sigma=\dfrac{F}{S}\right)$ 成正比，即

$$\sigma=E\varepsilon$$

称为胡克定律,又可表示为

$$\frac{F}{S}=E\frac{\delta}{l_0} \tag{10-1}$$

式(10-1)中的比例系数 E 称为杨氏模量,杨氏模量是表征材料本身弹性的物理量.杨氏模量和应力有相同的单位,即 $\mathrm{N\cdot m^{-2}}$,称为“帕斯卡”,可简称为“帕”,国际符号为“Pa”.

设金属丝直径为 d,则 $S=\frac{\pi d^2}{4}$,代入式(10-1)得

$$E=\frac{4Fl}{\pi d^2\delta} \tag{10-2}$$

式(10-2)表明,当金属丝长度为 l,直径为 d,所加外力 F 都相同时,杨氏模量大的金属丝伸长量较小.因此,杨氏弹性模量表达了材料抵抗外力产生拉伸(或压缩)形变的能力.对于钢材而言,在拉伸或压缩时其杨氏模量相同,但要注意,很多材料,拉伸和压缩的杨氏模量不同,但通常二者相差不多.E 与截面积 S 的乘积,称为杆件的**抗拉或抗压刚度**.所以,在进行机械设计及对材料进行研究和使用时,杨氏模量是一个必须考虑的重要参量.

仅当形变很小时,应力应变才服从胡克定律.若应力超过某一限度,到达一点时,撤销外力后,应力回到零,但有剩余应变 ε_p,称为**塑性应变**.塑性力学便是专门研究这类现象的学科.当外力进一步增大到某一点时,会突然发生很大的形变,该点被称为**屈服点**.在达到屈服点后不久,材料可能发生断裂,在断裂点被拉断.

三、光杠杆法测微小长度变化的原理

根据式(10-2)测杨氏弹性模量,F,l 和 d 比较容易测量,但金属丝的伸长量 δ 是一个很小的长度变化,很难用普通的测量长度的仪器把它测准.本实验用光杠杆测量系统来测量微小伸长量 δ,其原理如下:

将光杠杆放在杨氏模量测定仪上,按照仪器的调节程序将全部装置调节好,就会在望远镜中看到由镜面 S 反射的标尺 L 的像.设此时标尺上刻度与叉丝横线重合,如图 10-3 所示.当加上质量为 m 的砝码时,钢丝伸长 δ,平面镜 S 转过了一个角度,此时望远镜中标尺刻度 A 与叉丝横线重合.

由光的反射定律得:$\angle A_0OA_m=2\theta$.由于 δ 很小,所以平面镜 S 的偏转角很小,由图 10-3 知

$$\tan\theta\approx\theta=\frac{\delta}{d_1} \tag{10-3}$$

$$\tan 2\theta\approx 2\theta=\frac{A_m-A_0}{d_2} \tag{10-4}$$

式中,d_1 是光杠杆后足 I 到前足 J 的垂直距离,d_2 是镜面 S 到标尺 L 的距离,由

式(10－3)和式(10－4),得

$$\delta=\frac{|A_m-A_0|}{2d_2}d_1 \tag{10-5}$$

考虑到 $F=mg$,并将式(10－5)代入式(10－2),得

$$E=\frac{8mgld_2}{\pi d^2(A_m-A_0)d_1} \tag{10-6}$$

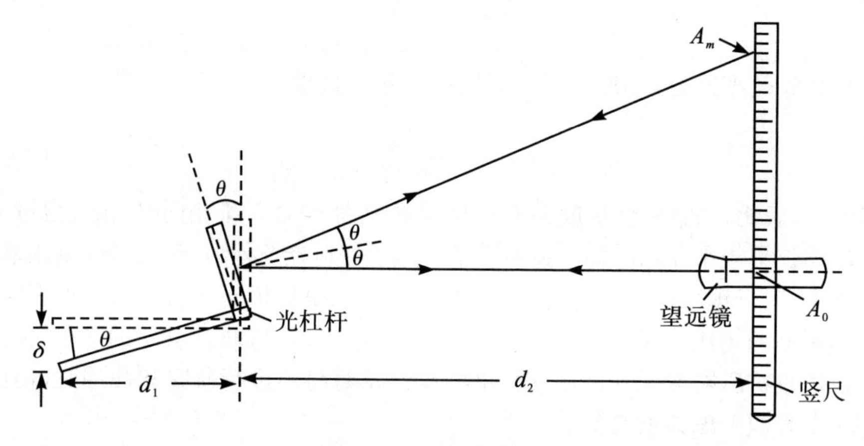

图 10－3 光杠杆原理

【实验步骤与要求】

一、调整杨氏模量测定仪

(1) 认识杨氏模量测定仪的各个部件,并熟悉各部件的作用.

(2) 调节杨氏模量测定仪三脚底座上的调节螺丝 H,使立柱铅直,将金属丝下端的下夹头 E 穿入平台 D 的圆孔中.

(3) 在砝码托盘 F 上加 1 块砝码,将金属丝拉直,检查 E 是否能在平台圆孔中自由移动,上、下夹头是否夹紧.

(4) 将光杠杆放在平台上,调节平台的上下位置,使光杠杆的前、后足尖近似位于同一水平面上,光杠杆平面镜 S 近似和平台垂直.

(5) 在离光杠杆镜面约 1 米处放置望远镜尺组,使标尺与金属丝平行,望远镜和光杠杆平面镜高度相同,望远镜水平,标尺和望远镜光轴垂直.

(6) 从望远镜上方沿镜筒方向观察,看镜筒轴线的延长线是否通过平面镜,以及平面镜内是否有标尺的像.

(7) 调节望远镜的目镜 M 看清十字叉丝,再调节望远镜的物镜(通过调焦手轮 N 实现),使从望远镜中能清楚地看见标尺的像. 这一步要反复调节,直到十字叉

丝、标尺的刻度都很清楚且没有视差.

以上各项调节好后,光杠杆测量系统和杨氏模量测定仪都不能再有移动,否则需要重新调整.

二、观察和测量

(1) 读出调整好的望远镜中叉丝在标尺像上的读数 A_0.

(2) 轻轻地依次在砝码托盘上增加砝码,分别读出叉丝在标尺像上的示数 A_1,A_2,…,A_9.

(3) 轻轻地依次取下一个砝码,分别读出叉丝在标尺上的示数 A'_9,A'_8,…,A'_1,A'_0. 观察 A_0 与 A'_0,A_1 与 A'_1,…之间的差异,如果差异很大,必须先找出原因,再重做实验.

(4) 重复步骤(3)的操作,再做两次,并记录数据,填写表 10-1.

表 10-1　测量金属丝的杨氏模量实验数据记录表

n	加载砝码的质量(kg)	镜中标尺的刻度(cm)							
		逐次增加砝码(从上至下)				逐次减少砝码(从下至上)			
0		A_0				A'_0			
1		A_1				A'_1			
2		A_2				A'_2			
1		A_3				A'_3			
1		A_4				A'_4			
1		A_5				A'_5			
1		A_6				A'_6			
1		A_7				A'_7			
1		A_8				A'_8			
1		A_9				A'_9			

(5) 用钢卷尺测量光杠杆平面镜面到标尺的距离 d_2 和金属丝的有效长度 l 各一次,并记录数据.

(6) 用螺旋测微计测量金属丝的直径 d,测 6 次,并记录数据,填写表 10-2.

表 10-2　钢丝直径数据记录(螺旋测微计零点读数______ mm)

第 n 次	1	2	3	4	5	6	$\overline{d}$	Δd	$d=\overline{d}\pm\Delta d$
d (mm)									

(7) 将光杠杆在白纸上压上足尖痕,用游标卡尺测出后足到前足的垂直距离 d_1,测 3 次.

(8) 根据式(10 - 6),计算被测金属丝的杨氏模量及其误差.

三、用逐差法处理数据

先将增减砝码时的对应读数取均值,再将平均后的数据从中间分成前后两组.第一组为:$\overline{A}_0,\overline{A}_1,\overline{A}_2,\overline{A}_3,\overline{A}_4$;第二组为:$\overline{A}_5,\overline{A}_6,\overline{A}_7,\overline{A}_8,\overline{A}_9$.逐次用第二组的对应项减第一组的对应项,即 $L_1=\overline{A}_5-\overline{A}_0,L_2=\overline{A}_6-\overline{A}_1,\cdots,L_5=\overline{A}_9-\overline{A}_4$.

计算各逐差结果的平均值

$$\overline{(A_m-A_0)}=\overline{L}=\frac{1}{5}(L_1+L_2+\cdots+L_5)$$

$\overline{L}$ 平均误差为

$$\Delta\overline{(A_m-A_0)}=\Delta\overline{L}=\frac{1}{5}(|L_1-\overline{L}|+|L_2-\overline{L}|+\cdots+|L_5-\overline{L})$$

【预习思考题】

(1) 杨氏模量的物理意义是什么?它反映了材料的什么性质?

(2) 材料相同,但粗细、长度不同的两根钢丝,它们的杨氏模量是否相同?

(3) 在本实验中要测哪几个长度量?各用的是什么测量仪器?

(4) 实验中碰了望远镜或动了光杠杆对实验是否有影响?在数据上将如何表现?是否要从头测?

【课后习题】

(1) 在测量过程中,若加减砝码时,测得的相应读数重复性不好,可能的原因有哪些?

(2) 试分析有哪些原因可能会造成读数 A_i 和 A_i'相差较大.

(3) 本实验中,哪两个量的测量误差对结果的影响最大?在测量和数据处理中采取了什么措施?

(4) 钢的杨氏模量为 2×10^{11} N · m^{-2},而其极限强度(破坏应力)为 7.5×10^{8} N · m^{-2},二者是否矛盾?为什么?

(5) 试设计一种不用光杠杆测量 δ 的方法.

【操作注意事项】

(1) 依次在砝码托盘上增加砝码,增加就一直增加,不要在增加的过程中拿下一块或两块砝码,在减少砝码时也一样.在加减砝码时要小心,须轻放轻取,随时观察、判断标尺读数是否合理. 在整个实验过程中不能碰撞或移动仪器. 使望远镜和光杠杆平面镜高度相同,望远镜水平,标尺和望远镜光轴垂直.

(2) 从望远镜上方沿镜筒方向观察,平面镜内是否有标尺的像. 若看得到,接下来就要像打靶一样"三点一线",通过望远镜上部的瞄准部件——凹槽——能看到"尖针"和镜中标尺的像在一条直线上. 这样再从目镜中看,再适当调节调焦手轮,就可从望远镜中看到标尺上的刻度.

(3) 光杠杆是光学器件,不要用手摸镜面. 光杠杆放在支架上最好用细线与支架联结以防掉落,打碎镜子.

(4) 调节杨氏模量测定仪三脚底座上的调节螺丝 H,使立柱铅直、使工作平台 D 水平,以免下夹头 E 上下移动时与工作平台 D 发生摩擦.

(5) 若实验中钢丝外表已上锈,这对实验结果一定有影响. 因为测量出的直径 d 并不是有效直径.

(6) 检查放置第一个砝码前钢丝是否存在弯折,如果有,A_0 应从钢丝被拉直开始算.

(7) 在测量钢丝直径时一定要测量实验部位之外的钢丝的直径,这就避免可能因测量钢丝直径而使实验钢丝弯折. 钢丝是否粗细均匀,这对测量结果有影响.

实验十一　液体表面张力系数的测定（拉脱法）

当液体和固体接触时，若固体和液体分子间的吸引力大于液体分子间的吸引力，液体就会沿固体表面扩展，这种现象叫润湿. 若固体和液体分子间的吸引力小于液体分子间的吸引力，液体就不会在固体表面扩展，叫不润湿. 润湿与不润湿取决于液体、固体的性质，如纯水能完全润湿干净的玻璃，但不能润湿石蜡；水银不能润湿玻璃，却能润湿干净的铜、铁等. 润湿性质与液体中杂质的含量、温度以及固体表面的清洁程度密切相关.

液体表面好像一张拉紧了的橡皮膜一样，具有尽量缩小其表面的趋势，这种沿着表面的、使液面收缩的力称为**表面张力**. 表面张力描述了液体表层附近分子力的宏观表现，在船舶制造、水利学、化学化工、凝聚态物理中都能找到它的应用.

液体表层内分子力的宏观表现，使液面具有收缩的趋势. 想象在液面上画一条线，表面张力就表现为直线两侧的液体以一定的拉力相互作用. 这种张力垂直于该直线且与线的长度成正比，比例系数称为表面**张力系数**.

【实验目的】

(1) 用拉脱法测量室温下水的表面张力系数.

(2) 学会使用焦利氏秤测量微小力的方法.

【实验仪器】

焦利氏秤(含配件)、砝码、镊子、弹簧、烧杯、游标卡尺、金属线框等.

【实验原理】

把金属丝 AB 弯成如图 11－1 所示的形状，并将其悬挂在灵敏的测力计上，然后把它浸到液体中. 当缓缓提起测力计时，金属丝就会拉出一层与液体相连的液膜. 由于表面张力的作用，测力计的读数会逐渐达到一最大值 F(超过此值，膜即破裂)，则 F 应当是金属丝重力 mg 与薄膜拉引金属丝的表面张力之和. 由于液膜有

两个表面,若每个表面的力为 $\boldsymbol{F}'$,则由

$$F=mg+2F'$$

得

$$F'=\frac{F-mg}{2} \tag{11-1}$$

显然表面张力 $\boldsymbol{F}'$是存在于液体表面上任何一条分界线两侧间的液体的相互作用拉力,其方向沿着液体表面,且垂直于该分界线.表面张力 $\boldsymbol{F}'$的大小与分界线的长度成正比,即

$$F'=\sigma\cdot l \tag{11-2}$$

式(11-2)中,σ 称为表面张力系数,单位是 $\mathrm{N\cdot m^{-1}}$.表面张力系数与液体的性质有关,密度小而易挥发的液体 σ 小,反之 σ 较大;表面张力系数还与杂质和温度有关,液体中掺入某些杂质可以增加 σ,而掺入另一些杂质可能会减少 σ;温度升高,表面张力系数 σ 将降低.

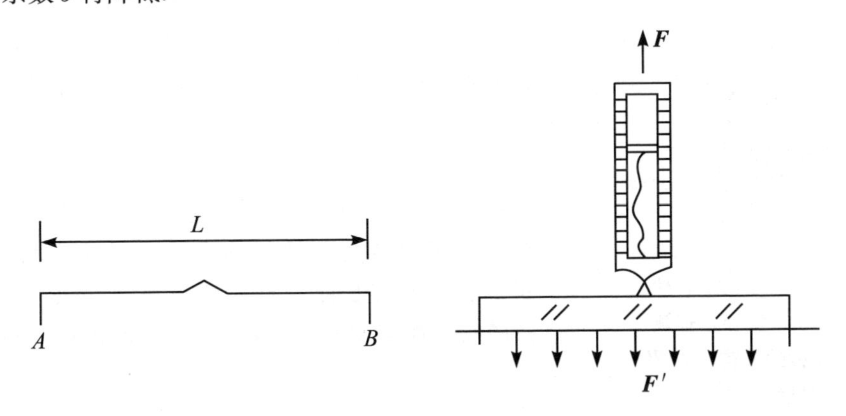

图 11-1　表面张力示意图

测定表面张力系数的关键是测量表面张力 $\boldsymbol{F}'$.用普通的弹簧秤是很难迅速测出液膜即将破裂时的 $\boldsymbol{F}$ 的应用焦利氏秤则克服了这一困难,可以方便地测量表面张力 $\boldsymbol{F}'$.

【实验步骤与要求】

一、测量焦利氏秤上锥形弹簧的劲度系数

(1) 把锥形弹簧,带小镜子的挂钩和小砝码盘依次安装到秤框内的金属杆上调节支架底座的底脚螺丝,使秤框垂直,小镜子应正好位于玻璃管中间,避免挂钩上下运动时与管摩擦.

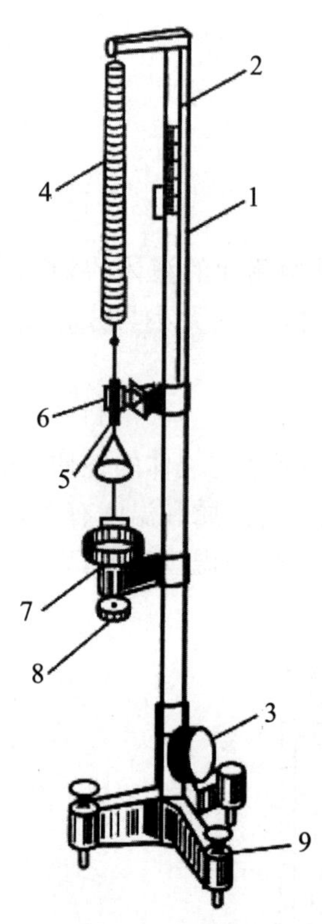

1. 秤框 2. 升降金属杆 3. 升降钮 4. 锥形弹簧 5. 带小镜的挂钩 6. 平衡指示玻璃管 7. 平台 8. 平台调节螺丝 9. 脚底螺丝

图 11-2 焦利氏秤示意图

(2) 逐次在砝码盘内放入砝码，调节升降钮，做到三线对齐. 记录升降杆的位置读数（三线指的是：玻璃管上的水平线、小镜上的水平线、玻璃管上水平线在小镜中的像线）.

(3) 用逐差法和作图法计算出弹簧的劲度系数.

二、测量自来水的表面张力系数

(1) 用游标卡尺测量金属丝两脚之间的距离 s.

(2) 取下砝码，在砝码盘下挂上已清洗过的金属圈，仍保持三线对齐，记下升降杆读数 l_0.

(3) 把盛有自来水的烧杯放在焦利氏秤平台（图 11-2）上，调节平台的微调螺丝和升降钮，使金属圈浸入水面以下.

(4) 缓慢地旋转平台微调螺丝和升降钮，注意烧杯下降和金属杆上升时，始终保持三线对齐. 当液膜刚要破裂时，记下金属杆的读数. 测量 3 次，取平均，计算自来水的表面张力系数和不确定度，并与附录中所提供相对液体的表面张力的参考值进行比较.

注意：

① 在实验过程中要始终保证小镜悬于玻管中央.

② 焦利氏弹簧是精密元件，应轻拿轻放，防止损坏.

③ 测量 Π 型丝宽度时，应平放于纸上，防止变形.

④ 拉膜时动作要平稳、轻缓，不能在振动不定的情况下测量.

⑤ 测量时要始终保证“三线重合”，并在丝框上边缘与水面平齐时读数.

⑥ 清洁后的玻璃杯和 Π 型丝不可用手触摸.

【预习思考题】

(1) 表面张力与哪些因素有关？实验中应注意哪些地方才能减小误差？

(2) 在拉膜时弹簧的初始位置如何确定？为什么？

(3) 在拉膜过程中，要始终保持“三线重合”，指哪三线？为实现此条件，实验中应如何操作？

(4) 如果金属丝、玻璃杯和水不洁净，对测量结果将会带来什么影响？

【课后习题】

(1) 用拉脱法测液体的表面张力系数,测金属丝框长度时,应测它的内宽还是外宽,为什么?

(2) 用拉脱法测液体的表面张力系数,拉膜的过程中要注意什么?且在金属丝框拉脱水面时必须做到什么?

(3) 本实验能否用图解法求焦利氏秤的倔强系数?

(4) 分析引起液体表面张力系数测量不确定度的因素,哪一因素的影响较大?

(5) 如果 Π 型金属丝不规则或拉出水面时不水平,对测量结果有何影响?

【附录】

焦利氏秤简介

焦利氏秤由固定在底座上的秤框、可升降的金属杆和锥形弹簧秤等部分组成,如图 11－2 所示. 在秤框上固定由下部可调节的载物平台、作为平衡参考点用的玻璃管和作弹簧伸长量读数用的游标. 升降杆位于秤框内部,其上部有刻度,用以读出高度,框顶端带有螺旋,供固定锥形弹簧秤用,杆的上升和下降由位于秤框下端的升降钮控制. 锥形弹簧秤由锥形弹簧、带小镜子的金属挂钩及砝码盘组成. 带镜子的挂钩从平衡指示玻璃管内穿过,且不与玻璃管相碰.

焦利氏秤和普通的弹簧秤有所不同:普通弹簧秤是固定上端,通过下端移动的距离来称衡,而焦利氏秤在测量过程中保持下端固定在某一位置,靠上端的位移大小来称衡. 其次,为了克服因弹簧秤自重引起弹性系数的变化,故把弹簧做成锥形. 由于焦力氏秤的特点,在使用中应保持小镜中的指示横线、平衡指示玻璃管上的刻度线及其在小镜中的像三者对齐,简称为三线对齐,以之作为弹簧下端的固定起算点.

* 实验十二　测定重力加速度

【实验任务】

测定当地的重力加速度. 选择 3～4 种实验方案，写出测量原理，列出数据测量和记录表格，给出各种测量方法的实验结果并分析误差.

【实验室提供的实验设备】

天平、弹簧秤、单摆、复摆、自由落体实验仪、气垫导轨、打点计时器等.

【附录】

一、设计性实验的特点

教育部《非物理类理工科大学物理实验课程教学基本要求》中明确指出，应在大学物理实验中开设一定数量的综合、设计性实验. 物理类各专业的普通物理实验课程中更应加强综合、设计性实验的开设力度.

设计性实验是在学生具有一定的实验基础后，对学生进行的一种介于基础教学与科学研究之间的教学型实验. 设计性实验的课题，一般是由实验课程组根据实验教学大纲的要求，结合实验室所能提供的物质条件所提出的半研究性课题，当然也可由学生与实验指导教师讨论后自拟. 要求学生在规定的时间内通过阅读相关资料确定实验方案，经实验指导教师审阅同意后方可执行. 实验结束后，要求学生认真总结实验结果、写出完整的设计性实验报告.

设计性实验开设的目的是使学生学会运用已有的实验知识和技能，在实验方法的考虑、测量设备的选择、测量条件的确定、实验结果的汇报等方面受到系统的训练. 它对拓宽学生的思维、扩展学生的知识面、培养学生的科学实验能力具有重要的意义.

二、设计性实验常见的三种类型

（一）测量型实验

对某一物理量（如重力加速度、电容、电阻、折射率、介电常数、光强等）进行测定，达到设计要求.

（二）研究型实验

用实验确定两物理量或多物理量之间的关系（电源特性研究、热敏电阻的温阻关系、光敏电阻的光强与阻值之间的关系等），并对其物理原理、外界条件的影响或应用价值等进行研究.

（三）制作型实验

设计并组装某装置，如组装万用表、全息光栅等.

三、设计性实验操作的一般程序

设计性实验的操作，一般遵循以下程序：

建立物理模型⇒确定实验方法⇒选择实验仪器⇒选择实验参数⇒制定实验步骤⇒实验操作⇒处理数据⇒撰写实验报告.

在大学物理实验阶段，建议设计性实验开设4学时，分两次课.

第一次课：了解设计题目，查阅资料，制定设计方案、步骤.

第二次课：根据设计方案通过实验操作，自行完成课题.

四、数据处理及撰写报告

(1) 题目：应能恰当、准确地反映本课题的研究内容.

(2) 引言：简明扼要地叙述该课题的意义，要解决什么问题等.

(3) 实验方法的描述：介绍实验基本原理，简明扼要地进行公式推导，简述基本方法、实验装置、测试条件等的选择.

(4) 数据及处理：列出数据表格，进行计算及不确定度处理，给出最后结果.

(5) 实验结论及分析总结：评价实验结果；分析实验过程中观察到的异常现象及其可能的解释；分析误差来源及消除措施；也可分析假设物理模型中某条件不被满足时，会对实验结果产生多大的影响；详细介绍实验中遇到的故障及解决的办法；对尚需进一步讨论的问题提出自己的见解及解决问题的可能途径. 不回避实验中出现的异常现象. 还可以谈实验的心得体会等等. 这部分最能反映学生的实验能力和素养.

(6) 参考文献：在正文之后按顺序列出文中所参考或引用的文献资料. 这些资

料应该是正式出版的杂志、书籍上的文章,并注明作者、文章题目、期刊号、出版社等. 以下给出引用文献的写作格式.

● 连续出版物(期刊):作者. 文题. 刊名,年,卷号(期号):起-止页码.

● 专(译)著:作者. 文章标题//文集名. 编者. 出版地:出版者,出版年.

● 论文集:作者. 文章标题//文集名. 编者. 出版地:出版者,出版年,起-止页码.

● 互联网资料:作者. 文章标题. 完整网址. 年代.

二 电磁学部分

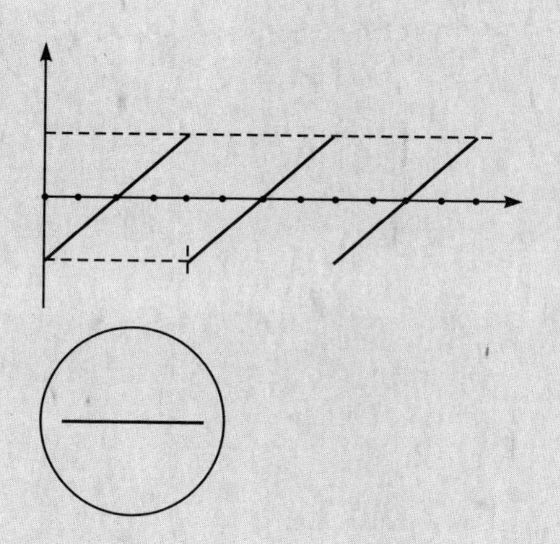

实验十三　用惠斯通电桥测电阻

电桥电路是电磁测量中电路连接的一种基本方式.由于它测量准确,方法巧妙,使用方便,所以得到广泛应用.电桥的种类很多,惠斯通电桥(又称单臂直流电桥)是其中的最基本的一种.该电桥测量电阻的基本思想是将待测电阻与精确的标准电阻比较,因而测量结果精度较高.

尽管各种电桥测量的对象不同,构造各异,但基本原理和思想方法大致相同.因此,学习掌握惠斯通电桥的原理不仅能为正确使用单臂直流电桥,而且也为分析其他电桥的原理和使用方法奠定了基础.

【实验目的】

(1) 掌握惠斯通电桥的基本原理和结构,并通过它初步了解一般桥式线路的特点.

(2) 学会用自组电桥和箱式电桥测量电阻,了解测量中的系统误差及其消除方法.

(3) 了解电桥灵敏度概念以及提高电桥灵敏度的几种途径.

【实验仪器】

直流稳压电源、AC5/4 型检流计、滑线变阻器、ZX21 型电阻箱 2 个、ZX25a 型电阻箱 1 个、万用表、单刀开关、待测电阻、若干导线、QJ23 型箱式惠斯通电桥(见附录)等.

【实验原理】

一、惠斯通电桥的基本原理

用伏安法测电阻,不可避免地要引进电表的接入误差,因而限制了测量准确度的提高,如用比较法测量电阻,则可避免电表的接入误差.惠斯通电桥就是用比较法测量电阻的一种仪器，它通过将被测电阻与标准电阻进行比较而获得测量结果，图 13-1 所示的就是它的原理电路. 待测电阻 R_x 与其他三个电阻 R_1, R_2, R_0 分别组成电桥的四个臂，在 A, B 两点间连接直流电源 E，在 C, D 点间跨接灵敏检流计 G，由于 G 好像搭接在 ACB 和 ADB 两条并联支路间的"桥"，故通常称为电桥. 适当调节一个或几个桥臂的电阻值，就可以改变各桥臂电流的大小，使 C, D 两点间的电位相等，从而使通过检流计中的电流为零. 这种情况称为"电桥平衡".

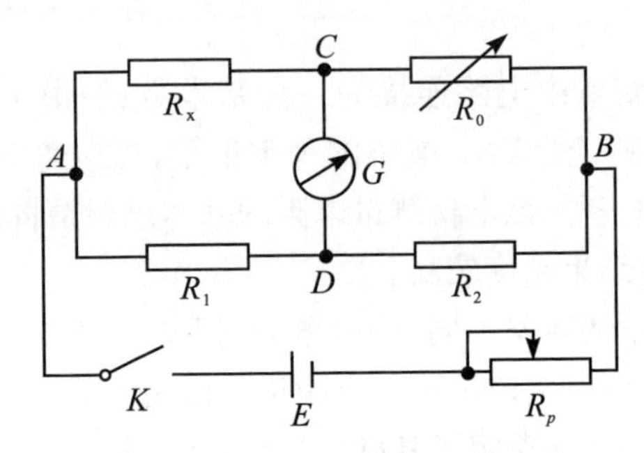

图 13-1 惠斯通电桥原理电路

电桥平衡时，C, D 两点的电势相等. 根据电路知识可知

$$U_{AC}=U_{AB}\frac{R_x}{R_x+R_0} \tag{13-1}$$

$$U_{AD}=U_{AB}\frac{R_1}{R_1+R_2} \tag{13-2}$$

由 $U_{AC}=U_{AD}$，整理化简后得到

$$\frac{R_x}{R_0}=\frac{R_1}{R_2} \tag{13-3}$$

或

$$R_x=\frac{R_1}{R_2}R_0=kR_0 \tag{13-4}$$

式(13-3)或式(13-4)称为电桥的平衡条件，当满足此关系时电桥即能平衡($I_G=0$)；同理，若电桥平衡了，则一定有此关系. 若已知标准电阻 R_1, R_2, R_0 的阻值，就能求出待测电阻的阻值 R_x. 通常称 R_1 和 R_2 所在的桥臂为比例臂，而 R_1 和 R_2 称为比例电阻，其比值称为比例 k, R_0 所在的桥臂称为比较臂，R_0 称为比较电阻. 所以惠斯通电桥由四个臂(测量臂、比例臂和比较臂)、检流计和直流电源三部分组成. 这里，检流计不是用来测量电流大小，而是用来指示、检验"桥"上有无电流通过的仪器，所以叫做"零点指示器". 只要检流计灵敏度高，标准电阻值准确，则用惠斯通电桥法测电阻是比较精确的. 在实际的测量电路中，一般与检流计串联一个限流电阻，这样可以在调节电桥平衡时保护检流计，避免长时间内有较大电流通过.

二、惠斯通电桥的灵敏度

惠斯通电桥是否平衡是由检流计中有无电流来判断的.但由于检流计灵敏度的限制,检流计指针指零并不意味着检流计中绝对没有电流通过.比如实验中常见的指针式检流计,指针偏转一格所对应的电流大约为 10^{-6} A;当通过检流计的电流比 10^{-6} A 还要小时,检流计的偏转觉察不出来.为了反映电桥的这种特性,引入了电桥灵敏度的概念,它被定义为当电桥达到平衡后,任一臂的电阻(如 R_0)产生单位相对变化时,所引起检流计指针的偏转分度值 Δn,用 S 表示,则有

$$S=\frac{\Delta n}{\frac{\Delta R_0}{R_0}} \tag{13-5}$$

可以证明,此定义对于任一桥臂都是相同的,即

$$S=\frac{\Delta n_0}{\frac{\Delta R_0}{R_0}}=\frac{\Delta n_x}{\frac{\Delta R_x}{R_x}}=\frac{\Delta n_1}{\frac{\Delta R_1}{R_1}}=\frac{\Delta n_2}{\frac{\Delta R_2}{R_2}} \tag{13-6}$$

从式(13-5)可以看出,当$\frac{\Delta R}{R}$相同时,Δn 越大,电桥越灵敏,由灵敏度引入的误差越小.例如,电桥某臂电阻相对变化$\frac{\Delta R}{R}=1\%$,引起检流计偏转了 1 格,则灵敏度 $S=\frac{1\text{格}}{1\%}=100$ 格.而人眼睛的分辨率为$\frac{1}{10}$格,只要桥臂的电阻改变 0.1%就可以分辨出检流计的指针是否有偏转.这样由于电桥灵敏度的限制所引起的误差肯定就小于 0.1%.另外

$$S=\frac{\Delta n}{\frac{\Delta R_0}{R_0}}=R_0\frac{\Delta n}{\Delta I_G}\cdot\frac{\Delta I_G}{\Delta R_0}=R_0 S_G\frac{\Delta I_G}{\Delta R_0} \tag{13-7}$$

式(13-7)中 $S_G=\frac{\Delta n}{\Delta I_G}$称为检流计的灵敏度.由此可见,电桥灵敏度与检流计的灵敏度有关,选择灵敏度高、内阻低的检流计,是提高电桥测量精确度的有效方法.但是检流计的灵敏度太高,电桥就不易稳定,平衡调节比较困难,因此选用适当灵敏度的检流计是很重要的.还可以证明:在桥臂电阻最大功率许可的情况下,电源的电压越高,电桥的灵敏度越高;桥臂电阻越小,电桥的灵敏度越高,而当四个桥臂相等时,其灵敏度接近最大值.

三、电桥测量阻值的误差分析

(一) 待测电阻 R_x 的测量误差

(1) 这是由组成桥臂各电阻的基本误差引起的.由式(13-5),根据误差传递

原则得

$$\frac{\Delta R_x}{R_x}=\frac{\Delta R_0}{R_0}+\frac{\Delta R_1}{R_1}+\frac{\Delta R_2}{R_2} \tag{13-8}$$

(2) 由检流计的灵敏度所引起的误差. 根据电桥灵敏度的定义,由于检流计灵敏度不够高引起的误差为

$$\frac{\Delta R_x}{R_x}=\frac{\Delta n}{S} \tag{13-9}$$

式中,Δn 是能从检流计上观察到的最小偏转格数,一般取 0.1～0.3 格. 于是待测电阻 R_x 的测量误差可估计为

$$\frac{\Delta R_x}{R_x}=\frac{\Delta R_0}{R_0}+\frac{\Delta R_1}{R_1}+\frac{\Delta R_2}{R_2}+\frac{\Delta n}{S} \tag{13-10}$$

(二) 由电桥比例臂元件的可靠性引进的系统误差

例如,电桥比例臂的两个电阻箱级别不同或阻值不准,滑线电桥电阻丝两端有不相等的接触电阻,或电阻丝的粗细不均匀等,这种情况可用交换桥臂(R_1,R_2)的方法加以消除. 也就是当桥臂 R_1 与 R_2 交换时,电桥平衡,由式(13-4)得到

$$R_x=\frac{R_2}{R_1}R_0' \tag{13-11}$$

再由式(13-4)与式(13-11),取两次测量结果的几何平均值可得

$$R_x=\sqrt{R_0R_0'} \tag{13-12}$$

这样,待测电阻的测量误差变为

$$\frac{\Delta R_x}{R_x}=\frac{\Delta R_0}{R_0}+\frac{\Delta n}{S} \tag{13-13}$$

仅与比较臂的标准电阻 R_0 有关,如果 R_0 选择精确度较高的标准电阻箱,这样系统误差就可以较小. 显然采用交换法可以提高测量值的精确度.

(三) 由于电桥某臂有热电势存在而引进的系统误差

本来直流电桥的平衡状态与电源电压的大小和极性无关,但由于测系统中寄生热电势的存在,指示器指零的状态就不再与电桥相对臂阻值乘积相等的条件完全对应. 因此,若仍然以指示器指零的状态作为 $R_x\times R_2=R_1\times R_0$ 的标志,就会使测量结果产生一定系统误差,但这种误差的符号与电源电压的极性有关. 因此,交换电源电压极性进行两次测量,并对这两次测量的结果取几何平均值的方法,就可以消除寄生热电势的影响.

【实验步骤与要求】

一、用电阻箱组装惠斯通电桥测电阻

(1) 选 ZX21 型电阻箱作为比例臂 R_1,R_2,ZX25a 型电阻箱作为测量臂,取电

源电压 $E=3\ \mathrm{V}$,按图 13-2 所示连接线路,测量实验室提供待测电阻盒(事先用万用表粗测待测电阻).

(2) 根据待测电阻的测值,适当选择比例臂电阻 R_1,R_2(其阻值可选取在 400~500 Ω之间,相差不要太大),再估算比较臂电阻 R_0 阻值的调节范围.

方法:

先调大滑动变阻器 R_P,以观察指针偏转情况,调 R_0 使指针偏转减小至零;逐渐减小 R_P(为什么?)精调 R_0 使检流计指零为止,可以记下比较电阻 R_0 值.

注意:

检流计在测量前进行机械调零,正确使用检流计操作方法见本实验附录.

(3) 为了消除电阻可靠性引进的系统误差,进行交换测量.

方法:

保持 R_1 和 R_2 值不变,交换 R_1 与 R_2 的位置(或交换 R_x 和 R_0 的位置).重调 R_0(方法同上)使电桥重新平衡,记下 R_0'.

注意:

这里讲的交换 R_1 和 R_2 的位置,不允许调换阻值而不交换位置,这样不会消除电阻可靠性引进的系统误差.

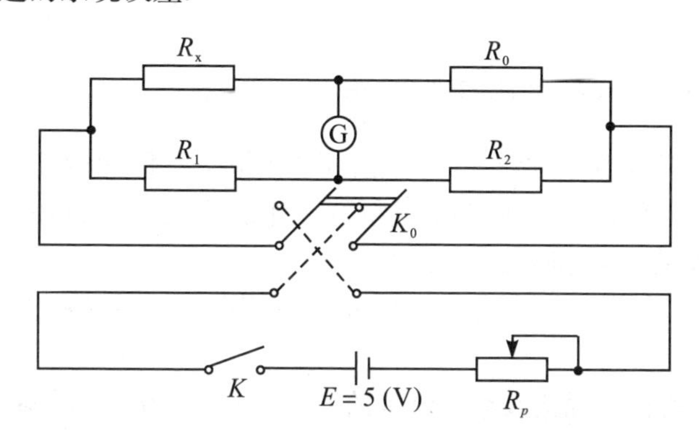

图 13-2　自组电桥的连接电路图

(4) 为了消除某臂有热电势存在而引进的系统误差,改变电源的极性再进行测量,即双联电键 K_0 向上与向下测得结果取平均值.

(5) 根据上述测量结果,填写表 13-1,根据下列公式

$$R_x=\frac{1}{2}\left[\left(\sqrt{R_0R'_0}\right)_{K_{0\text{向上}}}+\left(\sqrt{R_0R'_0}\right)_{K_{0\text{向下}}}\right]$$

计算出待测电阻 R_x.

(6) 根据电桥的相对灵敏度的定义求出该电桥的灵敏度 S 并用式(13-13)计算出待测电阻的相对误差 $\dfrac{\Delta R_x}{R_x}$.

方法:

如果 $R_0=50\ \Omega$，检流计示值为"0"，当 $R_0=51\ \Omega$ 时，示值为 0.5 格，则

$$S=\frac{0.5}{\frac{851-850}{850}}=425$$

而本实验选用的 ZX25a 型电阻箱 $\Delta R_0=0.02\ \Omega$. 由公式(13－13)得到

$$\frac{\Delta R_x}{R_x}=\frac{\Delta R_0}{R_0}+\frac{\Delta n}{S}=\frac{0.02}{850}+\frac{0.5}{425}=0.12\%$$

表 13－1　自组电桥测量电阻的数据记录表

		$R_1(\Omega)$	$R_2(\Omega)$	K_0 向上	K_0 向下	$R_x(\Omega)$
				R_0 或 $R_0'(\Omega)$	R_0 或 $R_0'(\Omega)$	
R_{x1}	对调前					
	对调后					
R_{x2}	对调前					
	对调后					
R_{x3}	对调前					
	对调后					

二、用 QJ-23 型箱式电桥测电阻

常用的惠斯通电桥有滑线式(或自组式)和箱式两种，前者结构简单、原理清楚；后者结构复杂，但使用方便. 箱式电桥有多种型号，此处仅选用 QJ-23 型箱式电桥测量实验室提供待测电阻盒.

(1) 熟悉并掌握 QJ-23 电桥的电桥面板上旋钮、按键的功能以及使用方法(见本实验附录).

(2) 将直流稳恒电源接入箱式电桥的"＋""－"上，用外接检流计，接入待测电阻，选择适当比例臂，调节 R_0 使电桥平衡，记下并填写表 13－2.

方法：

① 将检流计的连接片从"内接"换到"外接"，调节指针至零.

② 估计被测电阻近似值，然后选择适当的倍率，要求测量结果有 4 位有效数据，即 4 个读数盘都要用上. 如待测阻值为 20 Ω，只有比例 $k=0.01$ 时，R_0 才有 4 位有效数据，大约 2 000 Ω.

③ 先按 B，后按 G 按钮然后调节测量盘使检流计指针和零线重合，此时电桥达到平衡.

表 13-2 箱式电桥测电阻数据记录表

	比例 k	$R_0(\Omega)$	$R_x=kR_0$
R_{x1}			
R_{x2}			
R_{x3}			

注意：

电源正负极不能接反，内接检流计还是外接检流计都需要机械调零；按下开关 G 的时间不宜过长，应断续接通，保护检流计；测量完毕时，须将电源开关 B 和检流计开关 G 松开.

【预习思考题】

(1) 电桥是由哪几部分组成的？电桥的平衡条件是什么？

(2) 下列因素是否会使电桥误差增大？为什么？

① 电源电压不太稳定.

② 检流计没有调好零点.

③ 检流计分度值大.

④ 电源电压太低.

⑤ 导线电阻不能完全忽略.

(3) 怎样消除比例臂两只电阻不准确所造成的系统误差？

(4) 箱式电桥比例臂的倍率选取原则是什么？测量电阻为 10 Ω，150 Ω，15 000 Ω，相应的比例臂应分别取什么值？

(5) AC5/4 型直流指针式检流计的使用步骤及注意事项是什么？

【课后习题】

(1) 自组电桥实验中，检流计指针总向一边偏转，可能的原因有哪些？

(2) 在自组电桥实验中，仪器正常、连线正确，若其中连入一根断导线，问接通电源会出现什么现象？在没有其他仪器和多余导线的情况下如何迅速找出断导线？

(3) QJ-23 电桥接线柱“内接”和“外接”的作用是什么？实验结束后为什么要将短路片接到“内接”接线柱上？

(4) 能否用惠斯通电桥测毫安表或伏特表的内阻？如果能，则测量时要特别注意什么问题？

(5) 利用以下器件,设计一个电桥,测量电阻 R_x. 要求画出电路图、给出测量方法和步骤以及计算公式.

滑线变阻器(1 个)、电源(1 个)、万用表(1 个,只允许使用电流挡)、标准电阻箱(1 个)、待测电阻 R_x.

【附录】

一、AC5/4 型直流指针式检流计(图 13 - 3)使用说明

(1) 表针的锁扣拨向红点时,由于机械作用可锁住表的指针. 拨向白点时,指针可以偏转. 检流计使用时要把锁扣拨向白点,使用完毕后,锁扣要拨向红点,以保护检流计.

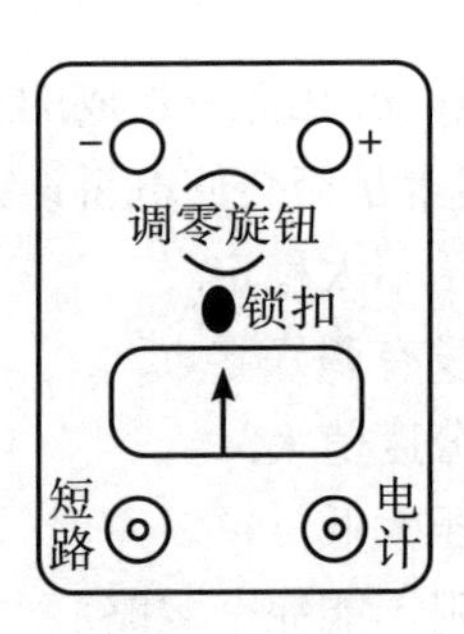

图 13 - 3 AC5/4 型指针式检流计实物和面板示意图

(2) 在使用检流计之前,应先调节零位调节旋钮,使表的指针停在零刻度线上,当锁扣拨向红点时,不能调节旋钮,以免损坏表头.

(3) 接线柱用以把检流计接入电路.

(4) 电计按钮相当于检流计的开关,按下此按钮,检流计回路接通. 若要接通时间较长,则在按下此按钮后再旋转一下,此按钮便不再弹起(注意:只有电路基本平衡时,也就是判断出流过该检流计的电流不会使其指针大幅度偏转时,才把该按钮锁住. 建议在平时使用时跃接该按钮).

(5) 短路按钮实际上是一个阻尼开关. 使用过程中,可待检流计的表针摆到"0"位附近时断续按下此按钮,最后松开,这样可以减少指针来回摆动的时间.

(6) 检流计使用结束后,要把锁扣拨向红点、旋钮弹起、合上盒盖.

二、QJ-23 型箱式电桥使用说明

箱式电桥结构复杂,但使用方便,它的原理如图 13 - 4 所示,其中比例臂用 k 表示,其可取为 0.001,0.01,0.1,1,10,100,1 000 等,改变 N 点位置就可以改变比

例臂的比例，R_0 为比较臂.

（1）该电桥适用于测量 1～9 999 000 Ω 范围内的电阻，基本量程为 100～99 990 Ω.

（2）该电桥内附的检流计，电流计常量小于 6×10^{-7} A·mm^{-1}.

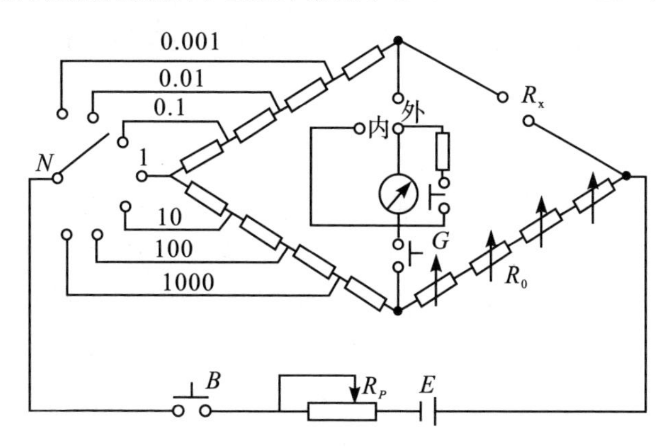

图 13－4　QJ-23 型箱式电桥原理图

（3）该电桥面板如图 13－5 所示. 右上角四只读数盘就是 R_0，右下角有接 R_x 的两个端钮和接通电源 B、接通检流计 G 的两只按钮（如果需要长时间接通，可在按下后顺时针方向旋转，即可锁住），中上部分是比例臂选择旋钮，它的下面就是内附检流计，左面由上往下分别是"＋""－""内""G""外"五个接线端钮，"＋""－"为外接电源的输入端钮，"内""G""外"为检流计选择端钮，当"G"和"内"由短片连接时，则"G"和"外"间需外接检流计，在"G"和"外"短接时，内附的检流计已接入桥路之中.

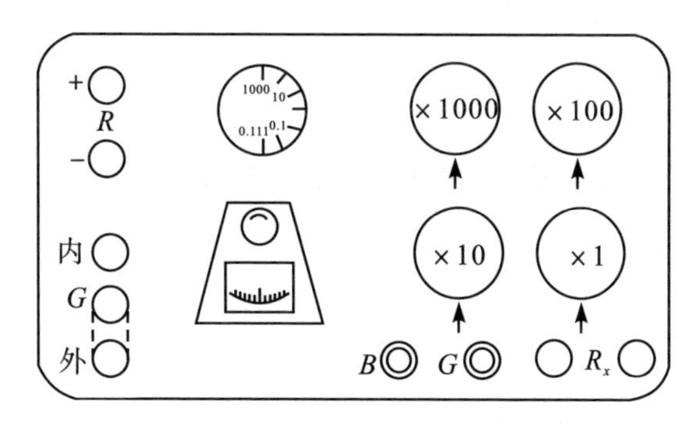

图 13－5　QJ-23 型箱式电桥面板示意图

实验十四　电子示波器的使用

电子示波器(简称示波器)是一种用途广泛的电子仪器,用它能够直观地显示各种电信号的波形,也能测定电信号的幅度、周期和频率等参数. 配合各种传感器,它还可以用来观察各种非电量的变化过程. 由于电子射线的惯性很小,因此示波器可以在很高的频率范围内工作,采用高增益的放大器可以观察微弱信号.

示波器具有多种型号,它们的基本原理是相同的. 示波器的具体电路比较复杂,需要具备一定的电子学基础知识方能掌握,这不是本实验的讨论范围. 本实验仅限于学习示波器的基本使用方法.

【实验目的】

(1) 了解示波器的主要结构和显示波形的基本原理,学会使用信号发生器.

(2) 用示波器观察给定交流电的波形,测量交流电压的有效值和频率.

(3) 学习利用示波器观测李萨如图形,会用比较法测量交流电信号的频率.

【实验仪器】

模拟示波器(如 GOS-620FG 或其他型号)、函数信号发生器.

【实验原理】

一、示波器的基本结构

示波器的主要部分有示波管、带衰减器的 Y 轴放大器和 X 轴放大器、扫描发生器(锯齿波发生器)、触发同步和电源等,其结构方框图如图 14 - 1 所示. 为了适应各种测量的要求,示波器的电路组成是多样而复杂的,这里仅就主要部分加以介绍.

(一) 示波管

如图 14 - 1 所示,示波管主要包括电子枪、偏转系统和荧光屏 3 部分,全都密封在玻璃外壳内，里面抽成高真空.

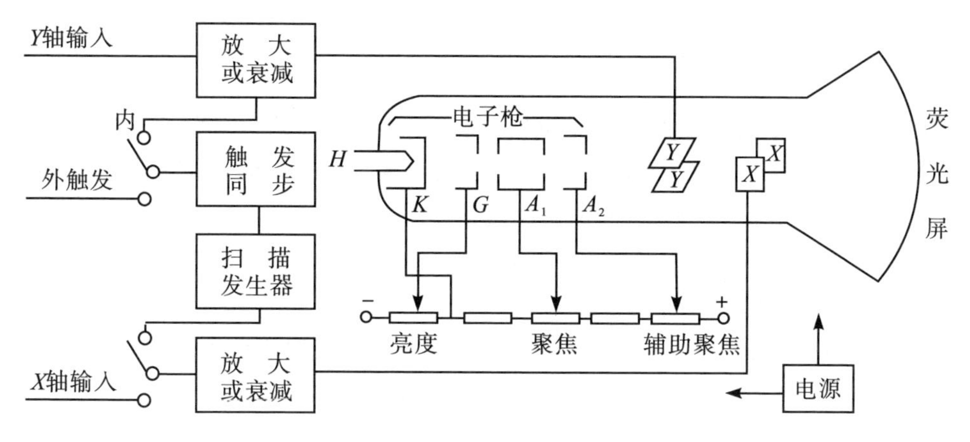

图 14－1　示波器结构图

1. 荧光屏

它是示波器的显示部分，当加速聚焦后的电子打到荧光上时，屏上所涂的荧光物质就会发光，从而显示出电子束的位置. 当电子停止作用后，荧光剂的发光需经一定时间才会停止，称为余辉效应.

2. 电子枪

由灯丝 H、阴极 K、控制栅极 G、第一阳极 A_1、第二阳极 A_2 五个主要部分组成. 灯丝通电后加热阴极，阴极是一个表面涂有氧化物的金属筒，被加热后发射电子. 控制栅极是一个顶端有小孔的圆筒，套在阴极外面，它的电位比阴极低，对阴极发射出来的电子起控制作用，只有初速度较大的电子才能穿过栅极顶端的小孔然后在阳极加速下奔向荧光屏. 示波器面板上的“亮度”调整就是通过调节控制栅极的电位以控制射向荧光屏的电子流密度，从而改变屏上的光斑亮度. 阳极电位比阴极电位高很多，电子被它们之间的电场加速形成射线. 当控制栅极、第一阳极、第二阳极之间的电位调节合适时，电子枪内的电场对电子射线有聚焦作用，所以第一阳极也称聚焦阳极. 第二阳极电位更高，又称加速阳极. 面板上的“聚焦”调节，就是调第一阳极电位，使荧光屏上的光斑成为明亮、清晰的小圆点. 有的示波器还有“辅助聚焦”，实际是调节第二阳极电位.

3. 偏转系统

它由两对相互垂直的偏转板组成，一对垂直偏转板 Y，一对水平偏转板 X. 在偏转板上加以适当电压，电子束通过时，其运动方向发生偏转，从而使电子束在荧光屏上的光斑位置也发生改变.

容易证明，光点在荧光屏上偏移的距离与偏转板上所加的电压成正比，即

$$\left.\begin{aligned} x = S_x U_x = \frac{U_x}{D_x} \\ y = S_y U_y = \frac{U_y}{D_y} \end{aligned}\right\} \tag{14-1}$$

式(14－1)中,S_x 和 D_x 称为 X 轴偏转板的偏转灵敏度和偏转因数;S_y 和 D_y 称为 Y 轴偏转板的偏转灵敏度和偏转因数,它们均与偏转板的自身参数有关,是示波器的主要技术指标之一.因此可将对电压的测量转化为对屏上光点偏移距离的测量,这就是示波器测量电压的原理.

(二) 信号放大器和衰减器

示波管本身相当于一个多量程电压表,这一作用是靠信号放大器和衰减器实现的.由于示波管本身的 X 及 Y 轴偏转板的灵敏度不高($0.1\sim1\ \mathrm{mm\cdot V^{-1}}$),当加在偏转板的信号过小时,要预先将小的信号电压加以放大后再加到偏转板上.为此设置 X 轴及 Y 轴电压放大器.衰减器的作用是使过大的输入信号电压变小以适应放大器的要求,否则放大器不能正常工作,使输入信号发生畸变,甚至使仪器受损.对一般示波器来说,X 轴和 Y 轴都设置有衰减器,以满足各种测量的需要.

(三) 扫描系统

扫描系统也称时基电路,用来产生一个随时间作线性变化的扫描电压,这种扫描电压随时间变化的关系如同锯齿,故称锯齿波电压(如图 14－2 所示,这个电压一般由示波器内扫描发生器产生),这个电压经 X 轴放大器放大后加到示波管的水平偏转板上,使电子束产生水平扫描.这样,屏上的水平坐标变成时间坐标,Y 轴输入的被测信号波形就可以在时间轴上展开.扫描系统是示波器显示被测电压波形必需的重要组成部分.

二、示波器显示波形的原理

(一) 偏转板对电子束的作用

(1) 当 X,Y 轴偏转板上的电压 $U_x=0$,$U_y=0$ 时,电子束打在荧光屏中央.

(2) 若在 Y 轴偏转板上加正弦电压(如 $U_y=U_0\sin\omega t$),X 轴偏转板不加电压($U_x=0$),光点将沿 Y 轴方向振动.由于 U_y 是按照正弦规律变化的,所以光点在 Y 轴方向移动的距离也按正弦规律变化,在荧光屏上只能看到一条 Y 轴方向的直线而不是正弦波形.

(3) 在 X 偏转板上加上一个随时间按一定比例增加的锯齿波电压 U_x 后(图 14－2),光点从 A 点向 B 点移动.如果光点到达 B 后,U_x 降为最低(图 14－2 中的 e 点),那么光点就返回 A 点,若此之后 U_x 再按相同规律变化,光点在水平方向重复从 A 点移动到 B 点.依据这种周期性变化的锯齿波电压,再加上荧光屏上发光物质的特性,使得水平光迹保留一定的时间,于是就得到一条“扫描线”称为时间基线.

上面只是理想情况，实际上，U_x 增加到最大值后，突然回到最小，示波器上会有一条反跳线（称为回扫线），因这段时间很短，线条比较暗，有的示波器采取措施（消隐电路）将其消除．此后再重复地变化．

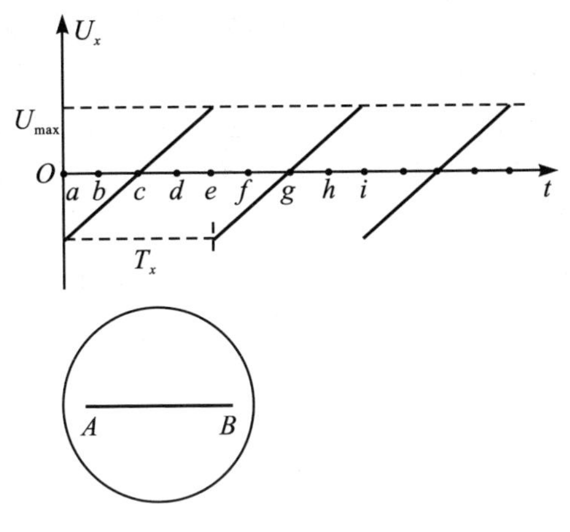

图 14－2

如果在竖直偏转板上（简称 Y 轴）加正弦电压，同时在水平偏转板上（简称 X 轴）加锯齿波电压，电子受竖直、水平两个方向的力的作用，电子的运动就是两相互垂直的运动的合成．当锯齿波电压比正弦电压变化周期稍大时，在荧光屏上将能显示出完整周期的所加正弦电压的波形图（图 14－3）．

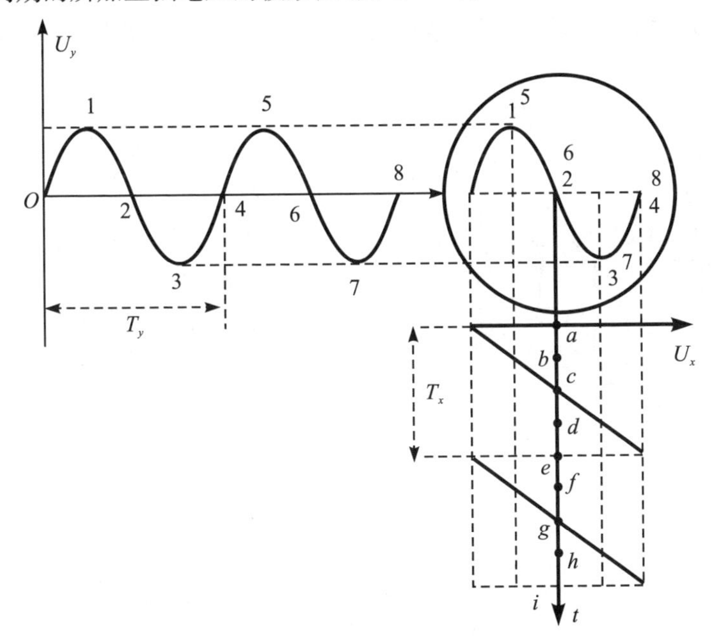

图 14－3

(二) 同步的概念

上面讨论的波形因 U_x 和 U_y 的频率相等,故荧光屏上出现一个正弦波.若

$$f_y=nf_x \quad 或 \quad T_x=nT_y \qquad (n=1,2,3,\cdots) \qquad (14-2)$$

式(14-2)中,n 为荧光屏上所显示的完整波形的数目,则荧光屏上将出现一个、两个、三个……稳定的正弦波形.

很显然,为了得到清晰稳定的波形,式 $f_y=nf_x$ 或式 $T_x=nT_y$ 必须满足,以保证锯齿波电压的起点始终与 Y 轴周期信号的固定点相对应(称为同步,图 14-3).否则,波形就不稳定而无法观察.

由于扫描发生器的扫描频率 f_x 不很稳定,或者加在 Y 上电信号的频率 f_y 出现微动,则式(14-2)就不能很好地成立,屏上出现的就会是一移动着的不稳定图形.这种情形可用图 14-4 说明.

设锯齿波形电压的周期 T_x 比正弦波电压周期 T_y 稍小,比方说 $T_x=\frac{7}{8}T_y$,即 $n=\frac{7}{8}$.在第一扫描周期内,屏上显示正弦信号 0,1,3,…点之间的曲线段;在第二周期内,显示 C,4,5,6,7,…点之间的曲线段,起点在 C 处;第三周期内,显示 D,8,9,10,…,E,…点之间的曲线段,起点在 D 处.这样,屏上显示的波形每次都不重叠,好像波形在向右移动.同理,如果 T_x 比 T_y 稍大,则好像在向左移动.

以上描述的情况在示波器使用过程中经常会出现.其原因是扫描电压的周期与被测信号的周期不相等或不成整数倍,以至每次扫描开始时波型曲线上的起点均不一样.

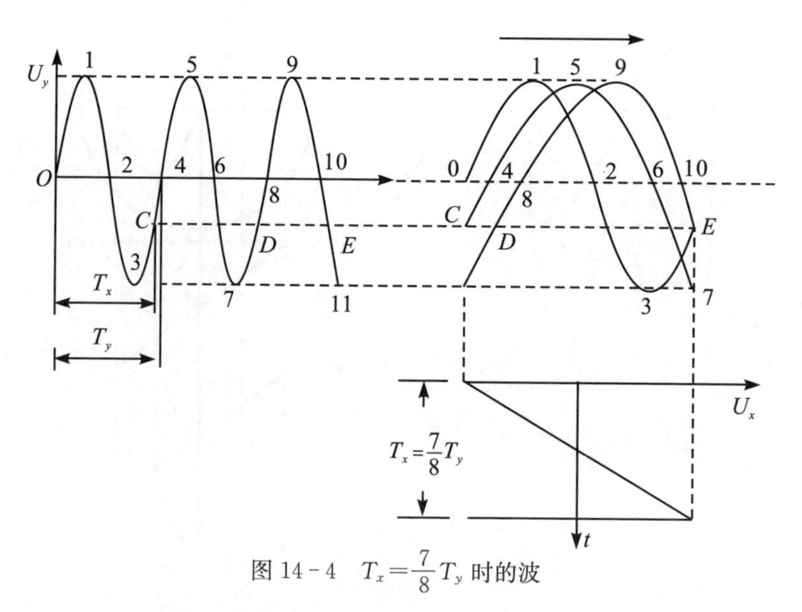

图 14-4 $T_x=\frac{7}{8}T_y$ 时的波

（三）同步的调节

（1）手动同步的调节：为了获得一定数量的稳定波形，示波器设有“扫描速度”旋钮（时基旋钮）、连带“扫描微调”旋钮，用来调节锯齿波电压的周期 T_x（或频率 f_x），使之与被测信号的周期 T_y（或频率 f_y）成整数倍关系，从而，在示波器屏上得到所需数目的完整被测波形.

（2）自动触发同步调节：输入 Y 轴的被测信号与示波器内部的锯齿波电压是相互独立的. 由于环境或其他因素的影响，它们的周期（或频率）可能发生微小的改变. 这时虽通过调节扫描旋钮使它们之间的周期满足整数倍关系，但过了一会可能又会变，使波形无法稳定下来. 这在观察高频信号时尤其明显. 为此，示波器内设有触发同步电路，它从垂直放大电路中取出部分待测信号，输入到扫描发生器，迫使锯齿波与待测信号同步，此称为“内同步”. 操作时，首先使示波器水平扫描处于待触发状态，然后使用“电平”（LEVEL）旋钮，改变触发电压大小，当待测信号电压上升到触发电平时，扫描发生器才开始扫描. 若同步信号是从仪器外部输入时，则称“外同步”.

（四）李萨如图形的原理

前面提到，当 X 轴输入扫描信号时，示波器所显示的是 Y 轴输入的电信号的瞬变过程.

当 X 轴也输入频率为 f_x 的正弦信号，而 Y 轴输入频率为 f_y 的正弦信号时，会出现怎样的情形呢？由于两个信号电压的频率、振幅和相位的不同，则在荧光屏上将显示各种不同波形，一般得不到稳定的图形. 但是，当两个正弦信号的频率相等或成简单整数比时，观察到的是电子束受两个相互垂直的谐振运动的合成图形. 荧光屏上亮点的合成轨迹为一稳定的闭合曲线，称为李萨如图形，如图 14 - 5(a)、图 14 - 5(b)所示.

观察和测量方法：将扫描速率旋钮“Time/div”置于“X-Y 方式”，此时“CH1 or X”端口即自动为 X 轴，从实验室提供的信号源上调出频率为 f_x 的正弦信号，然后经“CH1 or X”端口输入到 X 轴上（一般情况下，把这个信号当做标准信号，要求其频率可调）；经“CH2 or Y”端口输入频率为 f_y 的另一正弦信号到示波器的 Y 轴（一般是把待测正弦信号从该端口输入）. 调节相关旋钮，则当两个正弦信号的频率相等或成简单整数比时，荧光屏上就会显示出稳定的李萨如图形.

在水平和垂直方向分别作两直线与图形相切或相交，数出此两直线与图形的切点数或交点数，则

$$\frac{f_y}{f_x}=\frac{\text{水平直线与图形的切点数 } N_x}{\text{垂直直线与图形的切点数 } N_y}$$

或

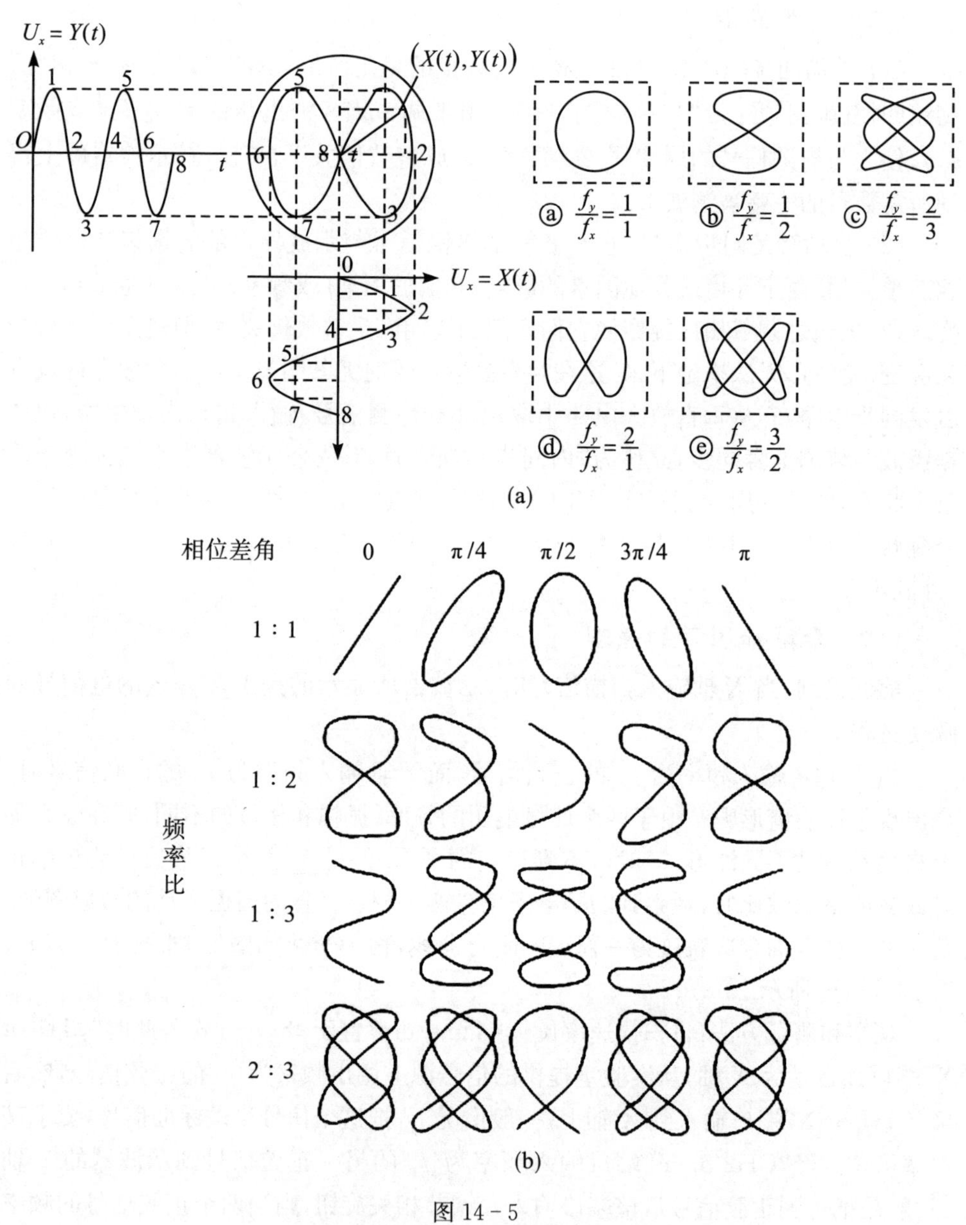

图 14-5

$$\frac{f_y}{f_x}=\frac{\text{水平直线与图形的切点数 } N_x'}{\text{垂直直线与图形的切点数 } N_y'}$$

即

$$f_y=\frac{N_x}{N_y}f_x \tag{14-3}$$

或者

$$f_y=\frac{N'_x}{N'_y}f_x$$

如图 14-6(a)所示，水平直线与图形的相切点数为 1 点 a；垂直直线与图形的相切点数为 2 点 b,c，则

$$\frac{f_y}{f_x}=\frac{1}{2}$$

如图 14-6(b)所示水平直线与图形的相交点数为 1 点 a'；垂直直线与图形的相交点数为 2 点 b',c'，则

$$\frac{f_y}{f_x}=\frac{1}{2}$$

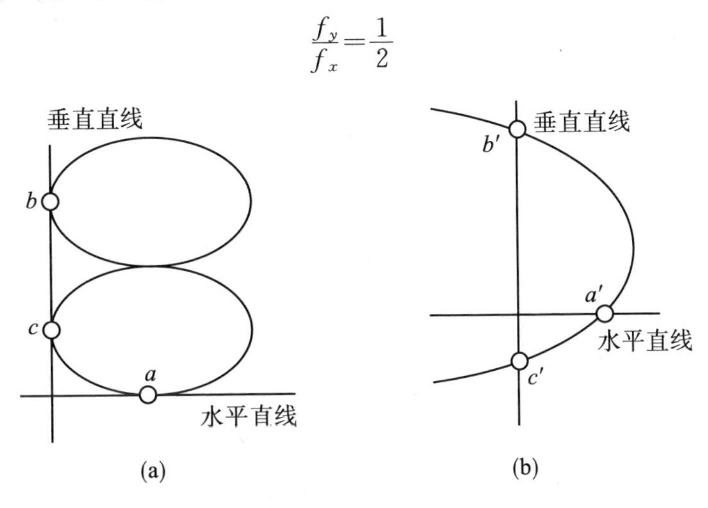

图 14-6

在荧光屏上数出水平直线与图形的切点数(或相交点数)和垂直直线与图形的切点数(或相交点数)，就可以从一已知频率 f_x(或 f_y)求得另一频率 f_y(或 f_x).

【实验步骤与要求】

一、示波器的调节与波形的观察

(一) 观察示波器的“探极校准信号”，并测量其频率和电压的峰-峰值

打开并预热示波器. 把示波器的“本机校准信号”(这个信号在示波器内部，其输出位置在示波器的面板上荧光屏附近，输出端是一个金属接线柱，请仔细寻找). 经探头输入到示波器的 CH1 通道(或 CH2 通道)，把“扫描速度”旋钮(时基旋钮)(一般标出的值 k_x 实际上是扫描速度的倒数，k_x 的单位为 t/div)调到适当的挡级(相应的微调打到校正位置)；把 CH1 通道(或 CH2 通道)的“偏转因数”旋钮(或叫“Y 轴灵敏度”旋钮)，记录其读数 D_y(单位为 $\text{V}\cdot\text{div}^{-1}$ 或 $\text{mV}\cdot\text{div}^{-1}$，$\mu\text{V}\cdot\text{div}^{-1}$)调到适当

的挡级(相应的微调打到校正位置),观察并记录,填表 14-1.

表 14-1

y_{pp}(div)	x (div)	D_y	k_x	k	V_{pp}(V)	T(s)	f(Hz)

计算公式

$$\begin{aligned} V_{pp} &= y_{pp} \cdot D_y \cdot k \ (\mathrm{V}) \\ T &= x \cdot k_x (\mathrm{s}) \\ f &= \frac{1}{T} \ (\mathrm{Hz}) \end{aligned} \tag{14-4}$$

把计算结果和示波器的“本机校准信号”(图 14-7)的标准值对照(这个标准值在该信号输出端附近).

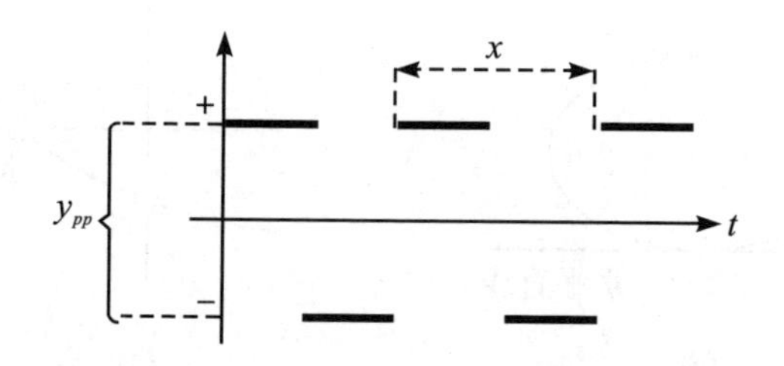

图 14-7 本机校准信号的波形

(二) 观察待测信号波形

(这一步的目的是练习使用信号源并且会调节所输入的波形,不需记录.)

(1) 将“扫描速度”旋钮调到适当的挡级(t/div).这一步的工作目的是:从示波器内部给示波器的 X 偏转板加上扫描电压.

(2)调节“辉度”“聚焦”“水平位移(即↔)”“竖直位移(即↕)”等旋钮.使荧光屏上出现一条形同“———”样的稳定扫描线.

(3) 把待测的电压(型号为 GOS-620FG 的示波器上自己带有一个信号源,待测信号可从该信号源获取.如果使用的为其他型号的示波器,则待测信号需从专门的信号发生器获取)经探头线(其衰减倍率用 k 表示,k 可取 1 或 10,见探头上的倍率开关,自己根据信号幅度的大小选择 k)输入到示波器的 Y 轴(即 CH1 通道或 CH2 通道均可,见示波器面板),并且把通道选择开关(见双踪示波器面板)拨到相应的“通道”位置.

(4) 调节与你所选择的通道对应的“Y 轴灵敏度”旋钮(见示波器面板),使波形的上下幅度不超过荧光屏的上下限度范围即可.

(5) 如果波形左右太密或太疏,再左右调节“扫描速度”旋钮即可得到三、五个稳定的波形.这一步调节的目的,表面上是改变扫描的"速度",实际上是改变扫描电压的频率 f_x(或改变扫描电压的周期 T_x)(请思考:如果荧光屏上显示四个完整稳定的波形,则 n 是多少?).

二、利用示波器测量待测信号的电压和频率

在上述观察的基础上,调节信号源的相关旋钮,固定输出的一个电压有效值为 $V_{有}$、频率为 f_y(可从信号源的面板上读出)的正弦信号作为待测信号($V_{有}$ 可以先用交流电压表测出),且记下 $V_{有}$ 和 f_y,以便把用示波器测量出的结果和其比较.

(一) 电压的测量

在测量时一般把 CH1 通道或 CH2 通道的"Volts/div"开关的微调装置以顺时针方向旋至满度的校准位置,这样可以按"Volts/div"的指示值等直接计算被测信号的电压幅值.

由于被测信号一般都含有交流和直流两种成分,因此在测试时应根据下述方法操作.

1. 交流电压的测量

当只需测量被测信号的交流成分时,应将 Y 轴输入耦合方式开关置"AC"位置.调节"扫描速度"旋钮、相关通道的"偏转因数"旋钮(相应的微调打到校正位置)、"电平"旋钮、"垂直位移"和"水平位移"等旋钮,使屏上出现 2 到 3 个波形且波形在屏幕中显示的幅度适中、稳定.如图 14 - 8 所示,读出该正弦波形在 Y 轴方向的上峰-峰之间的距离 y_{pp}(单位为 div),即可算出正弦波电压的峰-峰值 V_{PP}

$$V_{PP}=y_{pp}(\text{div})\times 偏转因数\ D_y(\text{V}\cdot\text{div}^{-1})\times(探头衰减率\ k) \qquad (14-5)$$

然后求出正弦波电压有效值 $V_{有}$ 为

$$V_{有}=\frac{V_{PP}}{2}\frac{1}{\sqrt{2}} \qquad (14-6)$$

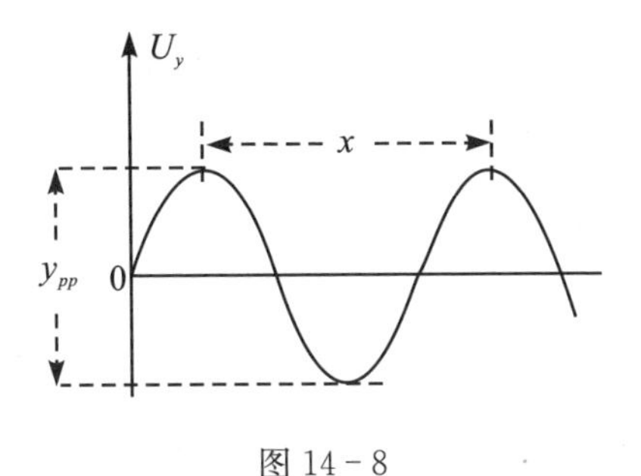

图 14 - 8

2. 直流电压的测量

当需测量被测信号的直流或含直流成分的电压时,应先将 Y 轴耦合方式开关

置“GND”位置，调节“垂直位移”使扫描基线在一个合适的位置上，再将耦合方式开关转换到“DC”位置，调节“电平”使波形同步. 根据波形偏移原扫描基线的垂直距离，用上述方法读取该信号的电压值.

（二）频率的测量

1. 利用扫描信号的频率测待测信号的频率

调节“扫描速度”旋钮（相应的微调旋钮以顺时针方向旋至满度的校准位置），这样就可以按“扫描速度”旋钮的指示值 k_x 计算被测信号的频率.

如图 14-8 所示，测出一个周期的水平距离 x(div)，读出 K_x(t/div)，则待测信号的周期和频率分别为

$$T = \text{水平距离}\ x(\text{div}) \times k_x(t/\text{div}) \tag{14-7}$$

$$f = \frac{1}{T} \tag{14-8}$$

2. 李萨如图形的观察与频率的测量

实验中要求调节并观测$\frac{f_y}{f_x}=\frac{1}{1},\frac{1}{2},\frac{3}{2},\frac{2}{3},\frac{3}{1}$等 5 类瞬间李萨如图形. 一般情况下，$X$ 和 Y 轴上的两个正弦信号来自两个信号源，两个振动的相位差很难固定，将发生缓慢的改变，图形难以完全稳定，调到图形变化最缓慢的时刻即可. 根据图形，读出相关数据 N_x，N_y，f_x 等，利用式(14-3)分别求出 f_{yi}，计算待测信号的频率平均值 $\overline{f}_y$，填表 14-2.

表 14-2

标准信号频率 f_x(Hz)					
李萨如图形(稳定时)					
频比$=\frac{\text{水平线交点数}\ N_x}{\text{垂直线交点数}\ N_y}$					
待测电压频率 $f_y=f_x\cdot\frac{N_x}{N_y}$					

【注意事项】

(1) 为了保护荧光屏不被灼伤，使用示波器时，光点亮度不能太强，而且也不能让光点长时间停在荧光屏的一点上. 在实验过程中，如果短时间不使用示波器，可将“辉度”旋钮逆时针方向旋至尽头，中止电子束的发射，使光点消失. 不要经常通断示波器的电源，以免缩短示波器的使用寿命.

(2) 示波器上所有开关与旋钮都有一定强度与调节度，使用时应轻轻地缓慢旋转，不能用力过猛或随意乱旋.

【预习思考题】

(1) 示波器为什么能显示被测信号的波形?

(2) 荧光屏上无光点出现,有几种可能的原因? 怎样调节才能使光点出现?

(3) 荧光屏上波形移动,可能是什么原因引起的?

(4) 利用李萨如图形测频率时,两个 Volts/div 旋钮是否必须打到校正(即 CAL)位置?

【课后习题】

(1) 用示波器观察正弦波时,在荧光屏上出现下列现象,试解释之:

① 屏上呈现一竖直亮线.

② 屏上呈现一水平线.

③ 屏上呈现一亮点.

(2) 用示波器观察频率 f=5 000 Hz 的正弦电压,试问要在屏上呈现 2 个完整而又稳定的正弦波,扫描速度应为多少(注意:一般示波器的荧光屏的观察范围在水平方向是 10 div)?

【附录】

一、GOS-620FG 双踪示波器(自带信号源)介绍与使用说明(图 14-9)

如图 14-9 所示,GOS-620FG 双踪示波器说明如下:

(1) 电源开关.

(2) 辉度:控制荧光屏光迹的明暗程度,顺时针方向旋转为增亮,逆时针方向旋转为减弱.

(3) 聚焦:调节聚焦可使光点圆而小,达到波形清晰.

(4) 光迹旋转:使基线和水平坐标线平行.

(5) 电源开关仪器的电源总开关,嵌入接通.

(6) 屏幕照明开关.

(7)、(22) 偏转因数开关:改变输入偏转因数 5 mV·div^{-1}～5 V·div^{-1},按 1-2-5进制共分 10 个挡段.

(8) CH1 输入插座,作为被测信号的输入端.

(9) Y 微调,调节显示波形的幅度,顺时针方向增大,顺时针方向旋足为“校准”位置.

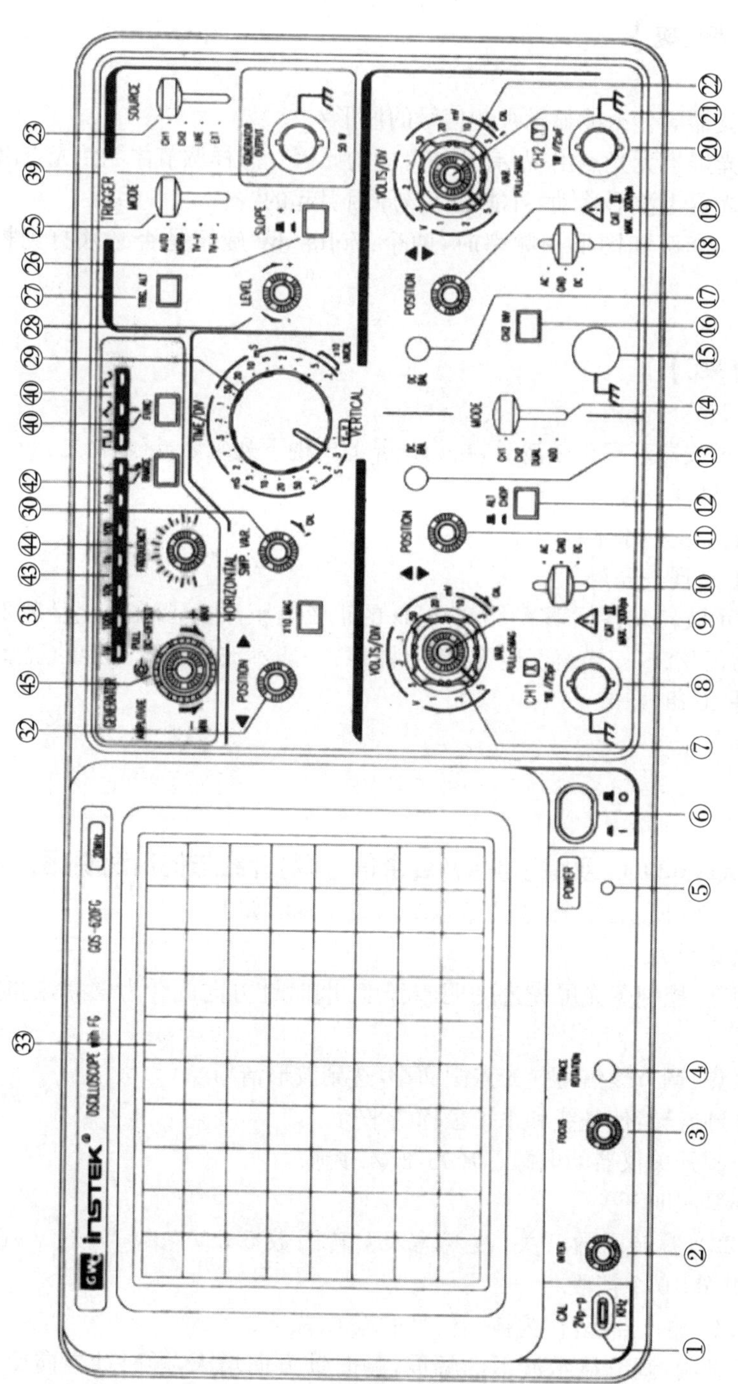

图 14-9 GOS-620FG 双踪示波器面板各旋钮位置

(10) DC,⊥,AC:分别为 X 放大器 CH1 和 CH2 两个通道的输入选择开关,可使输入端为交流耦合,使接地直流耦合.

(11) Y 位移:控制 CH1 光迹在荧光屏 Y 轴方向的位置,顺时针旋转时,光迹向上;逆时针旋转,光迹向下.

(12) 双踪显示选择(ALT/CHOP) 当这个按钮弹出时,CH1 和 CH2 通道输入的信号交替显示(通常适用于快速扫描);当这个按钮被按下时,可以在 CH1 和 CH2 两条扫迹之间迅速地进行开关或转波切换,从而分段地画出两条扫迹,这称为断续模式或 CHOP 模式(断续模式适合于在低时基速率下显示低频率信号).

(13)、(17) DC BAL 是水平亮线的中心调整.

(14) 使用模式:CH1 挡表示仅使用 CH1 通道输入信号,示波器为单通道仪器;CH2 挡表示仅使用 CH2 通道输入信号,示波器为单通道仪器;DUAL 挡表示使用 CH1、CH2 双通道输入信号,示波器为双通道仪器;ADD 挡表示使用 CH1、CH2 双通道输入信号,示波器显示的是 CH1、CH2 信号的代数和或者是代数差(仅在⑯钮被按下时起作用).

(15) GND 示波器接地.

(16) CH2 信号反转.

(18) DC,⊥,AC:分别为 Y 放大器 CH1 和 CH2 两个通道的输入选择开关,可使输入端为交流耦合,使接地直流耦合.

(19) Y 位移:控制 CH2 光迹在荧光屏 Y 轴方向的位置,顺时针旋转时,光迹向上;逆时针旋转,光迹向下.

(20) CH2 输入插座,作为被测信号的输入端.

(23) 触发源选择,要使屏幕上显示稳定的波形,需被测信号本身或者与被测信号有一定时间关系的触发信号加到触发电路.触发源选择确定触发信号由何处供给,电源触发(LINE),外触发(EXT),CH1、CH2 必须在 DUAL 或 ADD 模式下表示分别由 CH1、CH2 作为内部触发源.

(25) 触发模式:AUTO 将信号不断地触发,不论信号是否符合条件或无信号输入.

NORMAL 示波器只触发符合条件的波形;TV-V 为视频—场方式;TV-H 为视频—行方式.

(26) 触发方式选择开关:测量正脉冲前沿及负脉冲后沿宜用"+";测量负脉冲前沿及正脉冲后沿宜用"−".

(27) 交替触发(TRIG. ALT):当通道选择开关设定在 DUAL 或 ADD 时,触发源开关在 CH1 或 CH2 时,交替选择 CH1 和 CH2 为内触发信号源.

(28) 触发电平(LEVEL):又叫同步调节,拨在"+"上时,在信号增加的方向上,当触发信号超过触发电平时,就产生触发;拨在"−"上时,在信号减少的方向上,当触发信号超过触发电平时,就产生触发,触发极性和触发电平共同决定触发信号的触发点.

(29) t/div 开关:为扫描时间因数开关(扫描速度旋钮),从 0.5 μs·div^{-1}～0.2 s·div^{-1}按1-2-5进制分 18 挡.

(30) 水平微调(SWP. VRA):微调水平扫描时间.

(31) 放大 10 倍信号.

(32) 水平位置调整.

(33) 观察信号窗口.

(39) 信号输出端.

(40) 波形选择钮.

(41) 显示输出波形.

(42) 频率范围选择.

(43) 显示当前频率范围.

(44) 频率调节旋钮.

(45) 波幅调节和直流电平调节.

二、YB4320G 双踪示波器面板分布图及功能

如图 14－10 所示介绍 YB4320G 双踪示波器如下.

(一) 主机电源

(9) 电源开关(POWER).

将电源开关按键弹出即为“关”位置,将电源接入,按电源开关,以接通电源.

(8) 电源指示灯.

电源接通时指示灯亮.

(2) 辉度旋钮(INTENSITY).

顺时针方向旋转旋钮,亮度增强. 接通电源之前将该旋钮逆时针方向旋转到底.

(4) 聚焦旋钮(FOCUS).

用亮度控制钮将亮度调节至合适的标准,然后调节聚焦控制钮直至轨迹达到最清晰的程度,虽然调节亮度时聚焦可自动调节,但聚焦有时也会轻微变化. 如果出现这种情况,需重新调节聚焦.

(5) 光迹旋转旋钮(TRACE ROTATION).

由于磁场的作用,当光迹在水平方向轻微倾斜时,该旋钮用于调节光迹与水平刻度线平行.

(45) 显示屏.

仪器的测量显示终端.

数据(1)校准信号输出端子(CAL).

提供 1 kHz±2%,2V_{pp}±2%方波做本机 Y 轴、X 轴校准用.

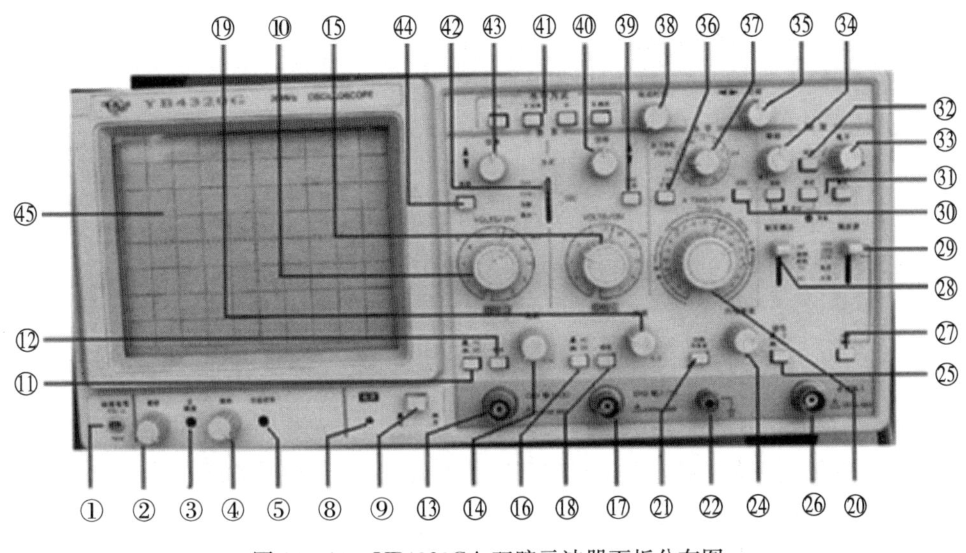

图 14-10　YB4320GA 双踪示波器面板分布图

(二) 垂直方向部分

(13) 通道 1 输入端[CH1 INPUT(X)].

该输入端用于垂直方向的输入. 在 X-Y 方式时输入端的信号成为 X 轴信号.

(17) 通道 2 输入端[CH2 INPUT(Y)].

和通道 1 一样,但在 X-Y 方式时输入端的信号仍为 Y 轴信号.

(11)、(12)、(16)、(18) 交流-直流-接地耦合选择开关(AC-DC-GND).

选择输入信号与垂直放大器的耦合方式.

交流(AC):垂直输入端由电容器来耦合.

接地(GND):放大器的输入端接地.

直流(DC):垂直放大器的输入端与信号直接耦合.

(10)、(15) 衰减器开关(Volts/div).

用于选择垂直偏转灵敏度的调节. 如果使用的是 10∶1 的探头,计算时将幅度×10.

(14)、(19) 垂直微调旋钮(VARIBLE).

垂直微调用于连续改变电压偏转灵敏度,此旋钮在正常情况下应位于顺时针方向旋转到底的位置. 将旋钮逆时针方向旋转到底,垂直方向的灵敏度下降到原来的 2/5 以下.

(43)、(40) 垂直移位(POSITION):调节光迹在屏幕中的垂直位置.

(42) 垂直方式工作开关:选择垂直方向的工作方式.

通道 1 选择(CH1):屏幕上仅显示 CH1 的信号.

通道 2 选择(CH2):屏幕上仅显示 CH2 的信号.

双踪选择(DUAL):同时按下 CH1 和 CH2 按钮,屏幕上会出现双踪并自动以断续或交替方式同时显示 CH1 和 CH2 上的信号.

叠加(ADD):显示 CH1 和 CH2 输入电压的代数和.

(39) CH2 极性开关(INVERT):按此开关时 CH2 显示反相电压值.

(三) 水平方向部分

(20) 主扫描时间因数选择开关(A Time/div).

共 20 挡,在 0.1 μs·div^{-1}~0.5 s·div^{-1}范围选择扫描速率.

(30) X-Y 控制键.

如 X-Y 工作方式时,垂直偏转信号接入 CH2 输入端,水平偏转信号接入 CH1 输入端.

(21) 扫描非校准状态开关键.

按入此键,扫描时基进入非校准调节状态,此时调节扫描微调有效.

(24) 扫描微调控制键(VARIBLE).

此旋钮以顺时针方向旋转到底时处于校准位置,扫描由 Time/div 开关指示.该旋钮逆时针方向旋转到底,扫描减慢为原来的 2/5 以上.正常工作时,(21)键弹出,该旋钮无效,即为校准状态.

(35) 水平位移(POSITION).

用于调节轨迹在水平方向移动.顺时针方向旋转该旋钮向右移动光迹,逆时针方向旋转向左移动光迹.

(36) 扩展控制键(mAG×5).

按下去时,扫描因数×5 扩展,扫描时间是 Time/div 开关指示数值的 1/5.

(37) 延时扫描 B 时间系数选择开关(B Time/div).

共 12 挡,在 0.1 μs·div^{-1}~0.5 ms·div^{-1}范围选择 B 扫描速率.

(41) 水平工作方式选择(HORIZ DISPLAY).

主扫描(A):按入此键主扫描单独工作,用于一般波形观察.

A 加亮(A INT):选择 A 扫描的某区段扩展为延时扫描.可用此扫描方式.与 A 扫描相对应的 B 扫描区段(被延时扫描)以高亮度显示.

被延时扫描(B):单独显示被延时扫描 B.

B 触发(B TRIG′D):选择连续延时扫描和触发延时扫描.

(四) 触发系统(TRIGGER)

(29) 触发源选择开关(SOURCE):选择触发信号源.

通道 1 触发(CH1,X-Y):CH1 通道信号是触发信号,当工作方式在 X-Y 时,波动开关应设置于此挡.

通道 2 触发(CH2):CH2 上的输入信号是触发信号.

电源触发(LINE):电源频率成为触发信号.

外触发(EXT):触发输入上的触发信号是外部信号,用于特殊信号的触发.

(27) 交替触发(ALT TRIG).

在双踪交替显示时,触发信号交替来自于两个 Y 通道,此方式可用于同时观察两路不相关信号.

(26) 外触发输入插座(EXT INPUT):用于外部触发信号的输入.

(33) 触发电平旋钮(TRIG LEVEL):用于调节被测信号在某选定电平触发同步.

(32) 电平锁定(LOCK).

无论信号如何变化,触发电平自动保持在最佳位置,不需人工调节电平.

(34) 释抑(HOLDOFF).

当信号波形复杂,用电平旋钮不能稳定触发时,可用此旋钮使波形稳定同步.

(25) 触发极性按钮(SLOPE).

触发极性选择,用于选择信号的上升沿和下降沿触发.

(31) 触发方式选择(TRIG MODE).

自动(AUTO):在自动扫描方式时扫描电路自动进行扫描.在没有信号输入或输入信号没有被触发时,屏幕上仍然可以显示扫描基线.

常态(NORM):有触发信号才能扫描,否则屏幕上无扫描显示.当输入信号的频率低于50 Hz时,请用常态触发方式.

复位键(RESET):当“自动”与“常态”同时弹出时为单次触发工作状态,当触发信号来到时,准备(READY)指示灯亮,单次扫描结束后熄灭,按复位键(RESET)下后,电路又处于待触发状态.

(28) 触发耦合(COUPLING).

根据被测信号的特点,用此开关选择触发信号的耦合方式.

交流(AC):这是交流耦合方式,触发信号通过交流耦合电路,排除了输入信号中的直流成分的影响,可得到稳定的触发.

高频抑制(HF REJ):触发信号通过交流耦合电路和低通滤波器作用到触发电路,触发信号中的高频成分被抑制,只有低频信号部分能作用到触发电路.

电视(TV):TV 触发,以便于观察 TV 视频信号,触发信号经交流耦合通过触发电路,将电视信号送到同步分离电路,拾取同步信号作为触发扫描用,这样视频信号能稳定地显示.TV-H 用于观察电视信号中行信号波形,TV-V:用于观察电视信号中场信号波形.注意:仅在触发信号为负同步信号时,TV-V 和 TV-H 同步.

直流(DC):触发信号被直接耦合到触发电路,当触发需要触发信号的直流部分或需要显示低频信号以及信号空占比很小时,使用此种方式.

三、YB1634 功率函数信号发生器面板分布图及功能

下面以图 14－11 所示面板介绍 YB1634 功率函数信号发生器.

(1) 电源开关(POWER).

将电源开关按键弹出即为“关”位置,将电源接入,按电源开关,以接通电源.

(2) LED 显示窗口.

此窗口指示输出信号的频率,当“外测”开关按入,显示外测信号的频率.

(3) 频率调节旋钮(FREQUENCY).

调节此旋钮改变输出信号的频率.

(4) 对称性(SYMMETRY).

对称性开关及对称性调节旋钮,将对称性开关按入,对称性指示灯亮,调节对称性旋钮,可改变波形的对称性.

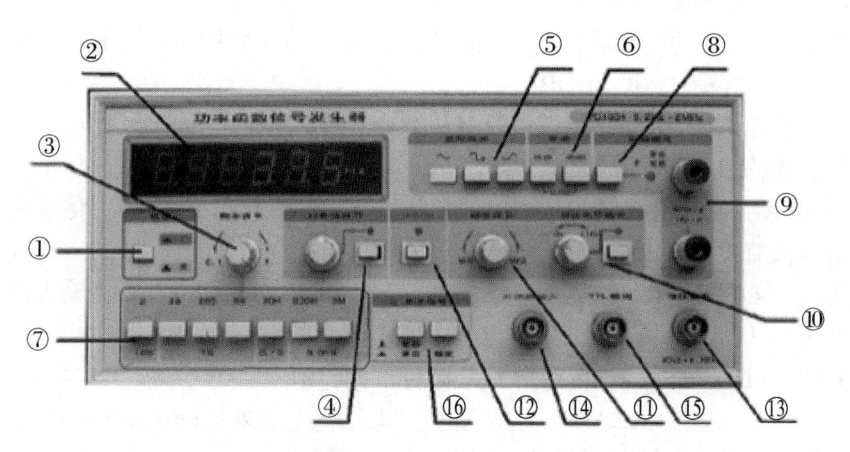

图 14－11　YB1634 功率函数信号发生器面板分布图

(5) 波形选择开关(WAVE FORM).

按入对应波形的某一键,可选择需要的输出波形.三只键都未按,无信号输出,此时为直流电平.

(6) 衰减开关(ATTE).

电压输出衰减开关,有 20 dB 和 40 dB 两键,同时按入为 60 dB.

(7) 频率范围选择开关.

亦即频率量程开关,根据需要的频率,按下其中一键.

(8) 功率输出开关(POWER OUT).

按下此键,功率指示灯变绿色,如果该指示灯由绿色变为红色,则说明输出短路或过载.

(9) 功率输出端.

为电路负载提供功率输出,负载应为纯电阻.如果是感性或容性负载,应串入

10 W/50 Ω左右的电阻(最大幅度输出时),如果是 $40V_{PP}$,可选择 40 Ω的电阻等.

(10) 直流偏置(OFFSET).

按入直流偏置开关,直流偏置指示灯亮,此时调节直流偏置调节旋钮,可改变直流电平.

(11) 幅度调节旋钮(AMPLITUDE).

调节此旋钮,可改变“电压输出”和“功率输出”的输出幅度.

(12) 外测开关(COUNTER).

按入此开关,LED显示窗显示外测信号频率.

(13) 电压输出端口(VOLTAGE OUT).

电压输出由此端口输出.

(14) EXT. COUNTER端口.

外测信号输入端口.

(15) TTL OUT端口.

由此端口输出TTL信号.

(16) 单次开关(SINGLE).

当单次“SGL”开关按入,单次指示灯亮,仪器处于单次状态,每按一次触发“TRIG”键,电压输出端口就输出一个单次波形.

实验十五　用板式十一线电势差计测干电池的电动势和内阻

在测量中，某些相关量对测量结果产生干扰，使用与这些相关量同性质、同量值、作用效果相对的量与之结合，以抵消（亦即补偿）原相关量对测量结果的影响，这种方法叫补偿法. 电势差计是补偿法的典型应用，电势差计测电压的基本思想是：将未知电压与已知标准电压（一般由饱和型或不饱和型标准电池产生）进行比较，由已知电压而求出未知电压. 当未知电动势的电池内没有电流时，其端压就等于其电动势，用电势差计测出电池此时的端压，即可求出电池的电动势.

电势差计是精密测量中应用最广泛的仪器之一. 它不仅可以用来测量电压、电动势、电流、电阻等，还可以用来校准电表和直流电桥等直读式仪器，在非电量（如温度、位移、速度、压力等）的电测技术中也占有重要的地位.

【实验目的】

(1) 了解补偿法在实验中的应用.

(2) 掌握电势差计的工作原理、结构、特点和操作方法.

(3) 学会使用板式十一线电势差计测量电池的电动势和内阻.

【实验仪器】

FB322 电位差计实验仪、FB325 型十一线电位差计等（见本实验附录）.

[如果是分立仪器，则实验仪器为：板式十一线电势差计、检流计、标准饱和电池（$E_s=1.018\ 66$ V，20 ℃）、直流电压源、滑线变阻器、电阻箱（ZX21 型，ZX25a 型）、待测干电池、电键与连接线等.]

【实验原理】

用电势差计测电压的原理是补偿法. 如图 15－1 所示，设 E_0 为一连续可调的标准电源电动势（其端压可连续调节），而 E_x 为待测电动势，调节 E_0 使检流计 G

示零(即回路电流 $I_g=0$),此时两个电源的端压相等,由于此时每个电源的电动势等于其端压,所以 $E_x=E_0$. 此过程的实质是,不断地用已知标准电压与待测的电压进行比较.

但电动势连续可调的标准电源很难找到,那么怎样才能简单地获得连续可调的标准电压呢? 简单的设想是:让一阻值连续可调的标准电阻上流过一恒定的工作电流,则该电阻两端的电压便可作为连续可调的标准电压.

一、电势差计基本原理

电势差计是一种根据补偿法思想设计的测量电动势(电压)的测量仪器. 按结构不同,电势差计分板式电势差计(例如,本实验用的板式十一线电势差计)和箱式电势差计(例 UJ31 型低电势双量程直流电势差计)等. 图 15－2 是一种直流电位差计的原理简图. 它由三个基本回路构成.

① 工作电流调节回路,由工作电源 E、限流电阻 R_P、电阻 R_{AB} 组成.

② 校准回路,由标准电池 E_s、检流计 G、电阻 R_s 组成.

③ 测量回路,由待测电动势 E_x、检流计 G、标准电阻 R_x 组成.

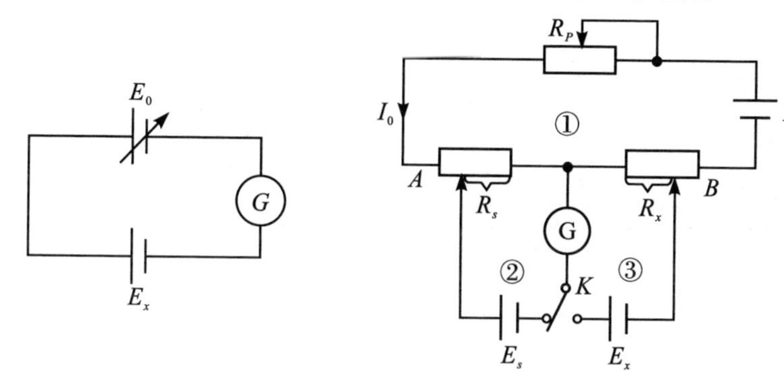

图 15－1　补偿法原理　　图 15－2　电势差计测电压原理

通过以下测量未知电动势 E_x 的两个操作步骤,可以清楚地了解电位差计的原理.

① "校准". 图 15－2 中开关 K 拨向标准电动势 E_s 侧,取 R_s 为一预定值(在数值上满足 $E_s=R_s\times I_0$),调节 R_P 使平衡指示仪 G 示零. 此时工作电流回路内的 R_x 中流过一个已知的"标准"电流 I_0,且 $I_0=\dfrac{E_s}{R_s}$.

② "测量". 将开关 K 拨向未知电动势 E_x 一侧,保持 I_0 不变,调节滑动触头 B,使检流计示零,则 $E_x=I_0\cdot R_x=E_s\cdot\dfrac{R_x}{R_s}$. 被测电压与补偿电压极性相同且大小相等,因而互相补偿(平衡).

补偿法具有以下优点.

① 电位差计是一电阻分压装置,它将被测电动势 E_x 和一标准电动势间接比较. E_x 的值仅取决于$\frac{R_x}{R_s}$及 E_s,因而测量准确度较高.

② 在上述"校准"和"测量"两个步骤中,平衡指示仪两次示零(两次补偿),表明测量时既不从校准回路内的标准电动势源中吸取电流,也不从测量回路中吸取电流. 因此,不改变被测回路的原有状态及电压等参量,同时可避免测量回路导线电阻及标准电势的内阻等对测量准确度的影响,这是补偿法测量准确度较高的另一个原因.

二、板式十一线电势差计的原理与应用

板式十一线电势差计是一种教学型电位差计,由于它是解剖式结构,十分有利于学习和掌握电位差计的工作原理,培养看图接线、排除故障的能力. 如图 15-3 所示,E_x 为待测电动势,E_s 为标准电池. 可调稳压电源 E_0 与长度为 L 的电阻丝 AB 为一串联电路,工作电流 I_0 在电阻丝 AB 上产生电位差. 触点 C,D 可在电阻丝上任意移动,因此可得到随之改变的电位差 U_{CD}.

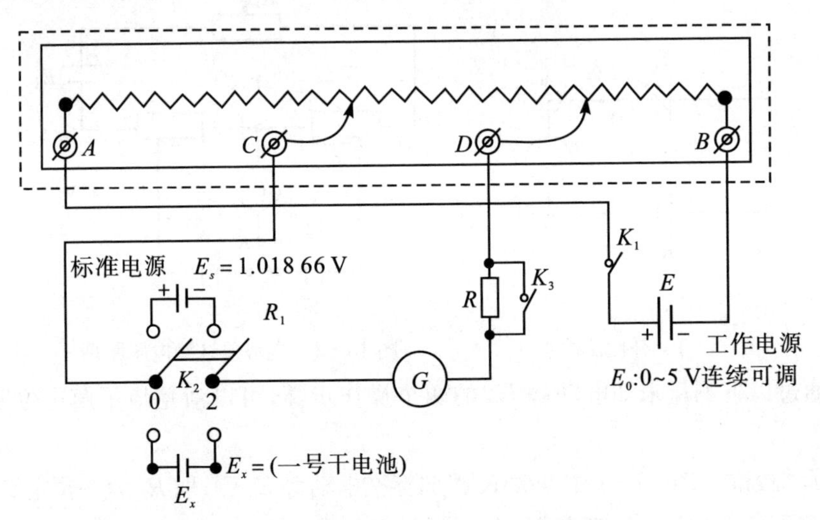

图 15-3 板式十一线电势差计测电压原理

(一) 工作电流标准化

合上 K_1,且 K_2 向上合到 E_s 处,调节可调工作电源 E,改变工作电流 I_0,可使检流计 G 指零(开关 K_3 合上时,电路灵敏度高,否则灵敏度低),此时 U_{DC} 与 E_s 的端压达到补偿状态. 则

$$E_s = U_{CD} = I_0 \cdot r_0 \cdot L_{CD} = \alpha \cdot L_s \qquad (15-1)$$

式(15－1)中，r_0 为单位长度电阻丝的电阻，L_s 为电阻丝 CD 段的长度，α 为单位长度电阻丝上的电压降，通常称 α 为标准化系数，其单位为 $V \cdot m^{-1}$. 这一步骤称为工作电流标准化，或称为电势差计定标.

为了提高实验的精度以及处于方便考虑，一般都选定 α 为一简单的数值. 具体方法是：根据具体情况，合理设想 α 取某个值，再根据标准电池 E_s 的数值，由 $E_s = \alpha \cdot L_s$ 计算出 L_s 的长度. 然后调节触点 C，D，使其间距为所计算的 L_s. 调节可调工作电源，改变工作电流 I_0 使电路补偿，此时 α 值等于合理的设想值.

（二）电动势的直接测量

工作电流标准化后，保持 I_0 不变，K_2 向下合到 E_x 处，即用 E_x 代替 E_s，调节触点 C，D 的位置，使电路再次达到补偿，若此时 CD 间电阻丝长度为 L_x，则

$$E_x = I_0 \cdot r_0 \cdot L_x = \alpha \cdot L_x \qquad (15-2)$$

从式(15－2)可以看出，如果知道了 α，很容易求出 E_x. 因此，电势差计其实起到了把待测电势差与标准电池的电动势间接比较的中介作用.

（三）电动势的间接测量

电池的电动势也可通过以下方法间接测量. 将电池 E_x 按图 15－4 所示电路接成回路，R_2 为标准电阻，其阻值由实验室给定. 闭合 K_4，根据全电路的欧姆定律有

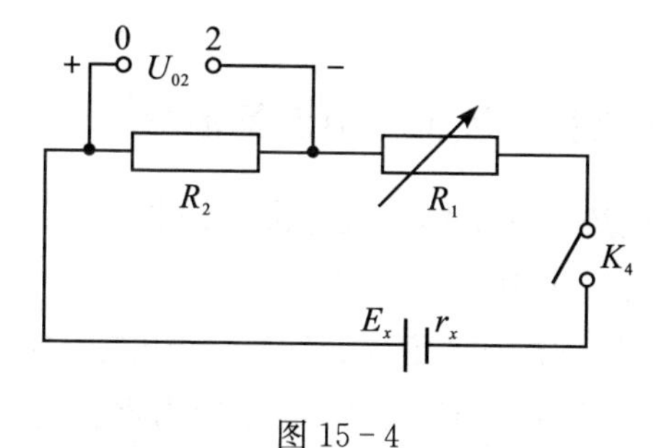

图 15－4

$$I = \frac{E_x}{R_1 + R_2 + r_x}$$

则

$$U_{02} = IR_2 = \frac{E_x R_2}{R_1 + R_2 + r_x}$$

$$\frac{1}{U_{02}} = \frac{R_2 + r_x}{E_x R_2} + \frac{1}{E_x R_2} R_1 \qquad (15-3)$$

令

$$y=\frac{1}{U_{02}}$$

$$x=R_1$$

$$A=\frac{R_2+r_x}{E_xR_2}$$

$$B=\frac{1}{E_xR_2}$$

显然有

$$y=A+Bx$$

即$\frac{1}{U_{02}}$与 R_1 为线性关系. 如果由实验测出数据组$\left(R_1,\frac{1}{U_{02}}\right)$即$(x,y)$,那么,完全可以利用作图法、平均法或最小二乘法等求出 A,B,继而由式(15-4)、式(15-5)求出电动势和内阻:

$$E_x=\frac{1}{BR_2} \tag{15-4}$$

$$r_x=A\cdot E_xR_2-R_2=\frac{A}{B}-R_2 \tag{15-5}$$

想一想,如何测量 U_{02}?

【实验步骤与要求】

一、板式十一线电势差计工作电流标准化

确定 α 的过程叫"电势差计工作电流标准化过程",理论上 α 可按测量者的要求合理设定,但一般定为多少呢?

考虑到测量的准确度,一般把 α 定为 10^n(当然亦可把 α 定为其他值). 例如,20 ℃时,标准电池的电动势为 $E_s=1.018\ 66$ V(测量要求严格时,这个值要按照相应的公式进行温度修正). 参考图 15-3,当想把 α 定为 $\alpha=10^{-1}=0.1$ ($\mathrm{V\cdot m^{-1}}$)时,由式(15-4),可设置 $L_s=\frac{E_s}{\alpha}=\frac{1.018\ 66}{0.1}=10.186\ 6$ (m),K_2 向上合到 E_s 处,调节 E_0 使 $I_g=0$ 即可. 确定 α 为 10^n 后,测出 E_x 的有效数字与 L_x 完全相同(L_x 最多可取 6 位有效数字,本实验只可取到小数点后三位).

因为本实验所选用的待测电动势 E_x 一般在 1.5 V 左右,所以如果按上面的要求把 α 定为 $1.0\times10^{-1}\ \mathrm{V\cdot m^{-1}}$,则在不加分压箱的情况下,即使把 L_x 调到最大(板式十一电势差计的电阻丝的最大长度为 11 m),也不可能使式(15-2)成立. 鉴于

此，本实验把 α 定为 0.200 $V \cdot m^{-1}$.

方法：

以 FB322 电位差计实验仪、FB325 型十一线电位差计为例，按照图 15－3 连接电路，将 K_5，K_6 打到内附（本次实验用内附的检流计与标准电池），再取 CD 间的长度使之为 $L_s = 5.0933$ m，闭合电键 K_1，K_3（增加灵敏度），再将电键 K_2 打至标准电池，然后调节工作电压 E_0（一般来说工作电压在 2.2 V 左右），使流过检流计的电流 $I_g = 0$，此时

$$\alpha = \frac{E_s}{L_s} = \frac{10.01866}{5.093} = 0.200\ (V \cdot m^{-1})$$

注意：

检流计在接入电路前，要先调零，称为机械调零；灵敏度的选择，本次实验选择 1×10^{-6}；连接电路时，标准电池的正负极不能接错；在标准化以后的测量中，电源 E_0 不可改变.

想一想，为什么？

二、利用板式十一线电势差计直接测量干电池电动势 E_x

根据干电池的新旧程度，估计一下大致把 CD 间的长度设置好（7.5 m 左右），接着把双刀双掷开关 K_2 合向待测干电池，通过反复调节 CD 间的长度，最终使流过检流计的电流 $I_g = 0$，记下此时 CD 间的长度（即 L_x），填表 15－1；最后根据公式 $E_x = 0.2\ (V \cdot m^{-1}) \cdot L_x(m)$ 计算出待测电动势的大小.

表 15－1　直接测量干电池电动势的数据

E_0(V)	E_s(V)	α ($V \cdot m^{-1}$)	L_x(m)	E_x(V)	

三、利用板式十一线电势差计间接测量干电池电动势 E_x 和电池的内阻 r_x

（1）在图 15－3 中，把原待测电池部分用图 15－4 替换（即把图 15－4 中的 0 和 2两端通过相应的开关分别连接到图 15－3 中的 0 和 2 两端即可. 本次实验有多种标准电阻 R_2 供选择，R_2 的值要事先用数字万用表直接精确测出）.

选取合适的标准电阻 R_2. 取电阻 $R_1 = 20\ \Omega$，根据串联电阻的分压原理，大体估计一下标准电阻 R_2 两端的电压 U_{02} 的大小，然后根据公式 $U_{02} = \alpha \cdot L_x$ 再估计一下利用电势差计测量 U_{02} 时 L_x 的大体长度，把 CD 间的距离调到该估计的长度. 然后闭合电键 K_4，在上述估计值附近仔细调节 CD 间的长度 L_x，使流过检流计的电流 $I_g = 0$，记下平衡时 L_x 的值. 取不同的电阻 R_1 的值，按相同的方法分别记下相应的长

度 L_x. 填表 15 - 2.

(2) 根据表 15 - 2 中的数据，利用作图法，画出 x-y 曲线，根据曲线求得截距 A 和斜率 B 的值(也可用其他方法求 A,B).

表 15 - 2　间接测量干电池电动势与内阻数据记录表 R_2 =______ (Ω)

$x=R_1$(Ω)	20	40	60	80	100	120	140	160
L_x(m)								
$U_{02}=L_x\alpha$ (V)								
$y=\frac{1}{U_{02}}$ (V^{-1})								

(3) 依据所求出的 A,B 的值，再根据式(15 - 4)易求出干电池电动势 E_x 和电池的内阻 r_x.

【预习思考题】

(1) 补偿法的原理是什么？采用补偿法进行测量应满足哪些条件？

(2) 为什么电势差计测量的是待测电池的电动势而不是端电压？

(3) 怎样用电势差计测量待测电池的内阻？

(4) 能否用伏特计直接精确测量电池的电动势？为什么？能否用伏特计间接精确测量电池的电动势？如果能，请设计测量电路，给出测量方法.

【课后习题】

(1) 工作电流标准化是什么意思？为什么要进行电流标准化调节？

(2) 电势差计标准化调节后，测量 E_x 时，如果不论如何调节 CD 间的长度，检流计总不能平衡，试分析可能出现的原因.

(3) 假设该板式十一电势差计标准化后，$\alpha=0.200\ 00\ \mathrm{V\cdot m^{-1}}$，如何根据这个要求测量电动势约为 $E_x=9$ V 的电源的电动势？请画出电路图，给出测量公式，简述测量过程.

(4) 经过实验测量和使用，你认为板式十一线电势差计应怎样改进？说出改进的方法及其原理.

【附录】

一、FB322 型电势差计实验仪介绍与使用说明

FB322 型电势差计实验仪是取代老式的板式十一线电势差计的实验装置，它把除十一线实验板以外的全部部件组装在一起，图 15 - 5 所示的是该实验仪器的面板.

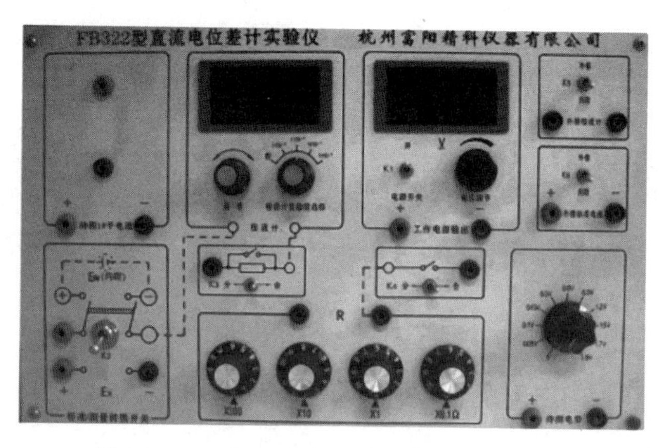

图 15 - 5　FB322 型十一电势差计实物面板图

检流计有调零旋钮与灵敏度的选择，工作电源输出有电源开关 K_1、电压调节(0～5 V 连续可调)，K_5 是外接检流计/内附转换开关，K_6 是外接标准电池/内附转换开关，K_2 是标准/测量转换开关，K_3 是提高灵敏度的转换开关，K_4 是可变电阻闭合开关，待测电势测量区.

注意事项：

(1) 使用电位差计一般要先接通工作回路，然后再接通补偿回路，断开时按相反顺序进行操作.

(2) 本实验仪内置标准电势源一般不怕短路，如果不小心造成短路，一旦短路故障排除，电路即恢复正常(但如果采用外接标准电池，则必须严格按其使用注意事项操作，以免造成不必要的经济损失).

(3) 待测电动势(1 号干电池)不宜输出大电流，在测量内阻时，并联电阻 R' 取值不宜太小，一般可预置 $R'=100\ \Omega$ 左右，调节电阻箱时，要特别注意防止短路. 由于待测电池盒是可拆卸式的，安装时注意极性不能搞错.

(4) 电源保险丝烧断，可用同规格的保险丝更换，不可随意用大电流的保险丝代替，以免故障扩大.

二、FB325 型新型十一线装置介绍

FB325 型新型十一线电势差计的十一线装置(图 15－6)，取代了老式十一线电势差计实验板上的十一线，其中的十根电阻线绕在有机玻璃棒上，每根电阻线等价于老式实验板的一米电阻线，第十一根电阻线改为圆盘式电阻器，其电阻值等价于一根电阻线. 每米电阻值约等于 10 Ω，总电阻约为 110 Ω. 调节 C 接点，长度调节范围：0～10. 00 m，调节步长 1. 00 m. 调节 D 接点，长度调节范围：0～1 000 m，调节步长1 mm(配合刻度盘游标).

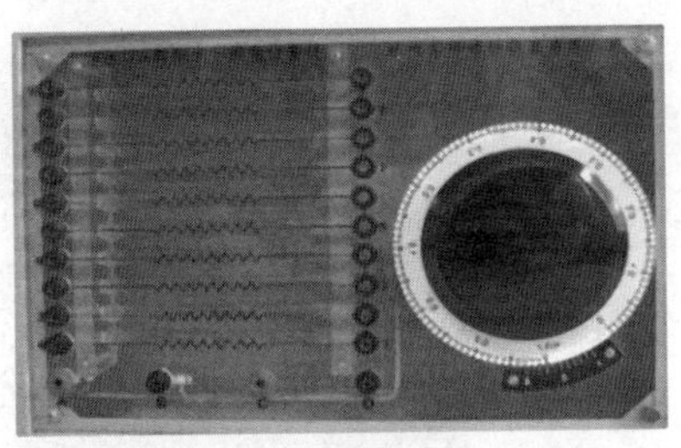

图 15－6　FB325 新型十一线装置

实验十六　电阻元件伏安特性的测定

通过一个电阻元件上的电流随元件上的外加电压而变化的特性，如以电压为横坐标、电流为纵坐标，则可绘出这种变化关系曲线，称为该元件的伏安特性曲线.

根据电压和电流测量电阻(电阻的伏安特性曲线)的方法，叫伏安法. 伏安法是电学中常用的测量方法.

【实验目的】

(1) 利用伏安法测绘线性及非线性电阻元件伏安曲线.

(2) 正确选择电路，以减小测量中的系统误差.

(3) 学会用最小二乘法处理数据.

【实验仪器】

电阻元件伏安特性实验仪(或分立设备)：稳压电源、毫安表、伏特表、电键、滑线变阻器、待测电阻(线性)、小灯泡或二极管(非线性电阻)、数字万用表等.

【实验原理】

一、电阻元件的伏安特性

通过元件中的电流 I 随外加电压 U 的变化关系，可用公式 $I=\dfrac{U}{R}$ 表示，其中比例系数 R 就是该元件的电阻. 如果 R 为定值，则其伏安特性曲线是一条直线，具有这类性质的电阻元件称为线性电阻元件，它们是严格服从欧姆定律的；如果 R 不是定值，而是随着外加电压的变化而变化，则其伏安特性曲线表现为一条曲线，这类电阻元件称为非线性电阻元件.

常见的钨丝小灯泡和常用的晶体二极管都是非线性电阻元件. 晶体二极管的阻值不仅与外加电压的大小有关，而且还与方向有关. 当二极管正极接高电势端，负极接低电势端时，电流从二极管的正极流入，负极流出，这时的伏安特性称为正向特性；反之，称为反向特性.

在设计测量电学元件伏安特性的线路时，必须了解待测元件的规格，使加在它上面的电压和通过的电流均不超过额定值. 此外，还必须了解测量时所需其他仪器的规格（如电源、电压表、电流表、滑线变阻器等的规格），也不得超过其量程或使用范围. 根据这些条件所设计的线路，可以将测量误差减到最小.

用伏安法测量二极管的特性曲线时，线路一般采用两种方法，即电流表内接法[图 16 - 1(a)]和电流表外接法[图 16 - 1(b)]. 由于测量电表内阻的存在，不管采用哪一种方法都会给测量结果带来系统误差. 下面将分析误差产生的原因和大小，以便在测量时合理选择线路接法.

在图 16 - 1(a)所示的内接法中，其系统误差就是电流表两端的电压

$$U_A = U - U_x = \Delta U_x = R_A I \tag{16-1}$$

其相对误差为

$$\frac{\Delta U_x}{U_x} = \frac{R_A}{R_x} \tag{16-2}$$

显然，电流表内阻 R_A 越小，待测电阻的阻值 R_x 越大，电压测量产生的系统误差相对越小.

对于图 16 - 1(b)所示的外接法，采用这一接法而产生的系统误差就是电压表中流过的电流 I_V

$$I_V = I - I_x = \Delta I_x = \frac{U}{R_V} \tag{16-3}$$

或写成相对误差的形式

$$\frac{\Delta I_x}{I_x} = \frac{R_x}{R_V} \tag{16-4}$$

显然，电压表内阻 R_V 越大，待测电阻的阻值 R_x 越小，电流测量产生的系统误差相对越小.

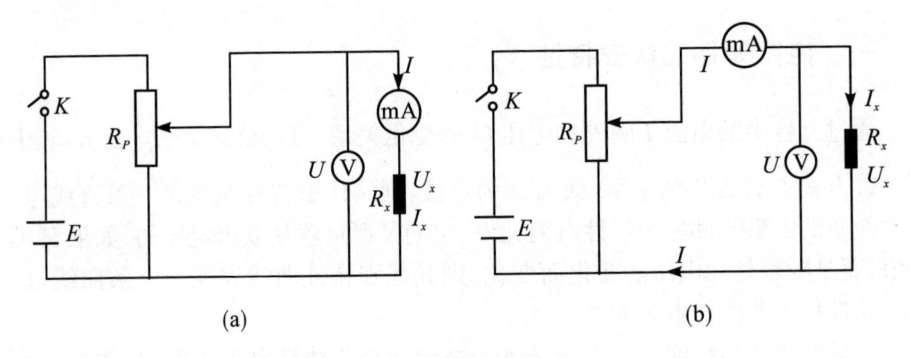

图 16 - 1

综上可知，对于一般线性电阻或非线性电阻，利用式(16 - 2)或式(16 - 4)一次

性判断即可方便地选择电路的接法. 但是对于另一些非线性电阻元件(如一般二极管),就要在不同的测量范围内,选取不同的接法. 由于二极管正向特性时的 R_x 相对较小,所以宜采用外接法;而反向特性时的 R_x 相对较大,则宜采用内接法.

进一步研究表明,测量电阻的线路方案可以粗略地按下列办法来选择:

① 当 $R_x \gg \sqrt{R_A R_V}$ 时,宜选用电流表内接电路.

② 当 $R_x \ll \sqrt{R_A R_V}$ 时,宜选用电流表外接电路.

③ 当 $R_x \approx \sqrt{R_A R_V}$ 时,可按以下方法选择测量电路:先按电流表外接电路接线[图 16-1(b)],调节直流稳压电源电压,使两表指针都指向较大的位置,保持电源电压和滑线变阻器的触点位置不变,记下两表值为 U_1,I_1;将电路改成电流表内接式测量电路[图 16-1(a)],记下两表值为 U_2,I_2. 将 U_1,I_1 和 U_2,I_2 比较,如果电压值变化不大,而 I_2 较 I_1 有显著地减少,说明 R_x 是高值电阻. 此时选择电流表内接式测试电路为好;反之电流值变化不大,而 U_2 较 U_1 有显著地减少,说明 R_x 为低值电阻,此时选择电流表外接测试电路为好. 当电压值和电流值均变化不大,此时两种测试电路均可选择.

【实验步骤与要求】

一、测定线性电阻的伏安特性曲线

(1) 选择待测电阻 $R_x=1\ \text{k}\Omega(1\ \text{W})$,按照图 16-1(a)所示连接电路,电源电压 $E=10\ \text{V}$.

(2) 移动滑线变阻器的可变端,每改变一次电压表的读数,读出相应的电流值,并填写表 16-1.

表 16-1　线性电阻伏安特性的测试数据表

电压表 U (V)	1	2	3	4	5	6	7	8	9
电流表 I (mA)									

(3) 根据表(16-1)数据,画出该电阻的伏安特性曲线,U 为横坐标,I 为纵坐标.

(4) 用最小二乘法计算出该电阻的阻值 R_x,并对实验结论进行分析.

注意:用最小二乘法计算时,电压与电流的单位分别是伏特(V)与安培(A).

二、测定小灯泡(非线性电阻)的伏安特性曲线

测定规格为 12 V,0.1 A 的钨丝小灯泡,金属钨的电阻温度系数为 $48\times10^{-4}\ ℃^{-1}$,是正温度系数,当灯泡两端施加电压后,钨丝上就有电流流过,产

生功耗,灯丝温度上升,致使灯泡电阻增加.灯泡不加电时电阻称为冷态电阻.施加额定电压时测得的电阻称为热态电阻.由于正温度系数的关系,冷态电阻小于热态电阻.在一定的电流范围内,电压和电流的关系为

$$U=KI^n \tag{16-5}$$

式中,U 为灯泡二端电压(V),I 为灯泡流过的电流(A),K,n 为与灯泡有关的常数.

(1) 数字万用表测出该灯泡冷态电阻的值,并记录.

(2) 按照图 16-1(b)所示连接电路,其中,取电源电压 $E=10$ V.正确选择电表量程(如电流表的量程选 200 mA,电压表的量程选 10 V 或 20 V).注意开始加低电压,以保护小灯泡.

(3) 移动滑线变阻器的可变端,每改变一次电压表的读数,读出相应的电流值,填写表 16-2.

注意:

记录时,电流表的单位为 mA,填表时应转换为 A.

表 16-2　小灯泡伏安曲线测试数据表

U (V)	1	2	3	4	5	6	7	8	9
I(A)									
灯泡的阻值 R_x(Ω)									
$x=\ln I$									
$y=\ln U$									

(4) 利用表(16-2)数据,画出小灯泡的伏安曲线,U 为横坐标,I 为纵坐标,并将电阻值也标注在坐标图上.该曲线有何特点?

(5) 钨丝小灯泡的电压、电流间关系的经验公式为 $U=KI^n$.对其线性化,即

$$\ln U=\ln K+n\cdot\ln I \tag{16-6}$$

可以看出,如果以 $\ln U$ 为纵坐标、以 $\ln I$ 为横坐标,理论上应得出一条直线,根据直线的截距和斜率可分别求出常数 K 和 n.对原始数据做对数处理,填写表 16-2;用直角坐标纸作 $x\sim y$ 曲线.根据曲线的截距 A(截距 $A=\ln K$)和斜率 B(斜率 $B=n$),分别求 K 和 n,然后写出经验公式 $U=KI^n$.

(6) 从表(16-2)中选择两对数据代入式(16-3),两边取对数,得到

$$n=\frac{\lg\left(\frac{U_1}{U_2}\right)}{\lg\left(\frac{I_1}{I_2}\right)} \tag{16-7}$$

也可以求出 n,继而求 k.进行多点验证,求出平均值,与上面进行比较.

三、测定二极管的伏安特性曲线

（一）测定二极管的正向伏安特性曲线

（1）按照图 16－1(b)所示连接电路．把 R_x 换成实验室提供的二极管(注意:要正向连接,电流表可选毫安数量级量程)调节 R_p 观察电表的变化情况,确定电压的取值范围和间隔．

（2）电压从 0 V 开始增加,读取相应的电流值,并记录列表．注意在电流迅变区取值间隔相应密一些．

（二）测定二极管的反向特性曲线

（1）按照图 16－1(a)连接电路．把 R_x 换成实验室提供的二极管(注意:要反向连接,根据实际情况,电流表可选微安数量级量程)．

（2）重复 1 中步骤,列表记录．注意在电流变化较大时应立即停止测量．

（三）数据处理

（1）将正、反向特性曲线画在同一张坐标纸上．由于正、反向的电压和电流值相差甚大,所以作图时,坐标的正、反向可选取不同的比例和单位．

（2）分析曲线的特征．

【预习思考题】

（1）什么是电阻元件的伏安特性？线性电阻元件伏安特性曲线的斜率代表什么？

（2）什么是非线性电阻？举出两个非线性电阻的例子．

（3）如何判决二极管的正、负极？

（4）滑线变阻器在电路中主要有几种基本接法？它们的功能分别是什么？

【课后习题】

（1）试从钨丝灯泡的伏安特性曲线解释为什么其在开灯的时候容易烧坏？

（2）由于电表内阻的影响,无论用内接法还是外接法测电阻都会产生系统误差．精确测量时,要对每一次测量的电压(内接法)和电流(外接法)进行修正,请写出修正公式．

（3）二极管的伏安特性曲线可表示为

$$I=I_0(e^{\frac{eV}{kT}}-1)$$

式中,I_0 可以用二极管的反向电流代替,V 为所加电压,T 为热力学温度,

$e=1.6302\times10^{-19}$ (C)为电子电量，k 为波尔兹曼常数. 如果某同学在 $t=23$ ℃时，测出了二极管的反向饱和电流 I_0，并且测到了二极管的正向电压和正向电流间的多组数据(V,I)，则如何利用上述条件求波尔兹曼常数 k?

【附录】

DH6102 电阻元件伏安特性实验仪

本实验仪由直流稳压电源、可变电阻器、电流表、电压表及被测元件五部分组成，电压表和电流表采用四位半数显表头，可以独立完成对线性电阻元件、半导体二极管、钨丝灯泡等电学元件的伏安特性测量，如图 16-2 所示.

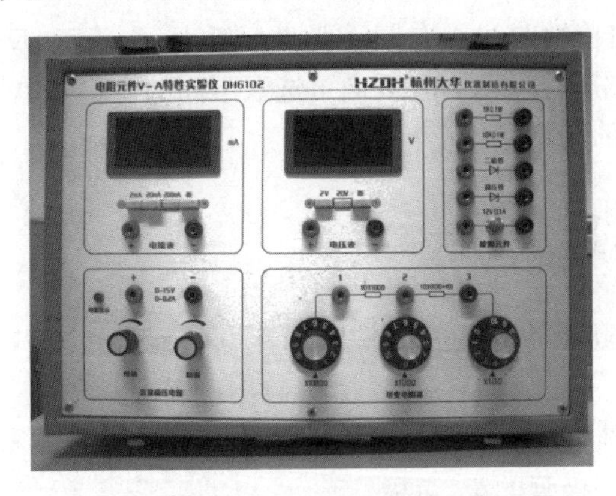

图 16-2 DH6102 伏安特性实验仪面板图

输出电压：0～15 V.

负载电流：0～0.2 A，输出设有短路和过流保护电路，输出电流最大为 0.2 A.

输出电压调节：分粗调、细调，配合使用.

电流表有 3 个量程分别为：2 mA，20 mA，200 mA.

电压表有两个量程分别为：2 V，20 V.

实验十七　静电场的模拟法测绘

依据一定的物理关系，用一种易于实现、便于测量的物理状态或过程，去研究另一种不易实现、不便测量的物理状态或过程的研究方法，被称为模拟法. 在实验或测量难以直接进行、理论难以计算时常常采用这种方法. 模拟法按其性质可分为几何模拟、物理模拟和数学模拟.

几何模拟是指从外表、形式上的模拟，如用模拟说明相对位置、工艺流程、工作原理等；物理模拟要求模型与原形之间有相同的物理性质，二者服从同一物理规律，并能用相同的数学关系描述. 如要测试正在研制的航天飞机的某些性能，待其研制好后再进行现场测试，对研制工作已经无太大的指导意义，如果按比例做成飞机模型，在人为创造的相同的航天条件下进行测试，即可模拟实际的飞行情况等；数学模拟要求模型与原型之间有相似的数学形式，并不一定要求二者物理过程一致，例如本实验将要讨论的用便于测量的稳恒电流场来模拟不便测量的静电场等就属于数学模拟.

【实验目的】

(1) 学会用模拟法描绘二维静电场.
(2) 加深对电场强度和电位概念的理解.
(3) 掌握长直同轴圆柱形电缆的电位分布及电场分布曲线的特点.

【实验仪器】

GVZ-3 型导电微晶静电场描绘仪及专用电源（或者：静电场描绘仪、静电场描绘仪信号源、滑线变阻器、万用电表等分立设备）.

【实验原理】

一、用稳恒电流场模拟静电场

任何带电体周围都存在电场，若任何一点的电场强度 $\boldsymbol{E}$ 不随时间发生变化，则称之为静电场(如在静止电荷周围产生的电场就是静电场). 可以用电场强度 $\boldsymbol{E}$ 和电位 U 两个物理量来描绘电荷周围电场的分布. $\boldsymbol{E}$ 是空间位置的矢量函数,在空间构成矢量场;U 是空间位置的标量函数,在空间构成标量场. 计算或测量 U 要比计算或测量 $\boldsymbol{E}$ 容易得多. 因此,理论上,在研究某带电体周围的电场分布时,往往是先求出空间电位分布函数 U,然后再根据理论公式 $E=-\nabla U$ 求出电场强度的分布函数.

但是,当带电体的电荷分布较复杂时,用实验的方法往往比理论方法更简便,其具体研究过程是,先描绘出带电体周围的等位线(面),再根据电场线与等位面垂直的性质(某点电场强度的方向沿着该点附近电位降低最快的方向)描绘出电场线.

用实验的方法直接研究静电场,会因为测试仪器的引入造成原始电场的分布状态发生畸变,以至无法测绘出其真实分布. 实验中多采用便于测绘的稳恒电流场来模拟不便测绘的静电场. 这是因为,这两种场可以用两组对应的物理量来描述,并且这两组物理量在一定条件下遵循着数学形式相同的物理规律.

对于静电场,电场强度 $\boldsymbol{E}$ 在无源区域内满足以下积分关系

$$\begin{cases}\oiint_S \boldsymbol{E}\cdot \mathrm{d}\boldsymbol{S}=0\\ \oint_l \boldsymbol{E}\cdot \mathrm{d}\boldsymbol{l}=0\end{cases}\tag{17-1}$$

对于稳恒电流场,电流密度矢量 $\boldsymbol{J}$ 在无源区域中也满足类似的积分关系

$$\begin{cases}\oiint_S \boldsymbol{J}\cdot \mathrm{d}\boldsymbol{S}=0\\ \oint_l \boldsymbol{J}\cdot \mathrm{d}\boldsymbol{l}=0\end{cases}\tag{17-2}$$

在边界条件相同时,二者的解是相同的. 当采用稳恒电流场来模拟研究静电场时,还必须注意以下使用条件.

(1) 稳恒电流场中的导电质分布必须相应于静电场中的介质分布. 具体地说,如果被模拟的是真空或空气中的静电场,则要求电流场中的导电质应是均匀分布的,即导电质中各处的电阻率 ρ 必须相等;如果被模拟的静电场中的介质不是均匀分布的,则电流场中的导电质应有相应的电阻分布.

(2) 如果产生静电场的带电体表面是等位面,则产生电流场的电极表面也应是等位面. 为此,可采用良导体做成电流场的电极,而用电阻率远大于电极电阻率的不良导体(如石墨粉、自来水或稀硫酸铜溶液等)充当导电质.

(3) 电流场中的电极形状及分布,要与静电场中的带电导体形状及分布相似.

二、长直同轴圆柱形电极间的静电场分布

下面以“长直同轴圆柱形电极间的静电场”分布与“同心圆电极之间稳恒电流场”为例,说明两种物理过程之间的相似之处.

图 17－1(a)所示是长直同轴圆柱形电极，17－1(b)所示是其横截面. 理论上，当内电极带正电时(设单位长度上的电荷量为 λ，两电极间电介质的绝对介电常数为 ε)，则由高斯定理容易得出，圆柱内半径为 r 的同轴圆柱面上某点的电场强度($a<r<b$)为

$$\boldsymbol{E}=\frac{\lambda}{2\pi\varepsilon r}\hat{\boldsymbol{r}} \tag{17-3}$$

为此，在垂直于轴线的任一截面 S 内，存在均匀分布的辐射状电场线，其等位面为一簇同轴圆柱面. 因此只要研究 S 面上的电场分布即可，如图 17－2 所示.

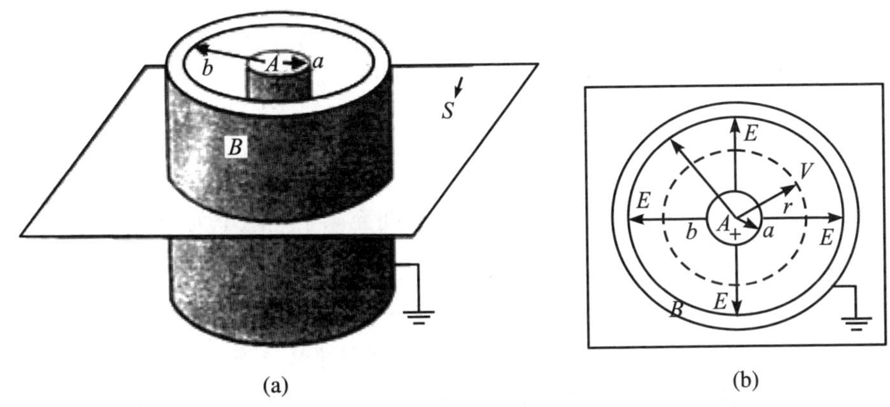

图 17－1　长直同轴圆柱形电极

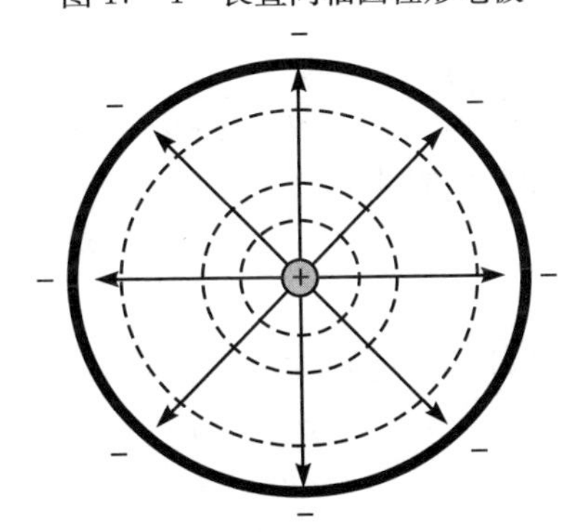

图 17－2　S 面上等位线(虚线)和电场线(实线)分布

设内圆柱的半径为 a，电位为 U_a，外圆柱的内半径为 b，电位为 U_b. 把外圆柱的电位 U_b 作为参考电位，则两极间电场中距离轴心为 r 处的场点的电位 U_r 可表示为

$$\begin{aligned}U_r-U_b&=\int_r^b \boldsymbol{E}\cdot \mathrm{d}\boldsymbol{r}=\int_r^b \frac{\lambda}{2\pi\varepsilon r}\hat{r}\cdot \mathrm{d}\boldsymbol{r}\\&=\frac{\lambda}{2\pi\varepsilon}\int_r^b \frac{1}{r}\mathrm{d}r=\frac{\lambda}{2\pi\varepsilon}\ln\left(\frac{b}{r}\right)\end{aligned} \tag{17-4}$$

则

$$U_r=\frac{\lambda}{2\pi\varepsilon}\ln\frac{b}{r}+U_b \tag{17-5}$$

显然当 $r=a$ 时，有

$$U_a=\frac{\lambda}{2\pi\varepsilon}\ln\frac{b}{a}+U_b \tag{17-6}$$

如果令 $U_b=0$，且取外电极的电位 $U_a=U_0$，则由式(17-5)和式(17-6)得

$$U_r=U_0\frac{\ln\left(\frac{b}{r}\right)}{\ln\left(\frac{b}{a}\right)} \tag{17-7}$$

式(17-7)表明，两圆柱面间的等位面是同轴的圆柱面. 用模拟法可以验证这一理论计算的结果.

三、同心圆电极之间稳恒电流场

若上述圆柱形导体 A 与圆筒形导体 B 之间充满了电阻率为 $\rho\left(\text{电导率}\ \sigma=\frac{1}{\rho}\right)$ 的不良导体(导电纸、导电液、导电橡胶或导电微晶等均可)，使 A，B 分别与电源正、负极相连接(图 17-3)，则 A，B 间将形成向外辐射的径向电流，与之相伴是稳恒电场 $\boldsymbol{E}_r'$($\boldsymbol{E}_r'$与电流密度 $\boldsymbol{J}$ 之间的关系满足欧姆定律微分形式 $\boldsymbol{J}=\sigma\boldsymbol{E}_r'$).

在同心圆电极之间，取厚度为 h 的不良导体片为研究对象，则半径 $r\to r+\mathrm{d}r$ 间的径向电阻是

$$\mathrm{d}R=\rho\cdot\frac{\mathrm{d}r}{R}=\rho\cdot\frac{\mathrm{d}r}{2\pi rh}=\frac{\rho}{2\pi rh}=\frac{\rho}{2\pi h}\cdot\frac{\mathrm{d}r}{r} \tag{17-8}$$

半径为 r 到 b 之间的圆柱片的电阻为

$$R_{rb}=\frac{\rho}{2\pi h}\int_r^b\frac{\mathrm{d}r}{r}=\frac{\rho}{2\pi h}\ln\left(\frac{b}{r}\right) \tag{17-9}$$

半径 a 到 b 之间的圆柱片的总电阻为

$$R_{ab}=\frac{\rho}{2\pi h}\ln\left(\frac{b}{a}\right) \tag{17-10}$$

设两圆柱面间所加电压为 $U_{ab}=U_0$ 且 $U_b=0$(外电极接电源的负极所致)，则径向电流为

$$I=\frac{U_{ab}}{R_{ab}}=\frac{2\pi hU_0}{\rho\ln\left(\frac{b}{a}\right)} \tag{17-11}$$

距轴线 r 处的电位为

$$U_r'=IR_{rb}=U_a\frac{\ln\left(\frac{b}{r}\right)}{\ln\left(\frac{b}{a}\right)} \tag{17-12}$$

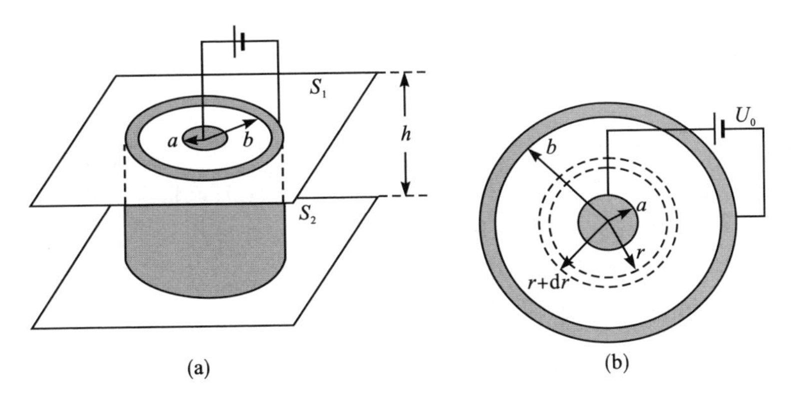

图 17-3　同心圆电极之间的稳恒电流场

由 $\boldsymbol{J}=\sigma\boldsymbol{E}_r'$，结合公式(17-11)得半径为 r 的同轴圆柱面上各点的稳恒电场强度为

$$\boldsymbol{E}_r'=\frac{\boldsymbol{J}}{\sigma}=\rho\frac{I}{2\pi rh}\hat{r}=\rho\frac{2\pi hU_0}{\rho\ln\left(\frac{b}{a}\right)}\cdot\frac{1}{2\pi rh}\hat{r}=\frac{U_0}{\ln\left(\frac{b}{a}\right)}\cdot\frac{1}{r}\cdot\hat{r} \tag{17-13}$$

比较公式(17-13)和式(17-3)以及式(17-7)和式(17-12)可知，$\boldsymbol{E}_r$ 与 $\boldsymbol{E}_r'$、U_r 与 U_r' 的分布函数完全相同.

【实验步骤与要求】

前面提到，考虑到 $\boldsymbol{E}$ 是矢量，而电位 U 是标量，从实验测量来讲，测定电位比测定场强容易实现，所以可先测绘等位线. 那么如何由等位线确定电场线的分布呢？

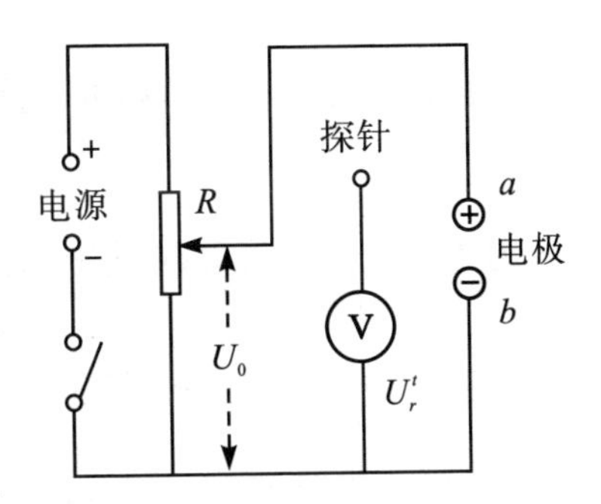

图 17-4　模拟实验原理电路

图 17-4 所示为模拟实验原理图，电源可取静电场描绘仪信号源、其他交流电源或直流电源，经滑线变阻器 R 分压为实验所需要的两电极之间的电压值. U_r' 可用交流毫伏表(晶体管毫伏表)、万用表(指针式或数字万用表)，下面分别测绘各电极电场中的电场分布.

一、长直同轴圆柱形电极间的电场分布

(一) 电路连接与等位线描绘

(1) 参考模拟实验原理电路图 17-4，结合图 17-3(b)，在静电场描绘仪上选"长直同轴圆柱形电极"的内外两电极分别与静电场描绘仪所用的电源的正负极相

连接,电压表正负极分别与同步探针及电源负极相连接(实际操作时,只要把探针引线接到静电场描绘仪所用电源的探针测量正端即可),移动同步探针测绘同轴电缆的等位线簇.

(2) 将静电场描绘仪专用电源打到校正挡,电压调到 10 V,把记录纸铺在上层平板上. 然后把静电场测绘仪专用电源打到测量挡,**此时该仪器当做电压表使用**. 从 $U'=1$ V 开始,平移同步探针,用导电微晶上方的探针找到等位点后,按一下记录纸上方的探针,测出每条等势线上 10 个以上的等位点. 共测 8~9 条等位线(保持等位线之间的电位差相等,取为 1 V).

(二) 数据处理

(1) 以每条等位线上各点到原点的平均距离 r 为半径画出等位线的同心圆簇. 然后根据电场线与等位线正交原理,再画出电场线,并指出电场强度方向,得到一张完整的电场分布图.

(2) 把实验实际测出的每条等位线的平均半径,带入到公式(11 - 12),计算每条等位线的电位值 $U'_{r计}$(电极半径 a,b 由实验室给出),并与实际的测量值 U'_r 比较,列表记录,分别计算误差,分析误差来源.

(3) 在坐标纸上画出相对电位 $\frac{U'_r}{U_0}$ 和 $\ln r$ 的关系曲线. 理论上,由公式(11 - 12)可知

$$\frac{U'_r}{U_0}=-\frac{1}{\ln\frac{b}{a}}\cdot\ln r+\frac{\ln b}{\ln\frac{b}{a}} \tag{17 - 14}$$

由理论公式(11 - 14)可知,$\frac{U'_r}{U_0}$ 和 $\ln r$ 之间应该是一条斜率为 $A=-\frac{1}{\ln\left(\frac{b}{a}\right)}$、截距为 $B=\frac{\ln b}{\ln\left(\frac{b}{a}\right)}$ 的直线. 根据实验曲线可求出其斜率 A 和截距 B,继而求出 a,b(假设 a,b 未知),与理论值比较,计算相对误差,且分析误差来源.

二、两平行长直圆柱体电极间的电场分布

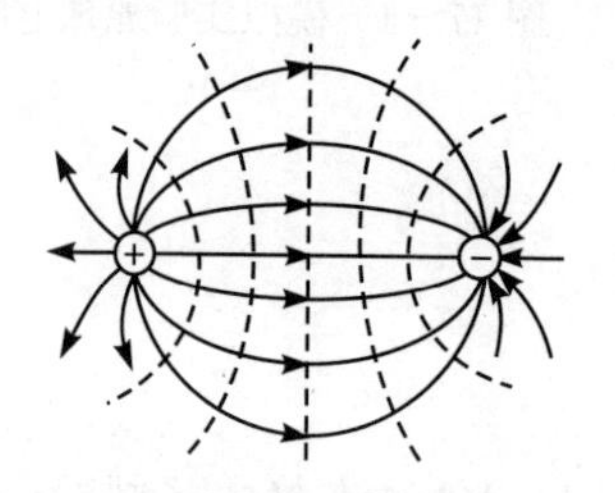

图 17 - 5　两平行长直圆柱体电极间的电位和电场分布

在静电场描绘仪上选“两平行长直圆柱体电极”,把“两平行长直圆柱体电极”的两个电极接在电路图 17 - 4 中的 a,b 间,按实验室要求描绘若干条等位线和电场线. 图 17 - 5 是两平行长直圆柱体模拟电极间的电场分布示意图,由于对称性,等电位面也是对称分布的.

三、聚焦电极间的电场分布

阴极射线示波管的聚焦电场是由第一聚焦电极 A_1 和第二加速电极 A_2 组成的. A_1 的电位比 A_1 的电位高. 电子经过此电场时,由于受到电场力的作用,使电子聚焦和加速. 图 17-6 所示的就是其电场分布. 自己选择接线方式,通过此实验,可了解静电透镜的聚焦作用,加深对阴极射线示波管的理解. 按实验室要求测出若干条等位线.

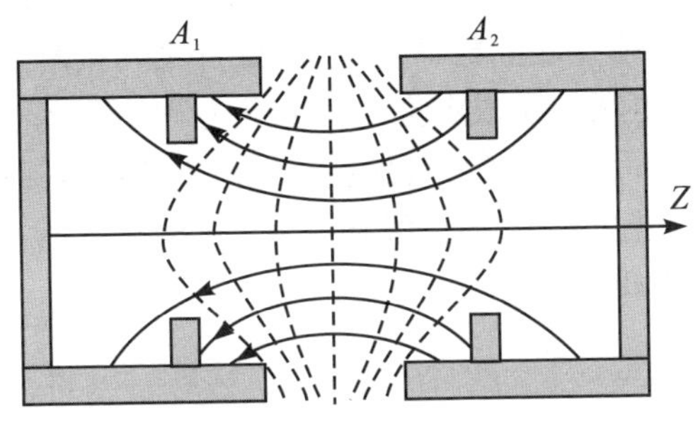

图 17-6　聚焦电极间的电位和电场分布

四、描绘一个劈尖电极和一个条形电极形成的静电分布

图 17-7 为一个劈尖电极和一个条形电极示意图,自己选择接线方式,按实验要求测出若干条等位线.

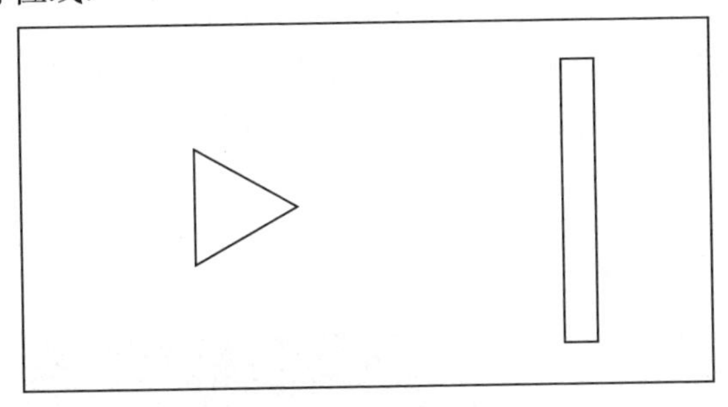

图 17-7　一个劈尖电极和一个条形电极示意图

【预习思考题】

(1) 为什么用稳恒电流场可以模拟静电场的电场分布?

(2) 用电流场模拟静电场的条件是什么?

(3) 等位线与电场线之间有何关系?

【课后习题】

（1）根据测绘所得等位线和电力线的分布，分析说明哪些地方场强较强，哪些地方场强较弱（结合“长直同轴圆柱形电极”间静电场的模拟实验内容说明这个问题）？

（2）电极与导电材料接触是否良好是本实验的关键．若某处接触不好，可引起等位线怎样变化？怎样检查导电材料与电极、探针之间接触是否良好（结合“长直同轴圆柱形电极”间静电场的模拟实验内容说明这个问题）？

（3）对于描绘出的同轴电缆的等位线簇，如何正确确定圆形等位线簇的圆心？

（4）如果电压 U_0 增加一倍，等位线和电力线的形状是否发生变化？电场强度和电位分布是否发生变化？为什么？

【附录】

一、GVZ-3 型导电微晶静电场描绘仪介绍与使用说明

GVZ-3 型导电微晶静电场描绘仪（包括导电微晶，双层固定支架，同步探针等），如图 17－8 所示，支架采用双层式结构，上层放记录纸，下层放导电微晶．电极已直接制作在导电微晶上，并将电极引线接出到外接线柱上，电极间制作有导电率远小于电极且各项均匀的导电介质．接通直流电源（10 V）就可以进行实验．在导电微晶和记录纸上方各有一探针，通过金属探针臂把两探针固定在同一手柄座上，两探针始终保持在同一铅垂线上．移动手柄座时，可保证两探针的运动轨迹是一样的．由导电微晶上方的探针找到待测点后，按一下记录纸上方的探针，在记录纸上

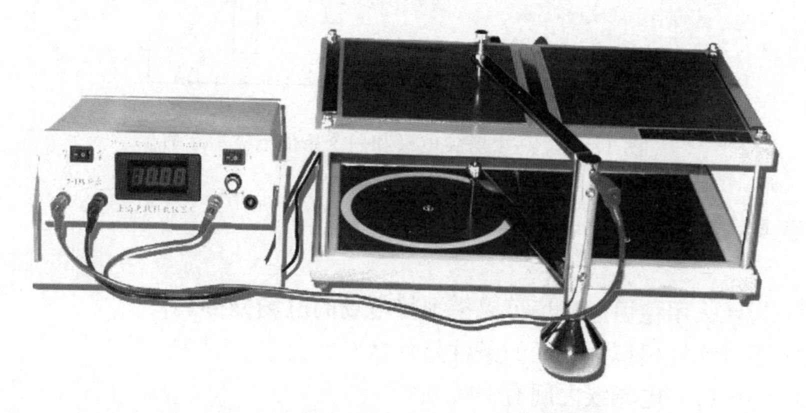

图 17－8　GVZ-3 型导电微晶静电场描绘仪及专用电源、电压表

留下一个对应的标记.移动同步探针在导电微晶上找出若干电位相同的点,由此即可描绘出等位线.

主要技术参数:

① GVZ-3 型为双层,同步探针,内置四种电板(同心圆、平行导线、聚焦、劈形).

② 规格为 410×240 mm,高 100 mm,K4-2 导线.

③ 微晶导电层的均匀性,实验误差小于 2%.

④ 电源输出范围(直流)为 7.00～13.00 V,分辨率为 0.01 V.

⑤ 采用多圈电位器调节电压,调节细度可达 0.01 V.

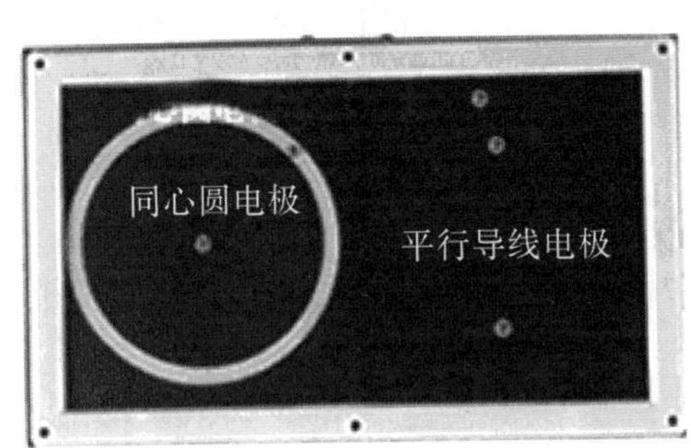

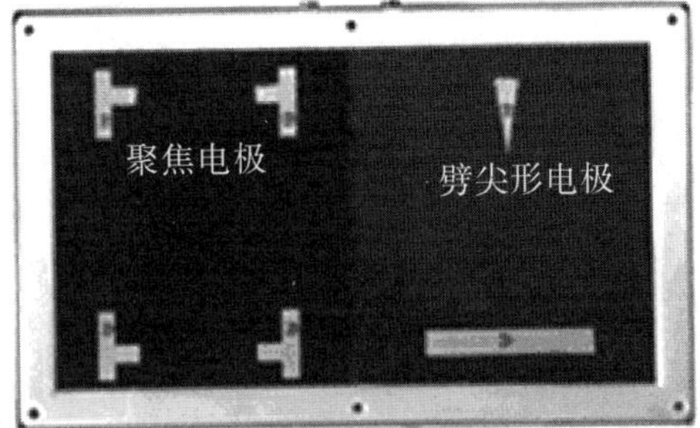

图 17-9　GVZ-3 型导电微晶静电场描绘仪内置四种电板

二、注意事项

由于导电微晶边缘处电流只能沿边流动,因此等位线必然与边缘垂直,使该处的等位线和电力线严重畸变,这就是用有限大的模拟模型去模拟无限大的空间电场时必然会受到的"边缘效应"的影响.如果要减小这种影响,则要使用"无限大"的导电微晶进行实验,或者人为地将导电微晶的边缘切割成电场线的形状.

实验十八　热敏电阻(NTC)温阻特性的研究及半导体温度计的设计

半导体热敏电阻(NTC)是用半导体材料制成的,它的电阻率随温度的升高而急剧下降(一般是按指数规律).而金属的电阻率则是随温度的升高而缓慢地上升.热敏电阻对于温度的反应要比金属电阻灵敏得多.热敏电阻的体积也可以做得很小,用它制成的半导体温度计,已广泛使用在自动控制和科学仪器中,并在物理、化学和生物学研究等方面得到了广泛的应用.

【实验目的】

(1) 测定金属电阻、半导体热敏电阻的温阻特性.

(2) 用半导体热敏电阻设计一个半导体温度计.

【实验仪器】

DHT-2 型热学实验仪、直流电源、电阻箱、滑线变阻器、直流微安表、数字万用表等.

【实验原理】

一、热敏电阻(NTC)的温度特性

热敏电阻是阻值对温度变化非常敏感的一种半导体电阻.其基本特性是温阻特性.在半导体中原子核对价电子的约束力要比金属中的大,因而自由载流子数较少,故半导体的电阻率较高而金属的电阻率很低.半导体的载流子数会随温度升高而按指数激烈地增加,导电能力增强,电阻率下降.这正好与金属相反(如图 18 - 1 所示),原因在于温度升高,金属的核剧烈运动,阻碍电子运动.

实验表明:对于半导体有

$$\rho=a_0 e^{\frac{b}{T}}$$

式中，a_0，b 为常数，与材料的物理性质有关，T (K)＝273＋t (℃)．对于一个固定的热敏电阻（半导体）有

$$R_T=\rho\frac{l}{S}=a_0\mathrm{e}^{\frac{b}{T}}\cdot\frac{l}{S}=a\mathrm{e}^{\frac{b}{T}}$$

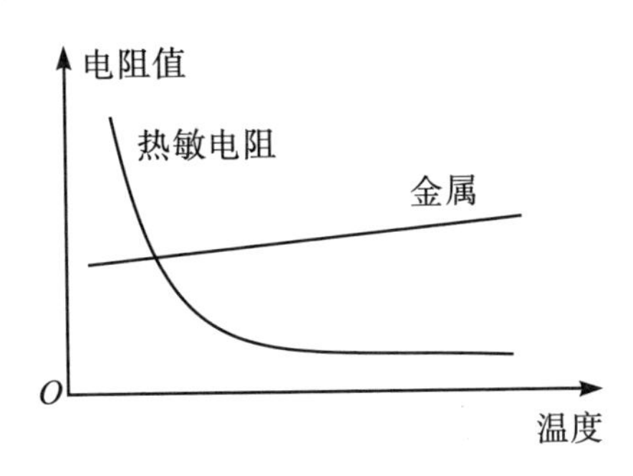

图 18－1　热敏电阻与普通电阻的不同温阻特性

二、平衡电桥

惠斯通电桥（单臂电桥）线路如图 18－2 所示，四个电阻 R_1，R_2，R_0，R_x 所在的臂，称电桥的四个当 C，D 之间的电位不相等时，桥路中的电流 $I_g\neq0$，检流计的指针发生偏转．当 C，D 两点之间的电位相等时，桥路中的电流 $I_g=0$，检流计指针指零，这时我们称电桥处于平衡状态．

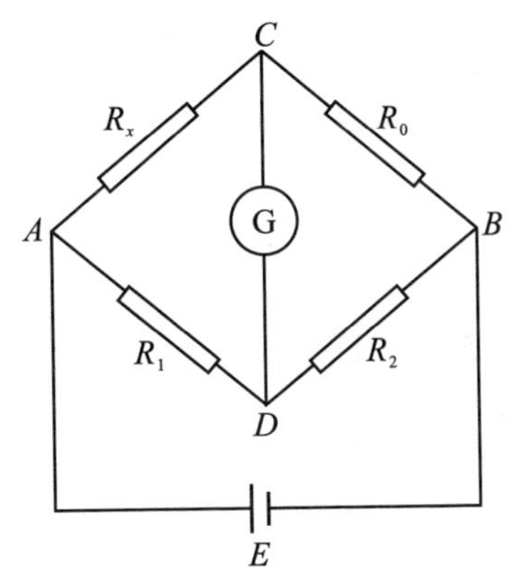

图 18－2　惠斯通电桥线路图

当电桥平衡时，$I_g=0$，则有

$$U_{AC}=U_{AD},\quad U_{CB}=U_{DB}$$

即

$$I_1R_x=I_2R_1$$

$$I_1R_0 = I_2R_2$$

于是

$$R_x=\frac{R_1}{R_2}R_0$$

根据电桥的平衡条件,若已知其中三个臂的电阻,就可以计算出另一个桥臂的电阻.电阻$\frac{R_1}{R_2}$为电桥的比例,R_0为比较电阻,常用标准电阻箱.R_x作为待测电阻,在热敏电阻测量中用R_T表示.

三、用非平衡电桥测温原理

如图18-3所示,当R_0,R_1,R_2,E,R_P等取某定值,显然有

$$I_g=f(R_T)=f(T)$$

这就是利用非平衡电桥测温原理.

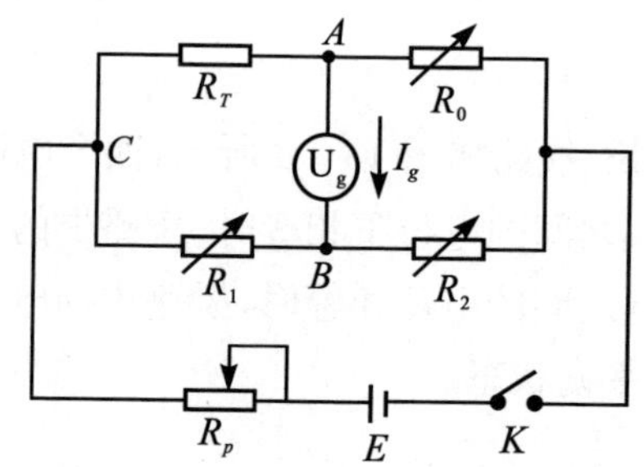

图18-3　非平衡电桥测温原理图

【实验步骤与要求】

一、热敏电阻温度特性的研究

(1) 根据DHT-2型热学实验仪面板上的提示,连接实验仪器.

(2) 用DHT-2型热学实验仪代替R_x,按图18-2连接电路,R_1,R_2,R_0用电阻箱,根据惠斯通电桥测电阻的原理$R_x=\frac{R_1}{R_2}R_0$,分别测量热敏电阻和金属电阻的阻值R_T随温度T的变化,每隔5 ℃测一个数据,填表18-1(也可以用数字万用表分别测量热敏电阻和金属电阻的阻值R_T随温度的变化,每隔5 ℃测一个数据,填表18-1).

表 18-1

t (℃)	100	95	90	85	80	75	70	65	60	55	50	45	40	35	室温
T (K)															
$R_{T(金属)}$															
$R_{T(半导体)}$															

(3) 求经验公式 $R_T=ae^{\frac{b}{T}}$ 中的常数 a,b,写出该经验公式.

方法:

两边取对数,即

$$\ln R_T=\ln a+\frac{b}{T}$$

即有形式

$$y=A+Bx$$

根据原始数据采用作图法(或最小二乘法、平均法等)求 A,B,然后求出 a,b.

(4) 用描点作图法作出 $R_{金}\sim t$,$R_{热}\sim t$ 曲线图.

二、半导体热敏电阻温度计的设计

设计一个测温范围在 30～100 ℃的半导体温度计.

(一) 连接电路图

按图 18-3 所示接线,取 $R_1=R_2$(其取值标准可以参考高温电阻值和低温电阻值之和的一半),$E=3$ V 左右.

(二) 通过测温下限来确定 R_0 的值

使热敏电阻处在测温为 $t_1=30$ (℃)的环境中,调节 R_0,使微安表指零.此时的 R_0 就是要确定的值,以后就不能改动了.

简便方法:在 AC 间换接一个电阻箱,使其阻值 $R_N=R_{30℃}$,以代替调热敏电阻处在测温为 $t_1=30$ ℃的环境,调 R_0 使微安表指零即可.

(三) 通过测温上限确定电源 E 的大小和限流电阻 R_P 的大小(位置)

(当然,电源 E 和限流电阻 R_P,如果已经固定了其中的一个,则确定另一个亦可)使热敏电阻处在 $t_2=100$ ℃的环境,调电源电压或滑线变阻器(或固定一个调另一个),使微安表满偏 100 mA.此时的电源 E 的大小和限流电阻 R_P 的大小(位置)就是要确定的组合.

简便方法：在 AC 间换接一个电阻箱，使其阻值 $R_M=R_{100\,℃}$，以代替热敏电阻处在 $t_2=100$ ℃的环境，调电源电压或滑线变阻器（或固定一个调另一个），使微安表满偏 100 mA 即可. 注意，在操作这一步时，R_0，R_1，R_2 等均不可改动.

注意：

R_0，R_1，R_2 及 E，R_P 的组合在以后的设计中均不可随意更动.

（四）定标，即确定微安表示数与其他温度 t 的关系

方法：

在 AC 间接上热敏电阻. 使热敏电阻 R_T 的温度从 100 ℃开始下降，直到温度计下限 30 ℃. 按表 18－2 测量、读数.

表 18－2

t (℃)	100	95	90	85	80	75	70	65	60	55	50	45	40	35	30
I_g (μA)															

简便方法：可以用一个电阻箱代替热敏电阻 R_T，参考表 18－1 和表 18－2，改变电阻箱的阻值，人为制造温度环境. 具体做法请实验者理解、操作.

(5) 作定标曲线 $I_g \sim t$ (℃)（I_g 为横坐标，t ℃为纵坐标）.

(6) 热学实验仪的热敏电阻接入如图 18－3 所示，从热学实验仪面板上设定温度 88℃，待温度稳定后，读电流表的读数，记下改读数，再根据定标曲线查出相应的温度值，与设定值比较.

注意：

① 热敏电阻只能在规定的温度范围内工作，否则会导致其性能不稳定甚至损坏元件.

② 应尽量避免热敏电阻自身发热，因此在测量时流过热敏电阻的电流必须限制在很小的数值.

【预习思考题】

(1) 半导体温度计的电桥与惠斯通平衡电桥有何区别？

(2) 如何从实验中求得半导体热敏电阻电阻率的表达式 $\rho=a_0\,e^{\frac{b}{T}}$ 中的 a_0 和 b？

(3) 半导体热敏电阻具有怎样的温阻特性？怎样测定热敏电阻的温阻特性曲线？

【课后习题】

(1) 如果要设计一个测温范围为 0～100 ℃的半导体热敏电阻温度计，要如何

操作？简要写出方法和过程.

(2) 简要说明半导体温度计的测温原理.

(3) 实验误差的主要来源是什么？

【附录】

一、DHT-2 热学实验装置温控仪面板说明

DHT-2 热学实验装置温控仪面板如图 18－4 所示.

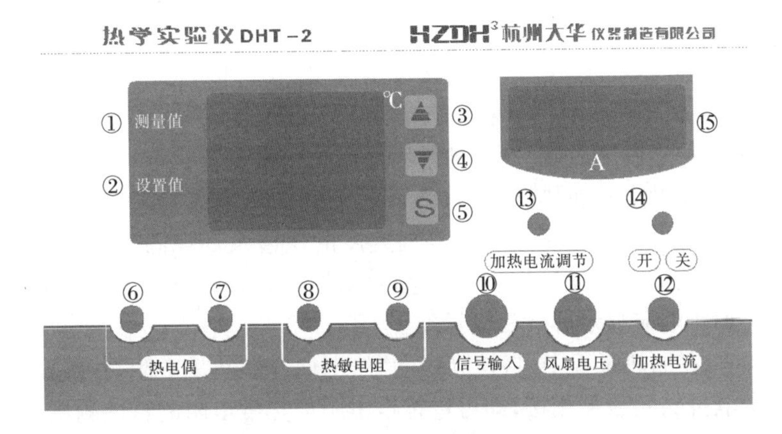

图 18－4　DHT-2 型热学实验仪

(1) 测量值：显示器(绿).

(2) 设定值：显示器(红).

(3) 加数键(▲)：在温度设定时，作加数键.

(4) 减数键(▼)：在温度设定时，作减数键.

(5) 设定键(S)：设定值——按设定键(S)，SV 显示器一位数码管闪烁，则该位进入修改状态，再按 S 键，闪烁位向左移一位，不按设定键(S)8 秒(即数码管闪烁 8 秒)自动停止闪烁并返回至正常显示设定值.

(6)、(7) 热电偶输出端子.

(8)、(9) 热敏电阻输出端子(NTC).

(10) 加热电流输出插座.

(11) 风扇电压输出插座.

(12) 加热炉信号输入插座.

(13) 加热电流调节电位器.

(14) 加热电流输出控制开关.

(15) 加热电流显示表.

二、使用方法

在使用之前,先把温度控制实验仪底部的支撑架竖起,以便在测试时方便观察及操作.

(1) 按照面板及测试架的各项功能用实验连线将其中一只加热炉连接好连线,经检查无误后,将专用电源线插入电源插座,打开后面板上的电源开关,接通电源.此时温度控制器的PV显示屏显示的温度为环境温度.

(2) 加热温度的设定.

① 按一下温控器面板上设定键(S),此时设定值(SV)显示屏一位数码管开始闪烁.

② 根据实验所需温度的大小,再按设定键(S)左右移动到所需设定的位置,然后通过加数键(▲)、减数键(▼)来设定好所需的加热温度.

③ 设定好加热温度后,等待8秒钟后返回至正常显示状态.

(3) 加热:在设定好加热温度后,将面板上的加热电流开关打开.温控仪开始给加热炉加热,在使用时可根据所需升温速度的快慢及环境温度与所需加热温度的大小,调节电流调节旋钮输出一个合适的加热电流.加热电流的大小通过面板上的(15)——加热电流显示屏——显示.

(4) 测量:在加热过程中,将控制仪的"热电偶"或"热敏电阻"接线柱与DHQJ系列非平衡电桥的测量端相接,即可进行铜电阻或热敏电阻的特性测量.

(5) 设定不同的加热温度,用非平衡电桥测量出在不同温度下热电阻的阻值.

(6) 在做完实验后,打开风扇使加热炉内的温度快速下降(注:在使用风扇降温时,须将支撑杆向上抬升,使空气形成对流).

备注:

当出现异常报警时,温控器测量值显示:HHHH,设置值显示:Err,当故障检查并解决后可按设定键(S)复位和加数键(▲)、减数键(▼)重设温度.

实验十九　磁阻效应及磁阻传感器的特性研究

磁阻器件由于其灵敏度高、抗干扰能力强等优点，在工业、交通、仪器仪表、医疗器械、探矿等领域应用十分广泛，如数字式罗盘、交通车辆检测、导航系统、伪钞检测、位置测量等探测器. 其中最典型的锑化铟(InSb)传感器是一种价格低廉、灵敏度高的磁电阻，这一优点使其便于学生学习和掌握正常磁电阻传感器的磁阻特性. 磁阻传感器可用于制造测量磁场微小变化时多种物理量的传感器. 本实验所用装置结构简单，实验内容丰富，使用两种材料的传感器：用砷化镓(GaAs)霍尔传感器测量磁感应强度；研究锑化铟(InSb)磁阻传感器在不同的磁感应强度下的电阻大小. 学生可观测半导体的霍尔效应和磁阻效应两种物理规律及其在磁测量方面的不同应用，实验具有研究性和相关扩展性的特点，适用于基础物理实验和综合性物理实验.

【实验目的】

(1) 了解磁阻效应的基本原理及测量磁阻效应的方法.

(2) 测量锑化铟传感器的电阻与磁感应强度的关系.

(3) 画出锑化铟传感器的电阻变化与磁感应强度的关系曲线，并进行相应的曲线和直线拟合.

(4) 学习如何用磁阻传感器测量磁场.

【实验仪器】

DH4510 磁阻效应实验仪.

【实验原理】

在一定条件下,导电材料的电阻值 R 随磁感应强度 B 变化的规律称为磁阻效应. 如图 19 - 1 所示,当半导体处于磁场中时,导体或半导体的载流子将受洛仑兹力的作用,发生偏转,在两端产生积聚电荷并产生霍尔电场. 如果霍尔电场作用和某一速度的载流子的洛仑兹力作用刚好抵消,则小于此速度的电子将沿霍尔电场作用的方向偏转,而大于此速度的电子则沿相反方向偏转,因而沿外加电场方向运动的载流子数量将减少,即沿电场方向的电流密度减小,电阻增大,也就是由于磁场的存在,增加了电阻,此现象称为磁阻效应. 如果将图 19 - 1 中 U_H 短路,磁阻效应会更明显. 因为在上述的情况中,磁场与外加电场垂直,所以该磁阻效应称为横向磁阻效应.

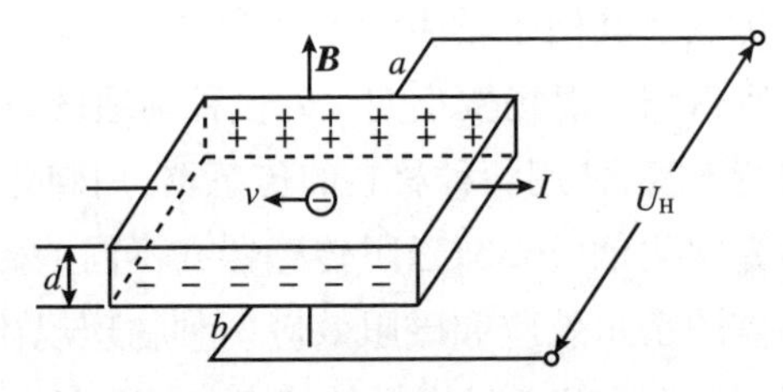

图 19 - 1　磁阻效应

当磁感应强度平行于电流时,是纵向情况. 若载流子的有效质量和弛豫时间与移动方向无关,纵向磁感应强度不引起载流子漂移运动的偏转,因而没有纵向霍尔效应的磁阻. 而对于载流子的有效质量和弛豫时间与移动方向有关的情形,若作用力的方向不在载流子的有效质量和弛豫时间的主轴方向上,此时,载流子的加速度和漂移移动方向与作用力的方向不相同,也可引起载流子漂移运动的偏转现象,其结果总是导致样品的纵向电流减小、电阻增加. 在磁感应强度与电流方向平行情况下所引起的电阻增加的效应,被称为纵向磁阻效应.

通常以电阻率的相对改变量来表示磁阻的大小,即用$\frac{\Delta\rho}{\rho(0)}$表示. 其中 $\rho(0)$ 为零磁场时的电阻率,设磁电阻阻值在磁感受应强度为 B 的磁场的电阻率为$\rho(B)$,则

$$\Delta\rho=\rho(B)-\rho(0)$$

由于磁阻传感器电阻的相对变化率$\frac{\Delta R}{R(0)}$正比于$\frac{\Delta\rho}{\rho(0)}$,这里

$$\Delta R=R(B)-R(0)$$

因此也可以用磁阻传感器电阻的相对改变量$\frac{\Delta R}{R(0)}$来表示磁阻效应的大小.

测量磁电阻阻值 R 与磁感应强度 B 的关系实验装置及线路如图 19－2 所示.

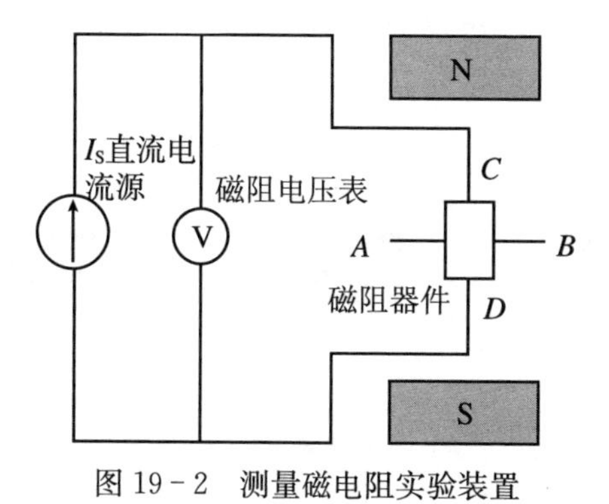

图 19－2　测量磁电阻实验装置

尽管不同的磁阻装置有不同的灵敏度,但其电阻的相对变化率 $\frac{\Delta R}{R(0)}$ 与外磁场的关系都是相似的. 实验证明,磁阻效应对外加磁场的极性不灵敏,就是正负磁场的响应相同.

一般情况下外加磁场较弱时,电阻相对变化率 $\frac{\Delta R}{R(0)}$ 正比于磁感应强度 B 的二次方;随着磁场的加强,$\frac{\Delta R}{R(0)}$ 与磁感应强度 B 成线性函数关系;当外加磁场超过特定值时,$\frac{\Delta R}{R(0)}$ 与磁感应强度 B 的响应会趋于饱和.

另外,$\frac{\Delta R}{R(0)}$ 对总磁场的方向很灵敏,总磁场为外磁场与内磁场之和,而内磁场与磁阻薄膜的性质和几何形状有关.

【实验步骤与要求】

一、连接信号源和测试架

(1) 信号源的"I_M直流电流源"端用导线接至测试架的"励磁电流"输入端,红导线与红接线柱相连,黑导线与黑接线柱相连,如图 19－3 所示. 调节"I_M电流调节"电位器可以改变输入励磁线圈电流的大小,从而改变电磁铁间隙中磁感应强度的大小.

(2) 将实验仪信号源背部的二芯话筒通过专用的二芯话筒线接至测试架的"控制电压输入"端,这是一路提供继电器工作的 12 V 直流控制电源,作为继电器的控制电压. 红的香蕉插接红接线柱,黑的香蕉插接黑接线柱.

(3) 信号源上“I_S 直流恒流源”输出用导线接至工作电流切换继电器 K_1 接线柱的中间两端,红导线与红接线柱相连,黑导线与黑接线柱相连,如图 19 - 3 所示.

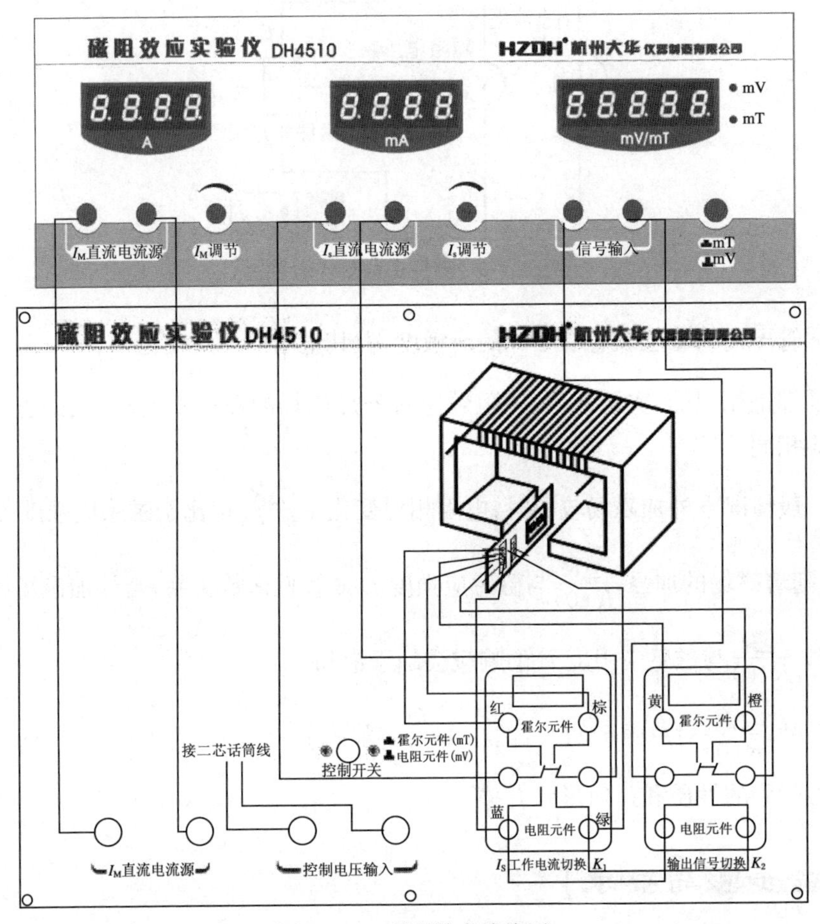

图 19 - 3 磁阻效应接线图

(4) 信号源的“信号输入”两端用导线接至输出信号切换继电器 K_2 接线柱的中间两端,红导线与红接线柱相连,黑导线与黑接线柱相连,如图 19 - 3 所示.

(5) 将继电器 K_1 接线柱的下面两端与继电器 K_2 接线柱的下面两端相连,红导线与红接线柱相连,黑导线与黑接线柱相连,如图 19 - 3 所示.

(6) 将锑化铟(InSb)磁阻传感器(蓝、绿引出线)的两端与工作电流切换继电器 K_1 接线柱的下面两端相连,红的香蕉插接红接线柱,黑的香蕉插接黑接线柱. 即蓝引出线接至红接线柱,绿引出线接至黑接线柱,如图 19 - 3 所示.

(7) 砷化镓(GaAs)霍尔传感器的四引出线按线的长短已分成两组,红、棕为一组(为工作电流输入端),黄、橙为一组(为霍尔电压输出端),红、棕这一组线接至工作电流切换继电器 K_1 接线柱的上面两端,黄、橙这一组线接至输出信号切换继电器 K_2 接线柱的上面两端. 红的香蕉插接红接线柱,黑的香蕉插接黑接线柱,如图 19-4 所示.

二、测量磁阻传感器的电阻与磁感应强度的关系

(1) 仪器开机前须将 I_M 调节电位器、I_S 电流调节电位器逆时针方向旋到底.

(2) 确认接线正确完成后,打开交流电源,将信号源及测试架的切换开关都置于按上状态,这时将测试架上取出的霍尔电压信号输入到信号源,经内部处理转换成磁场强度由表头显示.

(3) 调节 I_S 调节电位器让 I_S 表头显示为 1.00 mA,然后调节 I_M,使磁场强度显示为 10 mT,记下励磁电流值的大小.

(4) 按下信号源及测试架上的切换开关,测量并记录该磁场强度下对应的磁阻电压.

注意:这时的 I_S 表头显示应为 1.00 mA.

(5) 将信号源及测试架上的切换开关弹起,再调节 I_M 调节电位器,使磁场强度显示为 20 mT,记下该磁场强度及对应的励磁电流值. 测量并记录该磁场强度下对应的磁阻电压.

(6) 参考表 19-1 所列的磁场强度,重复以上步骤(4)～(5).

(7) 根据表 19-1 的数据列出表 19-2,在 $B<0.06$ T 时对 $\frac{\Delta R}{R(0)}$ 做曲线拟合,求出 R 与 B 的关系.

(8) 根据表 19-1 的数据列出表 19-3,在 $B>0.12$ T 时对 $\frac{\Delta R}{R(0)}$ 做曲线拟合,求出 R 与 B 的关系.

三、用磁阻传感器测量未知磁场强度

调节 I_M 电流,使电磁铁产生一个未知的磁场强度. 测量磁阻传感器的磁阻电压,根据求得的 $\frac{\Delta R}{R(0)}$ 与 B 的关系曲线,求得磁场强度.

四、误差估算

用仪器所配的毫特计测量该磁场强度,将测得的磁场强度作为准确值与磁阻传感器测得的磁场强度值相比较,估算测量误差.

【注意事项】

(1) 需将传感器固定在磁铁间隙中,不可将传感器弯折.

(2) 不要在实验仪附近放置具有磁性的物品.

(3) 加电前必须保证测试仪的"I_S 调节"和"I_M调节"旋钮均置零位(即逆时针旋到底).

(4) 严禁在励磁线圈加电后插拨励磁电流连线! 因为此时会有极强的感应电压,可能损坏仪器. 如需插拨励磁电流连线,应将励磁电流调至最小,再关闭交流电源,之后才可进行插拨!

【预习思考题】

(1) 磁阻效应是怎样产生的? 磁阻效应和霍尔效应有什么内部联系?

(2) 实验时为何要保持霍尔工作电流和流过磁阻元件的电流不变?

【课后习题】

(1) 磁场强度改变时,磁阻传感器的电阻值与磁感应强度关系有何变化?

(2) 磁阻传感器的电阻值与磁场的极性和方向有何关系?

【附录】

一、实验仪器

实验采用 DH4510 磁阻效应实验仪,研究锑化铟(InSb)磁阻传感器的磁阻特性,图 19-4 所示为该仪器示意图.

DH4510 磁阻实验仪由信号源和测试架两部分组成. 实验仪包括双路可调直流恒流源、电流表、数字式磁场强度计(毫特计)、磁阻电压转换测量表(毫伏表)和控制电源等. 测试架包括励磁线圈(含电磁铁)、锑化铟(InSb)磁阻传感器、GaAs 霍尔传感器以及转换继电器及导线等. 仪器连接如图 19-3 所示.

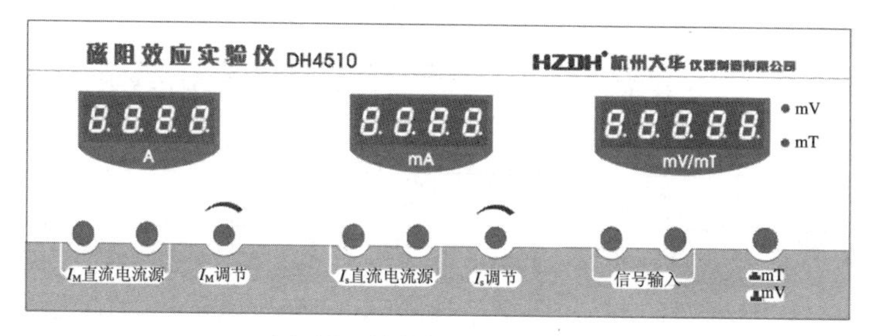

(a) 磁阻效应信号源面板图

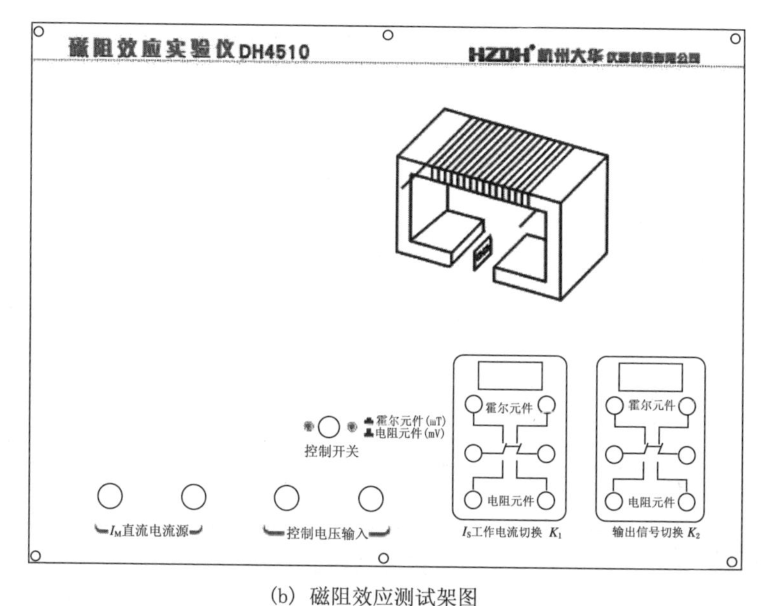

(b) 磁阻效应测试架图

图 19 - 4　DH4510 磁阻效应试验仪

二、实验参考数据

(1) 对表 19 - 1 所示数据在 $B<0.06$ T 时对$\frac{\Delta R}{R(0)}$作曲线拟合，得如表19 - 2所示数据.

表 19 - 1　　(电流 $I_S=1$ mA)

电磁铁	InSb	$B\sim\Delta R/R(0)$对应关系		
I_M(mA)	U_R(mV)	B(mT)	$R(\Omega)$	$\Delta R/R(0)$
0	346.1	1.11	346.1	0
17	346.8	10.0	346.8	0.002 0
33	348.2	20.0	348.2	0.006 1

（续表）

电磁铁	InSb	$B\sim\Delta R/R(0)$对应关系		
I_M(mA)	U_R(mV)	B(mT)	$R(\Omega)$	$\Delta R/R(0)$
49	350.6	30.4	350.6	0.013 0
63	353.8	40.5	353.8	0.022 2
78	358.0	50.2	358.0	0.034 4
95	363.4	60.2	363.4	0.045 0
110	379.4	70.1	379.4	0.096 2
151	401.5	99.8	401.5	0.160 1
227	454.4	150.3	454.4	0.312 9
298	523.0	200.0	523.0	0.511 1
369	603.1	250.3	603.1	0.742 6
441	687.8	300.5	687.8	0.987 3
510	779.0	350.1	779.0	1.250 8
581	875.0	400.0	875.0	1.528 2
653	973.6	450.3	973.6	1.813 1
725	1 074.5	500.6	1 074.5	2.104 6

表 19－2

$\Delta R/R(0)_i$	B_i	$\Delta R/R(0)_i\times B_i$	$[\Delta R/R(0)_i]^2$	$B_i{}^2$
0.002 023	0.01	0.000 020 23	0.000 004 1	0.000 1
0.006 068	0.02	0.000 121 36	0.000 036 8	0.000 4
0.013 002	0.03	0.000 390 06	0.000 169 1	0.000 9
0.022 248	0.04	0.000 889 92	0.000 495 0	0.001 6
0.034 383	0.05	0.001 719 15	0.001 182 2	0.002 5
0.049 986	0.06	0.002 999 16	0.002 498 7	0.003 6

由上面拟合可知在 $B<0.06$ T 时磁阻变化率$\frac{\Delta R}{R(0)}$与磁感应强度 B 成二次函数关系.

$$\frac{\Delta R}{R(0)}=14.5B^2$$

(2) 对表 19－1 所示数据在 $B>0.12$ T 时对$\frac{\Delta R}{R(0)}$作曲线拟合，得如表19－3所示结果.

表 19 - 3

$\Delta R/R(0)_i$	B_i	$\Delta R/R(0)_i \times B_i$	$[\Delta R/R(0)_i]^2$	B_i^2
0.312 9	0.15	0.046 937 3	0.097 915 8	0.022 5
0.511 1	0.20	0.102 224 8	0.261 247 7	0.040 0
0.742 6	0.25	0.185 640 0	0.551 395 4	0.062 5
0.987 3	0.30	0.296 186 1	0.974 735 6	0.090 0
1.250 8	0.35	0.437 778 3	1.564 488 1	0.122 5
1.528 2	0.40	0.611 268 4	2.335 306 6	0.160 0
1.813 1	0.45	0.815 677 0	3.287 186 6	0.202 5
2.104 6	0.50	1.052 297 0	4.429 315 9	0.250 0

由上面拟合可知在 $B>0.12$ T 时磁阻变化率$\frac{\Delta R}{R(0)}$与磁感应强度 B 成一次函数关系

$$\frac{\Delta R}{R(0)}=5.35B-0.59$$

(3) 按以上实验数据可得到如图 19 - 5 所示曲线.

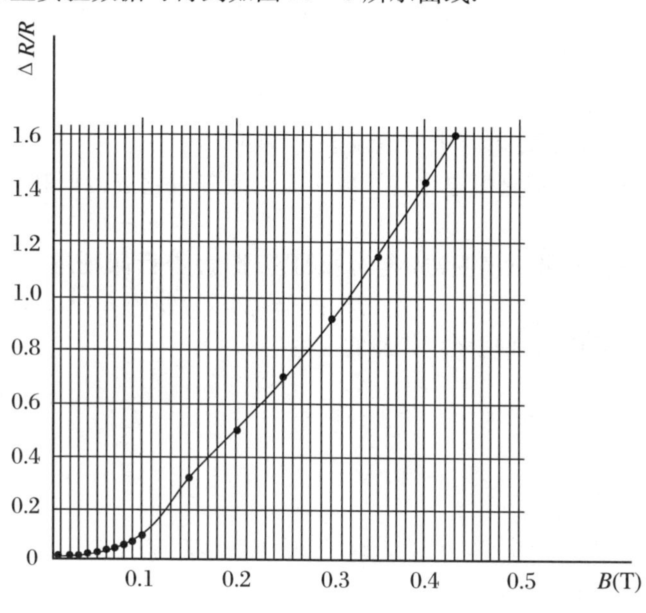

图 19 - 5　$\Delta R/R$ 与 B 的关系曲线

实验二十　霍尔效应

霍尔效应是指导电材料中的电流与磁场相互作用而产生电动势的效应. 从本质上讲,霍尔效应是电流的一种磁效应. 1879 年,美国霍普金斯大学 24 岁的研究生霍耳在研究载流导体在磁场中受力性质时发现了这一电磁现象——霍尔效应. 随后人们在半导体、导电流体中也发现了霍耳效应,且半导体的霍耳效应比金属强得多.

霍耳效应发现约 100 年后,1980 年德国科学家克利青等人又发现了整数量子霍耳效应 (IQHE),并因此于 1985 年获得了诺贝尔物理学奖. 1982 年,崔琦、施特默和劳夫林又发现了分数量子霍耳效应(FQHE),并以此获得了 1998 年诺贝尔物理学奖.

随着科学技术的发展,霍耳效应已在测量、自动控制、计算机和信息技术等方面得到了广泛的应用,主要用途有以下几个方面.

(1) 测量磁场.

(2) 测量直流或交流电路中的电流强度和功率.

(3) 转换信号,如把直流电流转换成交流电流并对它进行调制,放大直流和交流信号.

(4) 对各种物理量(可转换成电信号的物理量)进行四则运算和乘方开方运算. 由霍耳效应制成的霍耳元件具有结构简单而牢靠、使用方便、成本低廉等优点,在生产和科研实际中得到越来越普遍的应用.

【实验目的】

(1) 了解霍尔效应的原理.

(2) 掌握霍尔电压的测量方法,学会用霍尔器件测量磁场.

(3) 测量霍尔器件的输出特性.

【实验仪器】

DH4512 系列霍尔效应实验仪.

【实验原理】

一、霍尔效应的基本原理与应用

霍尔效应从本质上讲,是运动的带电粒子在磁场中受洛仑兹力的作用而引起的偏转. 当带电粒子(电子或空穴)被约束在固体材料中时,这种偏转就导致在垂直电流和磁场的方向上产生正负电荷的聚积,从而形成附加的横向电场. 对于如图20-1所示的半导体试样,若在X方向通以电流I,在Z方向加磁场$\boldsymbol{B}$,则在Y方向即试样A,A'电极两侧就开始聚积异号电荷而产生相应的附加电场. 电场的指向取决于试样的导电类型. 显然,该电场是阻止载流子继续向侧面偏移,当载流子所受的横向电场力$q\boldsymbol{E}_{\mathrm{H}}$与洛仑兹力$q\boldsymbol{V}\times\boldsymbol{B}$大小相等时,样品两侧电荷的积累就达到平衡,故有

$$E_{\mathrm{H}} = \bar{V}B \tag{20-1}$$

其中,E_{H}为霍尔电场,$\bar{V}$是载流子在电流方向上的平均漂移速度.

设试样的宽为b,厚度为d,载流子浓度为n,则

$$I_{\mathrm{S}} = |nq\bar{V}bd| \tag{20-2}$$

由式(20-1)、式(20-2)两式可得

$$V_{\mathrm{H}} = V_{A} - V_{A'} = E_{\mathrm{H}}b = \frac{1}{nq}\cdot\frac{I_{\mathrm{S}}B}{d} = R_{\mathrm{H}}\frac{I_{\mathrm{S}}B}{d} \tag{20-3}$$

即霍尔电压V_{H}(A,A'电极之间的电压)与$I_{\mathrm{S}}B$乘积成正比,与试样厚度d成反比. 比例系数$R_{\mathrm{H}} = \frac{1}{nq}$称为霍尔系数,它是反映材料的霍尔效应强弱的重要参数.

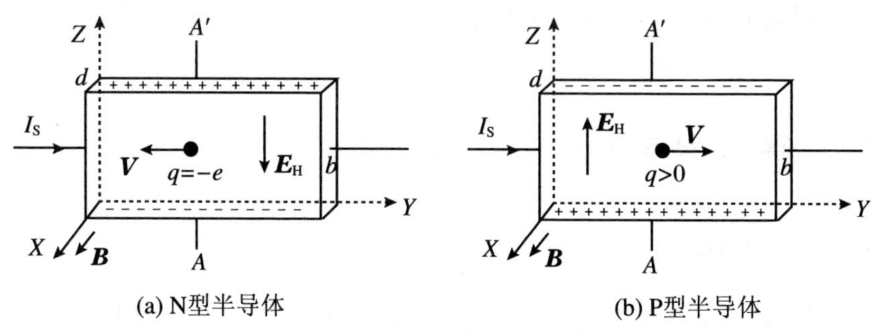

图20-1 半导体霍尔效应原理图

霍尔器件就是利用上述霍尔效应制成的电磁转换元件. 对于成品的霍尔器件,其中,R_{H}和d已知,因此在实用上就将式(20-3)写成

$$V_{\mathrm{H}} = K_{\mathrm{H}}I_{\mathrm{S}}B \tag{20-4}$$

其中，$K_H=\frac{R_H}{d}$，称为霍尔器件的灵敏度（其值由制造厂家给出），它表示该器件在单位工作电流和单位磁感应强度下输出的霍尔电压. 式(20－4)中的单位 I_S 取为 mA，$\boldsymbol{B}$ 取为 kGS($1\ \text{GS}=10^{-4}\ \text{T}$)，$V_H$ 为 mV，则 K_H 的单位为 $\text{mV}\cdot(\text{mA}^{-1}\cdot\text{kGS}^{-1})$. 根据式(20－4)，因 K_H 已知，而 I_S 由实验给出，所以只要测出 V_H 就可以求得未知磁感应强度 B

$$B=\frac{V_H}{K_H I_S} \tag{20-5}$$

二、霍尔电压 V_H 的测量方法

应该说明，在产生霍尔效应的同时，会伴随着一些热磁副效应并且会有由 A，A'电极的不对称性等因素引起的附加电压叠加在霍耳电压 V_H 上，从而引起测量误差. 以致实验测得的 A，A'两电极之间的电压并不等于真实的 V_H 值，而是包含着各种副效应引起的附加电压，因此必须设法消除. 根据副效应产生的机理（参阅附录）可知，采用电流和磁场换向的对称测量法，基本上能够把副效应的影响从测量的结果中消除.

具体的做法是保持 I_S 和 $\boldsymbol{B}$（即励磁电流 I_M）的大小不变，自行定义工作电流 I_S 和外加磁场 $\boldsymbol{B}$ 的正方向，通过双刀换向开关来改变工作电流 I_S 和外加磁场 $\boldsymbol{B}$ 的方向组合，并测出四组数据，即

$+I_S$， $+B\to V_1$， $+I_S$， $-B\to V_2$， $-I_S$， $-B\to V_3$， $-I_S$， $+B\to V_4$

然后，求上述四组数据 V_1，V_2，V_3，V_4 的代数（有正负之分）平均值，可得

$$V_H=\frac{1}{4}(V_1-V_2+V_3-V_4) \tag{20-6}$$

通过对称测量法求得的 V_H，虽然还存在个别无法消除的副效应，但其引入的误差甚小，可略而不计. 式(20－5)和式(20－6)就是本实验用来测量磁感应强度 $\boldsymbol{B}$ 的依据.

【实验步骤与要求】

一、连接电路

按仪器面板上的文字和符号提示将 DH4512 型霍尔效应测试仪与霍尔效应实验架正确连接.

(1) 将 DH4512 型霍尔效应测试仪面板右下方的励磁电流 I_M 的直流恒流源输出端(0～0.5 A)，接 DH4512 型霍尔效应实验架上的 I_M 磁场励磁电流的输入端（将红接线柱与红接线柱对应相连，黑接线柱与黑接线柱对应相连）.

(2) “测试仪”左下方供给霍尔元件工作电流 I_S 的直流恒流源(0～3 mA)输出

端，接“实验架”上 I_S 霍尔片工作电流输入端（将红接线柱与红接线柱对应相连，黑接线柱与黑接线柱对应相连）.

（3）“测试仪”V_H 霍尔电压输入端，接“实验架”中部的 V_H 霍尔电压输出端.

（4）用一边是分开的接线插、一边是双芯插头的控制连接线与测试仪背部的插孔相连接（红色插头与红色插座相连，黑色插头与黑色插座相连）.

注意：① 以上仪器上的三组线千万不要接错，以免烧坏元件.

② 不要接通电源.

二、研究霍尔效应与霍尔元件特性

（一）测量霍尔元件的零位（不等位）电势 V_0 和不等位电阻 R_0

（1）用连接线将中间的霍尔电压输入端短接，调节调零旋钮使电压表显示 0.00 mV.

（2）将 I_M 电流调节到最小，同时，将霍尔元件移至线圈中心.

（3）调节霍尔工作电流 $I_S=3.00$ mA，利用 I_S 换向开关改变霍尔工作电流输入方向分别测出零位霍尔电压 V_{01}，V_{02}，并计算不等位电阻

$$R_{01}=\frac{V_{01}}{I_S}$$

$$R_{02}=\frac{V_{02}}{I_S}$$

（二）测量霍尔电压 V_H 与工作电流 I_S 的关系

（1）先将 I_S，I_M 都调零，调节中间的霍尔电压表，使其显示为 0 mV.

（2）调节 $I_M=500$ mA，调节 $I_S=0.5$ mA，按表中 I_S，I_M 正负情况切换“实验架”上的方向，分别测量霍尔电压 V_H 值（V_1，V_2，V_3，V_4）填入表 20－1. 以后 I_S 每次递增 0.50 mA，测量各 V_1，V_2，V_3，V_4 值. 绘出 $I_S \sim V_H$ 曲线，验证线性关系.

表 20－1　$I_S \sim V_H$　（$I_M=500$ mA）

I_S(mA)	V_1(mV)	V_2(mV)	V_3(mV)	V_4(mV)	$V_H=\frac{V_1-V_2+V_3-V_4}{4}$
	$+I_S$，$+I_M$	$+I_S$，$-I_M$	$-I_S$，$-I_M$	$-I_S$，$+I_M$	
0.50					
1.00					
1.50					
2.00					
2.50					
3.00					

（三）测量霍尔电压 V_H 与励磁电流 I_M 的关系

（1）先将 I_M，I_S 调零，调节 I_S 至 3.00 mA.

(2) 调节 $I_M = 100$ mA,150 mA,200 mA,…,500 mA(间隔为 50 mA),分别测量霍尔电压 V_H 值填入表 20 - 2.

(3) 根据表 20 - 2 中所测得的数据,绘出 $V_H \sim I_M$ 曲线,验证线性关系的范围,分析当 I_M 达到一定值以后,$V_H \sim I_M$ 曲线斜率变化的原因.

表 20 - 2 $V_H \sim I_M$ ($I_S = 3.00$ mA)

I_M (mA)	V_1 (mV)	V_2 (mV)	V_3 (mV)	V_4 (mV)	$V_H = \frac{V_1 - V_2 + V_3 - V_4}{4}$
	$+I_S, +I_M$	$+I_S, -I_M$	$-I_S, -I_M$	$-I_S, +I_M$	
100					
150					
200					
250					
300					
350					
400					
450					
500					

(四) 计算霍尔元件的霍尔灵敏度

如果已知 B,根据公式 $V_H = K_H I_S B\cos B = K_H I_S B$ 可知

$$K_H = \frac{V_H}{I_S B}$$

本实验采用的两个圆线圈的励磁电流与总的磁感应强度对表如表 20 - 3 所示.

表 20 - 3

电流值(A)	0.1	0.2	0.3	0.4	0.5
中心磁感应强度 B(mT)	2.25	4.50	6.75	9.00	11.25

三、测量通电圆线圈中磁感应强度 B 的分布

(1) 先将 I_M, I_S 调零,调节中间的霍尔电压表,使其显示为 0 mV.

(2) 将霍尔元件置于通电圆线圈中心,调节 $I_M = 500$ mA, 调节 $I_S = 3.00$ mA, 测量相应的 V_H.

(3) 将霍尔元件从中心向边缘移动,每隔 5 mm 选一个点测出相应的 V_H, 填入表 20 - 4.

(4) 由以上所测 V_H 值,由公式

$$V_H = K_H I_S B\cos B = K_H I_S B$$

得到

$$B = \frac{V_H}{K_H I_S}$$

(5) 计算出各点的磁感应强度,并绘 $B \sim X$ 图,得出通电圆线圈内 B 的分布.

表 20-4 $V_H \sim X$ ($I_S = 3.00$ mA, $I_M = 500$ mA)

X(mm)	V_1 (mV)	V_2 (mV)	V_3 (mV)	V_4 (mV)	$V_H = \frac{V_1 - V_2 + V_3 - V_4}{4}$
	$+I_S, +I_M$	$+I_S, -I_M$	$-I_S, -I_M$	$-I_S, +I_M$	
0					
5					
10					
15					
20					
25					
30					
35					
40					
45					
50					

【仪器使用注意事项】

(1) 在霍尔片连接到实验架,并且实验架与测试仪连接好之前,严禁开机加电,否则,极易使霍尔片遭受冲击电流而损坏.

(2) 霍尔片性脆易碎、电极易断,严禁用手去触摸,以免损坏! 在调节霍尔片位置时,必须谨慎.

(3) 加电前必须保证测试仪的"I_S 调节"和"I_M 调节"旋钮均置零位(即逆时针旋到底),严防 I_S, I_M 电流未调到零就开机.

(4) 测试仪的"I_S 输出"接实验架的"I_S 输入","I_M 输出"接"I_M 输入". 决不允许将"I_M 输出"接到"I_S 输入"处,否则一旦通电,会损坏霍尔片!

(5) 为了不因通电线圈过热而受到损害或影响测量精度,除在短时间内读取有关数据,通过励磁电流 I_M 外,其余时间最好断开励磁电流.

注意: 移动尺的调节范围有限! 在调节到两边停止移动后,不可继续调节,以免因错位而损坏移动尺.

【预习思考题】

(1) 什么叫做霍尔效应? 为什么霍尔效应在半导体中特别显著?

(2) 列出计算螺线管磁感应强度的公式.

(3) 如已知存在一个干扰磁场,如何采用合理的测试方法,尽量减小干扰磁场对测量结果的影响?

(4) 怎样确定载流子电荷的正负?

(5) 如何确定霍尔灵敏度?

【课后习题】

(1) 如何判断磁场 B 的方向与霍尔片的法线是否一致? 它对实验有何影响?

(2) 试分析霍尔效应测磁场的误差来源.

(3) 利用霍尔效应能测量交变磁场吗? 画出线路图并写出测试方法.

【附录】

一、霍尔器件中的副效应及其消除方法

(一) 不等势电压 V_0

如图 20-2 所示是不等势电压 V_0,是由于器件的 A,A' 两电极的位置不在一个理想的等势位面上,因此,即使不加磁场,只要有电流 I_S 通过,就有电压($V_0 = I_S r$)产生,r 为 A,A' 所在的两等势面之间的电阻,结果在测量 V_H 时,就叠加了 V_0,使得 V_H 值偏大(当 V_0 与 V_H 同号时)或偏小(当 V_0 与 V_H 异号时),显然,V_H 的符号取决于 I_S 和 $\boldsymbol{B}$ 两者的方向,而 V_0 只与 I_S 的方向有关,因此可以通过改变 I_S 的方向予以消除.

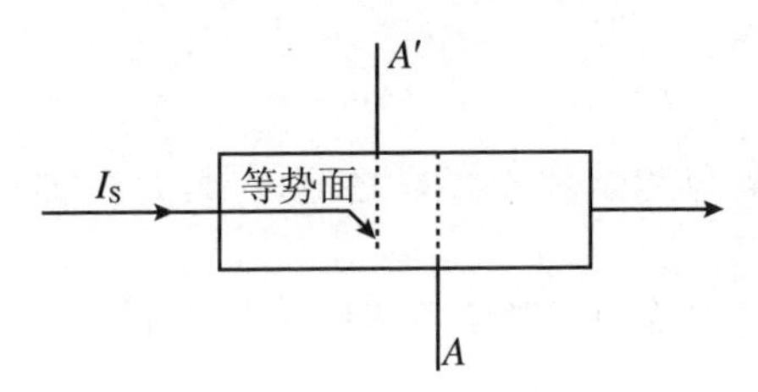

图 20-2 不等势电压 V_0 示意图

(二) 温差电效应引起的附加电压 V_E

如图 20-3 所示,由于构成电流的载流子速度不同,若速度为 V 的载流子所受的洛仑兹力与霍尔电场的作用力刚好抵消,则速度大于或小于 V 的载流子在电场和磁场作用下,将各自朝对立面偏转,从而在 Y 方向引起温差($T_A - T_{A'}$),并由此产生温差电效应. 在 A,A' 电极上引入附加电压 V_E,且 $V_E \propto I_S B$,其符号与 I_S 和 B 的方向的关系跟 V_H 是相同的,因此不能用改变 I_S 和 B 方向的方法予以消除,但其引入的误差很小,可以忽略.

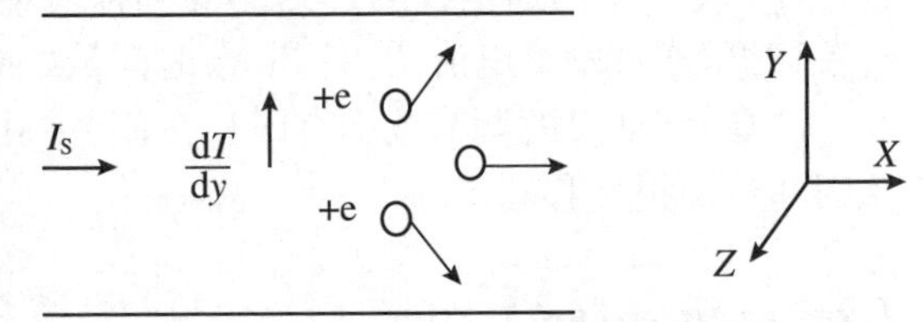

图 20-3 温差电效应引起的附加电压 V_E

（三）热磁效应直接引起的附加电压 V_N

如图 20－4 所示，因器件两端电流引线的接触电阻不等，通电后在接点两处将产生不同的焦尔热，导致在 X 方向有温度梯度，引起载流子沿梯度方向扩散而产生热扩散电流，热流 Q 在 Z 方向磁场作用下，类似于霍尔效应在 Y 方向产生一附加电场 ε_N，相应的电压 $V_N \infty QB$，而 V_H 的符号只与 $\boldsymbol{B}$ 的方向有关而与 I_S 的方向无关，因此可通过改变 B 的方向予以消除.

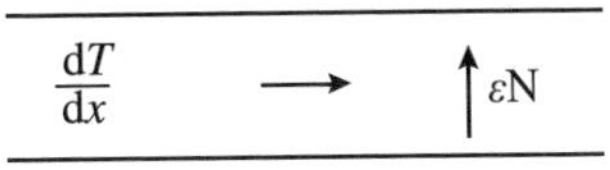

$$\frac{dT}{dx} \longrightarrow \quad \uparrow \varepsilon N$$

图 20－4　热磁效应直接引起的 V_N

（四）热磁效应产生的温差引起的附加电压 V_{RL}

参考图 20－5，"（三）热磁效应直接引起的附加电压 V_N"所述的 X 方向热扩散电流，因载流子的速度统计分布，在 Z 方向的磁场 $\boldsymbol{B}$ 作用下，和"（二）温差电效应引起的附加电压 V_E"中所述的同一道理将在 Y 方向产生温度梯度 $T_A - T_{A'}$，由此引入附加电压 $V_{RL} \infty QB$，V_{RL} 的符号只与 $\boldsymbol{B}$ 的方向有关，亦能消除.

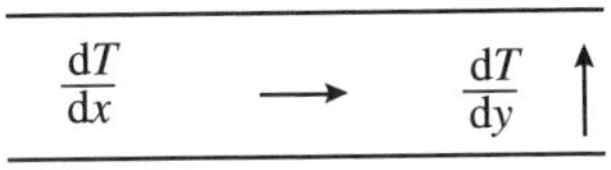

$$\frac{dT}{dx} \longrightarrow \quad \frac{dT}{dy} \uparrow$$

图 20－5　热磁效应产生的温差引起的 V_{RL}

综上所述，实验中测得的 A, A' 之间的电压除 V_H 外还包含 V_0，V_N，V_{RL} 和 V_E 各电压的代数和，其中 V_0，V_N 和 V_{RL} 均通过 I_S 和 B 换向对称量法予以消除. 设 I_S 和 $\boldsymbol{B}$ 的方向均为正向，测得 A, A' 之间的电压 V_1，即当 $+I_S$，$+B$ 时

$$V_1 = V_H + V_0 + V_N + V_{RL} + V_E$$

将 $\boldsymbol{B}$ 换向，而 I_S 的方向不变，测得的电压记为 V_2，此时 V_H，V_N，V_{RL}，V_E 均改号而 V_0 符号不变，即当 $+I_S$，$-B$ 时

$$V_2 = -V_H + V_0 - V_N - V_{RL} - V_E$$

同理，按照上述分析：当 $-I_S$，$-B$ 时

$$V_3 = V_H - V_0 - V_N - V_{RL} + V_E$$

当 $-I_S$，$+B$ 时

$$V_4 = -V_H - V_0 + V_N + V_{RL} - V_E$$

求以上四组数据 V_1，V_2，V_3 和 V_4 的代数平均值，可得

$$V_H + V_0 = \frac{1}{4}(V_1 - V_2 + V_3 - V_4)$$

由于 V_E 的符号与 I_S 和 $\boldsymbol{B}$ 两者方向关系和 V_H 是相同的，故无法消除，但在非大电流、非强磁场下，$V_H > V_E$，因此 V_E 可略而不计，所以霍尔电压为

$$V_H = \frac{1}{4}(V_1 - V_2 + V_3 - V_4)$$

问题讨论：根据上面的讨论，可以看出

$$V_H + V_0 = \frac{1}{4}(V_1 + V_3)$$

即 $V_H \gg V_E$ 时

$$V_H=\frac{1}{4}(V_1+V_3)$$

那么为何还要测量四次呢？这是因为在每个电压之中还有一个我们没有考虑的额外电势差 V_{ext}，它是以正号的形式叠加在 V_1,V_2,V_3 和 V_4 上的. 显然,如果采用两次测量法的话,是无法消除 V_{ext} 的(参见相关资料).

二、实验仪器

本实验有关仪器如图 20－6、图 20－7 所示。

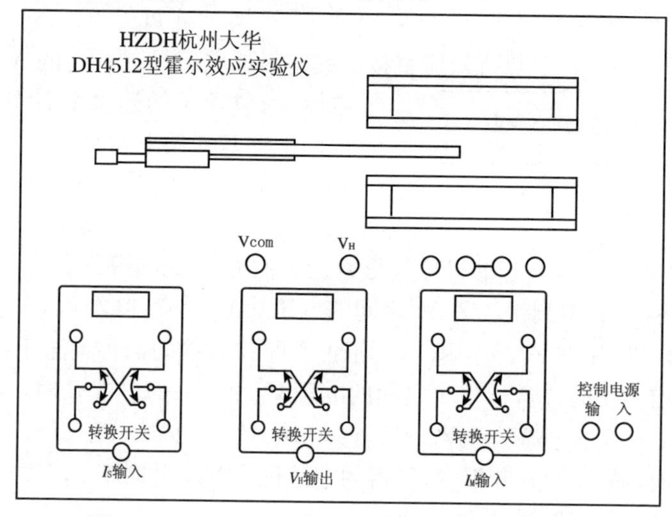

图 20－6 DH4512 霍尔效应双线圈实验架平面图

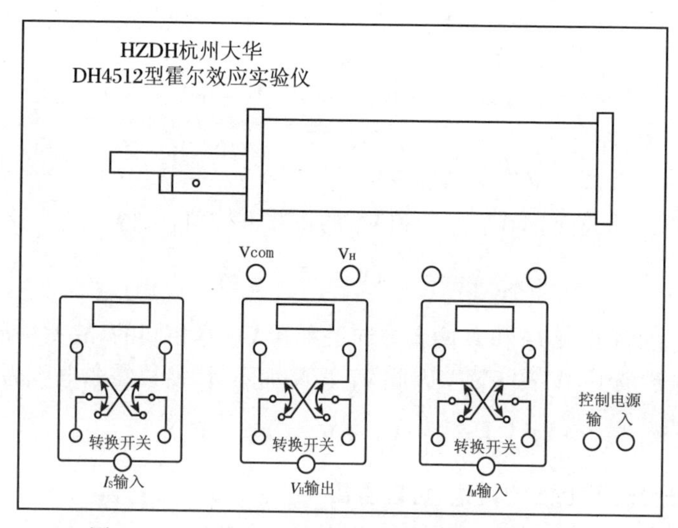

图 20－7 DH4512 霍尔效应螺线管实验架平面图

三、移动尺移动距离读数说明

移动尺由左右移动和上下移动两部分组成. 相对移动距离的读数，是通过读取游标和固定标尺上的数值取得的. 对于左右移动部分，分为上层移动与下层移动装置. 上下两层移动装置的结构相同，移动尺移动距离的读数方法一致. 现就以上层移动装置的读数为例进行说明.

装在上方的标尺为可移动标尺(游标)，上面刻有尺寸的刻度线，每根刻度线之间的距离为 1 mm，有效总长度为 110 mm(上下两层移动装置的总有效长度为 220 mm)；装在下面的为固定标尺(定标)，上面刻有 10 根刻度，每根线之间的距离为 0.9 mm 刻度线，有效总长度为 9 mm.

对于上下移动部分，装在左边的为游标，有效总长度为 9 mm；装在右边的为定标，有效总长度为 30 mm.

当游标相对于固定标尺移动时，游标移动的距离值为两部分数值的相加值.

第一部分：整数部分的读取，固定标尺的 0 位刻度线对应的移动标尺(游标)上的整数读数值.

第二部分：小数部分的读取，固定标尺的某根刻度线，它与游标上某根刻度线最相接近，固定标尺上这根刻度线的数值即为距离读数的小数值.

下面如图 20－8 所示，以左右移动为例进行说明.

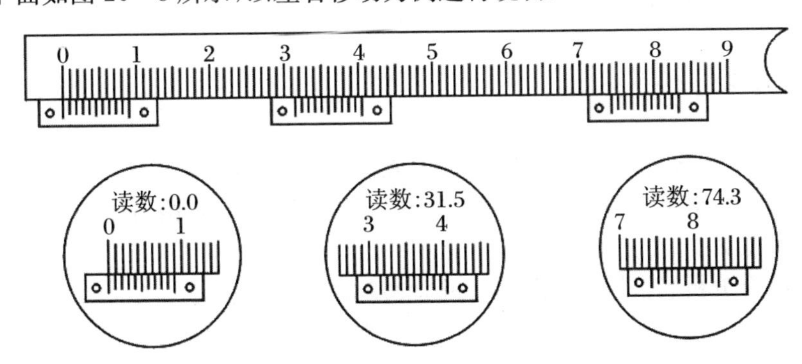

图 20－8　固定标尺位移示意图

图 20－8 表示了游标对于固定标尺位移(三个相对移动距离)示意图.

对于图 20－8 中第一个游标位置，它的读数为，第一部分读数为 0 mm(整数部分)，第二部分读数为 10(小数值部分)，所以它的移动距离为 0.0 mm.

对于图 20－8 中第二个游标位置，它的读数为，第一部分读数为 31 mm(整数部分)，第二部分读数为 5(小数值部分)，所以它的移动距离为 31.5 mm.

对于图 20－8 中第三个游标位置，它的读数为，第一部分读数为 74 mm(整数部分)，第二部分读数为 3(小数部分)，所以它的移动距离为 74.3 mm.

*实验二十一　电学设计性实验

任务一　电流表内阻的测量

在电学测量中,广泛使用指针式电流表、电压表等.这些指针式仪表上都有一个“表头”,常用的表头实际上就是一个灵敏度很高的微安表.各种指针式电流表、电压表都是在表头基础上改装而成的.比如,在表头两端并联一个适当的分流电阻就可成为一个毫安表.毫安表的内阻 R_A 就是表头电阻 R_g 和分流电阻 R_p 的并联结果,R_A 的阻值一般较小.毫安表的量程不同,其内阻 R_A 大小也不同.利用伏安法、比较法、替代法、补偿法、半偏法、全偏法等都可以测量 R_A.

【实验任务】

(1) 选择 2～3 种测量毫安表内阻 R_A 的方法,分别确定实验方案(给出实验原理、选配实验设备、拟订实验程序、设计记录实验数据的表格、给出注意事项等).

(2) 测量数据、分别计算结果、分析误差.

(3) 综合分析、比较所采用的各种测量方法的优缺点,提出改进意见.

【实验室可供选择的设备】

待测内阻的毫安表、电源、电势差计、单臂电桥、双臂电桥、电阻箱、标准电阻、标准电流表、滑线变阻器、检流计、电键、导线等.

【思考题】

1. 利用你所设计的测定电流表内阻线路图能否测量电压表的内阻?会存在什么问题?

2. 利用毫安表能否测电压?为什么?

任务二 设计和组装万用电表

【实验任务】

将一只量程为 100 μA 的表头改装成一只能测直流电流、直流电压和电阻的多功能简易万用表.

直流电流表量程:10 mA,20 mA,30 mA.

直流电压表量程:1 V,5 V,10 V,20 V.

欧姆挡的中心标度为 12;倍率分别为×1,×10,×100,×1 000.

测量所给表头的内阻,设计组装电路,计算所要用的各分流、倍压等电阻值的大小;根据自己的设计,选用器材、组装万用表,作出 300 mA 电流挡和 20 V 电压挡的校准曲线,定出准确度等级.

【实验室可供选择的设备】

组装用实验板、各种阻值的单值电阻、标准电流表、标准电压表、数字万用表、电烙铁等.

【思考题】

万用表的哪一挡能够对外转发电压? 为什么?

任务三 电桥法和补偿法的综合运用

【实验目的】

利用提供的实验仪器,设计一个电路,要求能用直流平衡电桥测量毫安表内阻,同时用补偿法测量出未知电动势,并且要求在用补偿法测电动势的过程中不破坏原有的电桥的平衡(记录实验数据时,在电桥的平衡同时电路达到补偿状态).

【实验仪器】

直流电源一台、毫安表一块(量程为 15 mA,内阻待测,范围:2～6 Ω)、电阻箱一个、电阻盒一个、单刀开关两只、滑线变阻器一只、数字万用电表一块(当作检流计使用)、导线若干(电阻忽略不计).

【实验说明】

(1) 直流电源有三组接线柱,右边一组可以使用(电压范围 3～6 V),中间一组为待测电动势(范围 100～200 mV),左边一组不允许使用,其中红色接线柱为电源正极,黑色接线柱为电源负极.

(2) 电阻盒内有 3 个电阻,实验中只允许用 R_1 和 R_2 两个电阻(虽然电阻盒上标明了阻值,但不能将电阻盒上标出的电阻值当已知值使用),已知 $R_1/R_2=10$,R_1 阻值为 200 Ω 左右. R_1 和 R_2 有一端相连,不允许拆开使用.

(3) 数字万用电表当作检流计使用,粗调选用直流 2 V 挡,细调选用直流 200 mV 挡.

【实验要求】

(1) 画出测量毫安表内阻和未知电动势的电路图.

(2) 连好电路图,详细写出实验步骤及调节电桥平衡与测量未知电动势的方法.

(3) 测量并记录实验数据,计算毫安表内阻与未知电动势.

注意事项:

通过毫安表的电流不能超过其量程,以免损坏毫安表.

三　光学部分

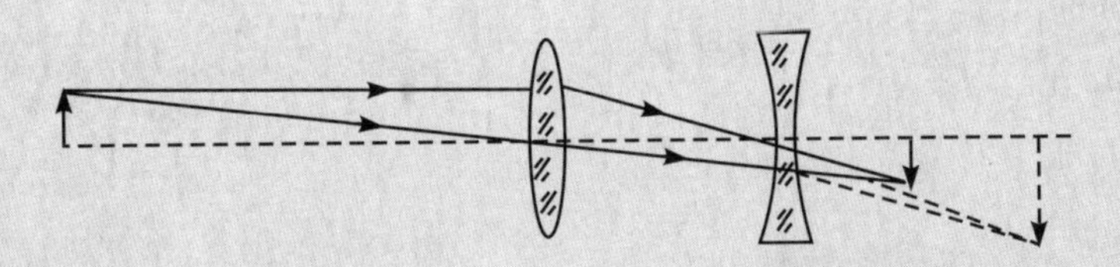

实验二十二　薄透镜焦距的测定

透镜是光学仪器中最基本的元件，反映透镜特性的一个主要参量是其焦距，它决定了透镜成像的位置和性质（大小、虚实、正倒立）. 对于薄透镜（是指透镜中心厚度远小于其焦距的透镜），焦距测量的准确度主要取决于透镜光心及焦点（像点）定位的准确度. 本实验在光具座上采用几种不同方法分别测定凸、凹两种薄透镜的焦距，以便了解透镜成像的规律，掌握光路调节技术，比较各种测量方法的优缺点，为今后正确使用光学仪器打下良好的基础.

【实验目的】

(1) 熟悉光学实验的操作规则.

(2) 掌握简单光路的分析和光学元件等高共轴调节的方法.

(3) 学会测量薄透镜焦距的几种方法.

【实验仪器】

光具座、凸透镜、凹透镜、光源、物屏、像屏、水平尺、平面反射镜等.

【实验原理】

一、凸透镜焦距的测定

（一）粗略估测法

以太阳光或较远的灯光为光源，用凸透镜将其发出的光线聚成一光点（或像），此时，物距 $s\to\infty$，像距 $s'\approx f'$，即该点（像点）可认为是焦点，而光点到透镜中心（光心）的距离，即为凸透镜的焦距，此法测量的误差约在 10%. 由于这种方法误差较大，大都用在实验前做粗略估计，如挑选透镜等.

（二）利用物像公式求焦距

参考图 22－1，在近轴光线的条件下（近轴光线指通过透镜中心部分并与主光

轴夹角很小的那一部分光线)，薄透镜成像的高斯公式为

$$\frac{1}{f'}=\frac{1}{s'}-\frac{1}{s} \tag{22-1}$$

当将薄透镜置于空气中时，则焦距 f' 为

$$f'=\frac{ss'}{s-s'}=-f \tag{22-2}$$

式(22-2)中，f'为像方焦距，f 为物方焦距，s'为像距，s 为物距.

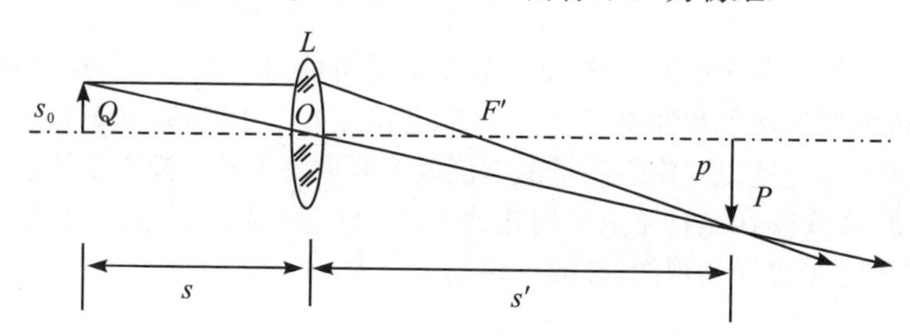

图 22-1　凸透镜成像原理图

各线距均从透镜中心(光心)量起，与光线进行方向一致为正，反之为负，如图 22-1所示. 若在实验中分别测出物距 s 和像距 s'，即可用式(22-2)求出该透镜的焦距 f'. 但应注意：测量的量须添加符号，求得量则根据求得结果中的符号判断其物理意义.

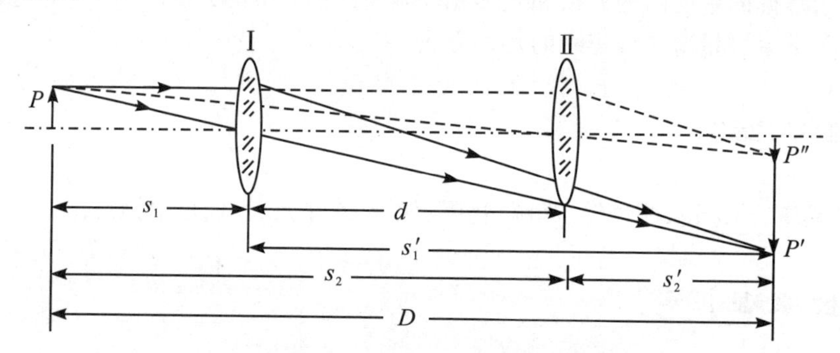

图 22-2　凸透镜二次成像原理图

(三) 二次成像法(又称为共轭法、贝塞尔物像交换法)

物像公式法、粗略估测法都因透镜的中心位置不易确定而在测量中引进误差，为避免这一缺点，可取物屏和像屏之间的距离 D 大于 4 倍焦距($4f'$)，且保持不变，沿光轴方向移动透镜，则必能在像屏上观察到二次成像. 如图 22-2 所示，设物距为 s_1 时，得放大的倒立实像；物距为 s_2 时，得缩小的倒立实像，透镜两次成像之间的位移为 d，将

$$s_1=-s_2'=-\frac{D-d}{2}$$

与

$$s_1'=-s_2=\frac{D+d}{2}$$

代入式(22-2)即得

$$f'=\frac{D^2-d^2}{4D} \tag{22-3}$$

可见，只要在光具座上确定物屏、像屏以及透镜二次成像时其滑座边缘所在位置，就可较准确地求出焦距 f'. 这种方法毋须考虑透镜本身的厚度，测量误差可达到 1%.

二、凹透镜焦距的测定

（一）辅助透镜成像法

由于凹透镜为发散透镜，它所成的虚像不能在像屏上显示出来，它的像距也无法直接测量，因此不能用测量凸透镜焦距的方法来直接测量凹透镜焦距. 若将一凸透镜与凹透镜组成复合会聚透镜，便可在像屏上得到实像，测出物距和像距后，就可以算出凹透镜的焦距.

如图 22-3 所示，先使物 AB 发出的光线经凸透镜 L_1 后形成一大小适中的实像 $A'B'$，然后在 L_1 和 $A'B'$之间放入待测凹透镜 L_2，就能使虚物 $A'B'$产生一实像 $A''B''$. 分别测出 L_2 到 $A'B'$ 和 $A''B''$之间的距离 s_2、s_2'，根据式(22-2)即可求出 L_2 的像方焦距 f_2'.

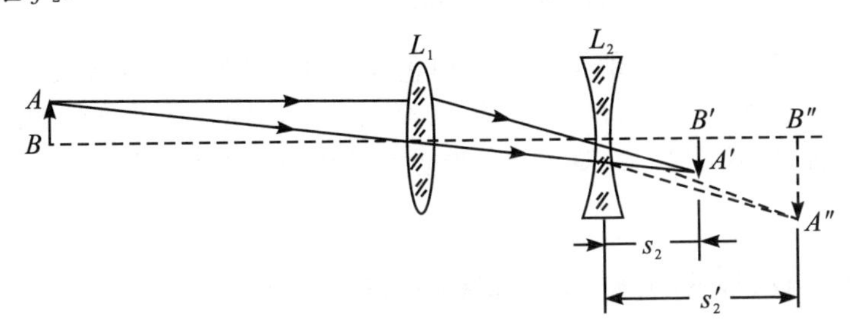

图 22-3　辅助成像法测凹透镜焦距原理图

（二）自准直法

凹透镜对光束有发散作用，要由它获得一束平行光，则需借助一凸透镜才能实现. 如图 22-4 所示，先由凸透镜 L_1 将光点 S 成像于 S'处，在透镜 L_1 和像点 S'之间，放入待测凹透镜 L_2 和平面镜 M. 若 L_2 的光心 O_2 到 S'之间的距离 $O_2S'>|f_2'|$，移动 L_2 的位置，当 $O_2S'=|f_2'|$时，由 S 发出的光束经 L_1 和 L_2 后变成平行光，通过平面镜 M 的反射，又在 S 处成一清晰的实像. 若光源为一定形状的发光物屏，则当 $O_2S'=|f_2'|$时，其像必然成在物屏上，故只需确定 S'的位置和凹透镜光心 O_2 的位置，就可算出凹透镜 L_2 的像方焦距 f_2'.

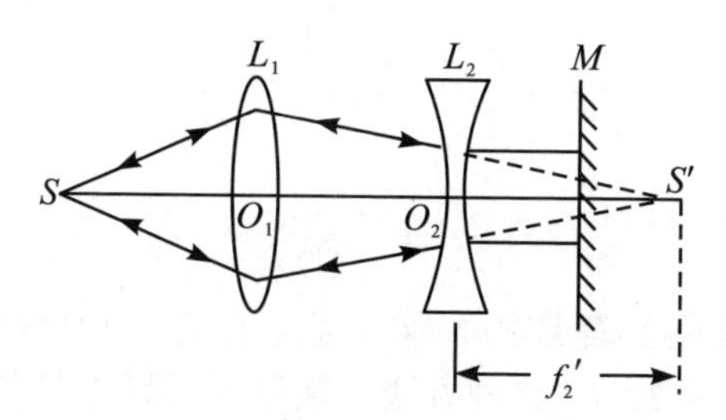

图 22-4　自准直法测凹透镜焦距原理图

【实验步骤与要求】

一、光具座上各光学元件同轴等高的调节

先利用水平尺将光具座导轨在实验桌上调节成水平，然后进行各光学元件共轴等高的粗调和细调[粗调：在光具座上将光学元件靠拢，用眼睛观察，调节各光学元件，使其光心与物等高、共轴；细调：使光学系统二次成像，调节透镜使两个像在同一直线上(同轴)，像的中心重合(等高)]，直到各光学元件的光轴共轴，并与光具座导轨平行为止.

二、用物像公式法测凸透镜焦距

用具有箭形开孔的金属屏为物，用单色光照明. 如图 22-1 所示，使物屏和白屏之间的距离大于 $4f'$，移动待测透镜，直至白屏上出现物体清晰的像. 记录物、像及透镜的位置，依式(22-2)算出 f'. 改变屏的位置，重复 3 次，填表 22-1，求平均值.

三、用两次成像法测凸透镜焦距(共轭法)

将物屏和白屏固定在相距大于 $4f'$ 的位置，测出它们之间的距离 D，如图 22-2 所示. 移动透镜，使屏上得到清晰的物像，记录透镜的位置；移动透镜至另一位置，使屏上又得到清晰的物像，再记录透镜的位置. 由式(22-3)算出 f'. 改变屏的位置，重复 3 次，填表 22-1，求平均值.

四、用辅助透镜成像法测凹透镜焦距

如图 22-3 所示，先用辅助凸透镜 L_1 把物体 AB 成像 $A'B'$，记录像 $A'B'$ 的位置，然后将待测凹透镜 L_2 置于 L_1 和 $A'B'$ 之间的适当位置，并将屏向外移，使屏上重新得到清晰的像 $A''B''$. 分别测出像 $A'B'$ 和像 $A''B''$ 及凹透镜 L_2 的位置，求出 s_2，s_2'，代入式(22-2)即可求出 L_2 的像方焦距 f_2'. 改变凹透镜的位置，重复 3 次，填表 22-1，求平均值.

五、用自准直法测凹透镜的焦距.

(1) 参考图 22-4,调整物屏 S 与凸透镜 L_1 的间距 SO_1,使 $f'_2<SO_1<2f'_2$,移动像屏,使光点 S 经凸透镜 L_1 成清晰的像 S'.

(2) 在 O_1S' 之间放入凹透镜 L_2 和平面镜 M,并在导轨上移动它们,直至物屏上出现清晰的像,则 $|f'_2|=|O_2-S'|$. 保持物屏和 L_1 的位置不变,重复测量 3 次,填表 22-1,求平均值.

表 22-1　测量透镜焦距数据记录表

<table>
<tr><td rowspan="6">用物像公式法测凸透镜的焦距</td><td rowspan="2">1</td><td>S 的位置</td><td>L 的位置</td><td>P 的位置</td><td>S</td><td>S'</td><td></td><td>f'</td></tr>
<tr><td></td><td></td><td></td><td></td><td></td><td></td><td></td></tr>
<tr><td rowspan="2">2</td><td>S 的位置</td><td>L 的位置</td><td>P 的位置</td><td>S</td><td>S'</td><td></td><td>f'</td></tr>
<tr><td></td><td></td><td></td><td></td><td></td><td></td><td></td></tr>
<tr><td rowspan="2">3</td><td>S 的位置</td><td>L 的位置</td><td>P 的位置</td><td>S</td><td>S'</td><td></td><td>f'</td></tr>
<tr><td></td><td></td><td></td><td></td><td></td><td></td><td></td></tr>
<tr><td rowspan="6">用两次成像法测凸透镜的焦距(共轭法)</td><td rowspan="2">1</td><td>D</td><td>S_1</td><td>S'_1</td><td>S_2</td><td>S'_2</td><td>d</td><td>f'</td></tr>
<tr><td></td><td></td><td></td><td></td><td></td><td></td><td></td></tr>
<tr><td rowspan="2">2</td><td>D</td><td>S_1</td><td>S'_1</td><td>S_2</td><td>S'_2</td><td>d</td><td>f'</td></tr>
<tr><td></td><td></td><td></td><td></td><td></td><td></td><td></td></tr>
<tr><td rowspan="2">3</td><td>D</td><td>S_1</td><td>S'_1</td><td>S_2</td><td>S'_2</td><td>d</td><td>f'</td></tr>
<tr><td></td><td></td><td></td><td></td><td></td><td></td><td></td></tr>
<tr><td rowspan="6">用辅助透镜成像法测凹透镜的焦距</td><td rowspan="2">1</td><td>L_1 位置</td><td>$A'B'$位置</td><td>L_2 位置</td><td>$A'B'$位置</td><td>S_2</td><td>S'_2</td><td>f'</td></tr>
<tr><td></td><td></td><td></td><td></td><td></td><td></td><td></td></tr>
<tr><td rowspan="2">2</td><td>L_1 位置</td><td>$A'B'$位置</td><td>L_2</td><td>$A'B'$位置</td><td>S_2</td><td>S'_2</td><td>f'</td></tr>
<tr><td></td><td></td><td></td><td></td><td></td><td></td><td></td></tr>
<tr><td rowspan="2">3</td><td>L_1 位置</td><td>$A'B'$位置</td><td>L_2</td><td>$A'B'$位置</td><td>S_2</td><td>S'_2</td><td>f'</td></tr>
<tr><td></td><td></td><td></td><td></td><td></td><td></td><td></td></tr>
<tr><td rowspan="6">用自准直法测凹透镜的焦距</td><td rowspan="2">1</td><td>L_1 位置</td><td>L_2 位置</td><td>M位置</td><td>O_2S'</td><td></td><td></td><td>f'</td></tr>
<tr><td></td><td></td><td></td><td></td><td></td><td></td><td></td></tr>
<tr><td rowspan="2">2</td><td>L_1 位置</td><td>L_2 位置</td><td>M位置</td><td>O_2S'</td><td></td><td></td><td>f'</td></tr>
<tr><td></td><td></td><td></td><td></td><td></td><td></td><td></td></tr>
<tr><td rowspan="2">3</td><td>L_1 位置</td><td>L_2 位置</td><td>M位置</td><td>O_2S'</td><td></td><td></td><td>f'</td></tr>
<tr><td></td><td></td><td></td><td></td><td></td><td></td><td></td></tr>
</table>

【预习思考题】

(1) 为什么要调节光学系统共轴？调节共轴有哪些要求？怎样调节？

(2) 为什么实验中常用白屏作为成像的光屏？可否用黑屏、透明平玻璃、毛玻璃，为什么？

(3) 为什么实物经会聚透镜两次成像时，必须使物体与像屏之间的距离 D 大于透镜焦距的 4 倍？实验中如果 D 选择不当，对 f' 的测量有何影响？

(4) 在薄透镜成像的高斯公式中，在具体应用时其物距 s、像距 s'、物方焦距 f、像方焦距 f' 的正、负号如何规定？

【课后习题】

(1) 分析比较各种测量薄透镜焦距方法的误差来源. 提出对各种方法优缺点的看法.

(2) 如果会聚透镜的焦距大于光具座的长度，试设计一个实验，以在光具座上能测定它的焦距.

【注意事项】

(1) 不能用手触摸透镜的光学面；透镜不用时，应将其放在光具座的一端，不可随意放在桌面上.

(2) 由于人眼对成像的清晰度分辨能力有限，所以观察到的像在一定范围内都清晰，加之球差的影响，清晰成像位置会偏离高斯像. 为使两者接近，减小误差，记录数值时应使用左右逼近的方法.

实验二十三　等厚干涉现象的研究

光的干涉是光的波动性的一种表现.若将同一点光源发出的光分成两束，让它们各经不同路径后再相会在一起，当光程差小于光源的相干长度，一般就会产生干涉现象.牛顿环干涉和劈尖干涉是等厚干涉非常典型的例子.

等厚干涉现象在科学研究和工业技术上有着广泛的应用，如测量光波的波长，精确地测量长度、厚度和角度，检验试件表面的光洁度，研究机械零件内应力的分布以及在半导体技术中测量硅片上氧化层的厚度等.

任务一　用牛顿环干涉测透镜的曲率半径

【实验目的】

(1) 观察等厚干涉现象，掌握利用牛顿环测定透镜曲率半径的方法.

(2) 进一步熟悉读数显微镜的使用方法.

【实验仪器】

牛顿环仪、钠灯、读数显微镜.

【实验原理】

根据光的干涉理论，当一束单色光照射到透明薄膜上时，分别经膜的上、下两表面反射的光将会在相遇处产生干涉.在不考虑半波损失的情况下，两相干光波的光程差可表示为

$$\delta = 2nh\cos i' \tag{23-1}$$

式中，n 为膜的折射率，h 为膜厚(各点可以不一样)，i' 为光波在膜内的折射角.当

i' 一定时(如平行光入射),光程差 δ 会随薄膜厚度 h 的不同而不同,而相同厚度处则具有相同的干涉条件. 这样所形成的干涉图样就称为等厚干涉图样.

当把一个曲率半径很大的平凸透镜的凸面放在一块平板玻璃上时,便在透镜和平板玻璃之间形成了自中心向外厚度不等的空气薄膜. 用单色光垂直照射透镜表面,在反射光中就可观察到等厚干涉图样. 由于空气膜在距接触点距离相等的各处厚度相等,所以形成的等厚干涉图样是以接触点为圆心的一系列明、暗相间的同心圆环,称为牛顿环.

设平凸透镜凸面的曲率半径为 R,在距接触点 r 处空气膜的厚度为 h. 根据图 23-1 中的几何关系,r,h,R 三者关系为

$$h=\frac{r^2}{2R-h}$$

考虑到 $R \ll h$,上式可近似为

$$h = \frac{r^2}{2R} \tag{23-2}$$

由于光在从光疏介质垂直射向光密介质时,反射光在界面处有半波损失(本实验中,光在空气膜下表面上反射时就存在这种情况),所以距接触点 r 处的两反射光的光程差为(空气折射率 $n=1$)

$$\delta \approx 2nh\cos 0^\circ + \frac{\lambda}{2} = 2\cdot\frac{r^2}{2R}\cos 0^\circ + \frac{\lambda}{2} = \frac{r^2}{R} + \frac{\lambda}{2} \tag{23-3}$$

当 $\delta = 2k\cdot\frac{\lambda}{2}$ 时,在反射光中见到的亮环,即产生亮纹的条件是

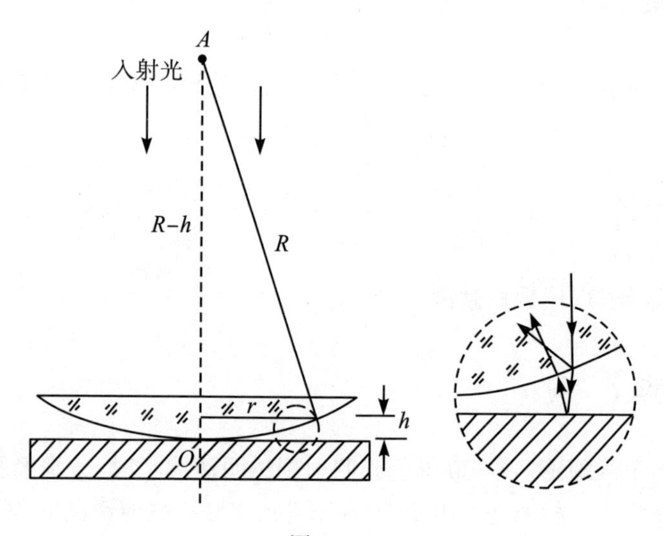

图 23-1

$$\frac{r_k^2}{R}-\frac{\lambda}{2}=2k\cdot\frac{\lambda}{2}=k\lambda \tag{23-4}$$

$$R=\frac{2r_k^2}{(2k+1)\lambda} \tag{23-5}$$

当 $\delta=k\lambda+\frac{\lambda}{2}$ ($k=0,1,2,3,\cdots$)时得到暗条纹,这时有

$$\frac{r_k^2}{R}-\frac{\lambda}{2}=(2k-1)\cdot\frac{\lambda}{2} \tag{23-6}$$

$$R=\frac{r_k^2}{k\cdot\lambda} \tag{23-7}$$

原则上,只要测出某一级干涉条纹(亮纹或暗纹)的半径 r_k,并数出干涉级次 k,就可利用式(23-5)或式(23-7)求出透镜的曲率半径 R(一般是选择暗纹,利用公式(23-7)求半径 R).

实际上,由于灰尘的存在和机械压力使玻璃变形,导致接触处不是一个点,而是一个面. 干涉图样中心不再是零级暗斑,从而数得的干涉级次也与实际不符,直接利用式(23-7)计算,将会给结果带来较大的系统误差.

实验上,为了提高测量结果的精度,通常不是测干涉环半径,而是测量直径. 对测量数据的处理可采用下面两种方法进行.

① 方法一,设第 m 个暗环的直径为 D_m,代入式(23-7)得

$$m\lambda+C=\frac{D_m^2}{4R} \tag{23-8}$$

式中,C 是由于 m 并非是实际的干涉级 k 而引入的修正常量. 可见 D_m^2 与 m 之间是一种线性关系,其斜率 $A=4R\lambda$ 与干涉级次无关. 只要测出一系列 D_m 的值,作出 $D_m^2\sim m$ 关系曲线,从图上求出斜率即可计算出透镜曲率半径 R.

② 方法二:设第 m 和第 n 个暗环的直径分别为 D_m,D_n,则有

$$m\lambda+C=\frac{D_m^2}{4R}$$

$$n\lambda+C=\frac{D_n^2}{4R}$$

两式相减,可得

$$R=\frac{D_m^2-D_n^2}{4(m-n)\lambda} \tag{23-9}$$

只要测得 D_m,D_n,并数出环纹序数之差($m-n$),即可利用上式求出透镜曲率半径 R.

理论上可以证明,当以 m 环和 n 的同一割线上的弦对应地代替式(23-9)中的直径 D_m,D_n 时,所得的结果仍为 R. 故用式(23-9)测量 R 时还可以测量显微镜十字叉丝不过圆心所引入的误差. 实验中尽可能地测量干涉圆环的直径,这样容易对

准,可减小瞄准误差.

【实验步骤和要求】

(1) 调节牛顿环仪的三个调节螺钉,使干涉圆环中心基本上处在牛顿环仪的中心.

注意:不要拧得太紧,以免使接触处严重变形.

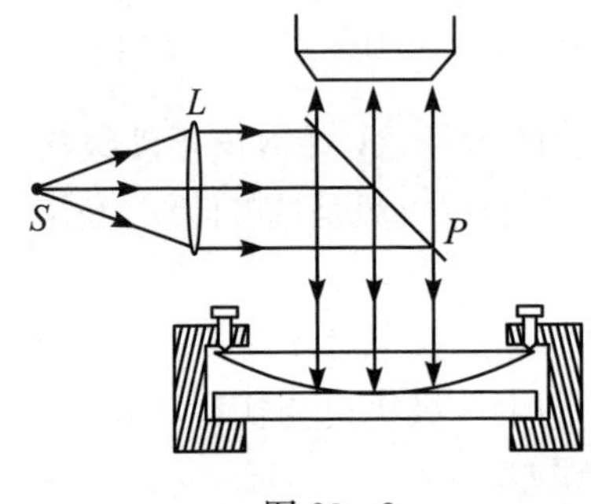

图 23-2

(2) 按图 23-2 所示安排好光路,使得从光源(本实验用钠灯作为准单色光源)发出的光经凸透镜 L 会聚和半反半透镜 P 的反射后,以平行光的形式垂直照射到牛顿环仪上,并使光源的高度与读数显微镜上的半反膜大致等高,视场较亮.

(3) 调节读数显微镜的目镜,使在目镜中能清晰地看到叉丝. 调节读数显微镜物镜上下位置,使视场中能清晰地看到牛顿环. 适当移动牛顿环仪,使牛顿环中心基本与叉丝中心相重合.

(4) 旋转读数显微镜的测量微调手轮,使叉丝离开牛顿环中心暗斑. 从明显的第一暗环纹(测量暗环纹容易对准)向外数至第 m 环(如第 20 环)纹之外,然后反向旋转微调手轮使叉丝的中竖线与该暗纹中心相切,记下此位置的读数. 继续沿着同一方向逐级向中心数测到 n 环(如测到距中心为第 10 环处). 详细记录出环数与相应的位置读数,待叉丝中竖线通过牛顿环中心暗斑后,继续按同一方向依次从明显的第一暗环纹数到 n 环(即第 10 环)时,再开始记测环数与相应的位置读数,直到第 m 环(即第 20 环). 这样即可求得各个暗环的直径. 注意,不能数错环纹数. 将数据填入表 23-1.

表 23-1

级 数	m_i	20	19	18	17	16	15	14	13	12	11
位 置	左										
	右										
直 径	D_{m_i}										
级 数	m_i	10	9	8	7	6	5	4	3	2	1
位 置	左										
	右										
直 径	D_{m_i}										

（5）按如下方法处理数据.

① 方法一：利用第 m 环（如第 20 环）和第 n 环（如第 10 环）的直径，直接代入式（23－7），计算得

$$R=\frac{D_{20}^2-D_{10}^2}{4(20-10)\lambda}=\frac{D_{20}^2-D_{10}^2}{40\lambda} \tag{23-10}$$

这样处理，计算方便，可随时进行校验.

② 方法二：利用所测各环纹的直径 D_i（i 是任一级暗环纹序数），以 D_i^2 为纵坐标，以其相应的环纹序数 i 为横坐标，在方格坐标纸上标出数据点，作图得一直线. 参考式（23－8），直线的斜率 $A=4R\lambda$，可求得 R

$$R=\frac{A}{4\lambda} \tag{23-11}$$

③ 方法三（逐差法）：将所测得的一系列环纹直径（一般测量偶数个）按从小到大的顺序排列，并从中间等分成两组：

A 组：$D_1,D_2,D_3,\cdots,D_n$

B 组：$D_{n+1},D_{n+2},D_{n+3},\cdots,D_{2n(=m)}$

将相应直径的平方相减，即 $D_{n+i}^2-D_i^2$，如 $D_{20}^2-D_{10}^2$，$D_{19}^2-D_9^2$ 等. 这样，用每一对直径平方差都可以求出一个曲率半径值

$$R_i=\frac{D_{n+i}^2-D_i^2}{4(n+i-i)\lambda}=\frac{D_{n+i}^2-D_i^2}{4n\lambda} \tag{23-12}$$

取算术平均，得最后结果

$$\bar{R}=\frac{\sum_{i=1}^{n}\left(\frac{D_{i+n}^2-D_i^2}{4n\lambda}\right)}{n}=\sum_{i=1}^{n}\left(\frac{D_{i+n}^2-D_i^2}{4n^2\lambda}\right) \tag{23-13}$$

【预习思考题】

（1）牛顿环干涉条纹一定会成为圆环形状吗？其形成的干涉条纹定域在何处？

（2）从牛顿环仪透射出到环底的光能形成干涉条纹吗？如果能形成干涉环，则与反射光形成的条纹有何不同？

（3）实验中为什么要测牛顿环直径而不测其半径？

【课后习题】

（1）测量中，叉丝中心与牛顿环纹中心是否一定要重合？若不重合对测量结果有无影响？为什么？

(2) 牛顿环干涉条纹产生的条件是什么?

(3) 牛顿环干涉条纹的中心在什么情况下是暗的? 什么情况下是亮的?

(4) 分析牛顿环相邻暗(或亮)环之间的距离(靠近中心的与靠近边缘的大小).

(5) 为什么说测量显微镜测量的是牛顿环的直径而不是显微镜内被放大了的直径? 若改变显微镜的放大倍率,是否影响测量的结果?

(6) 实验中如果用凹透镜代替凸透镜,所得数据有何异同?

(7) 如何用等厚干涉原理检验光学平面的表面质量?

【附录】

一、逐差法处理数据的误差

根据计算式

$$R=\frac{D_m^2-D_n^2}{4(m-n)\lambda}$$

可得 n 个 R_i 值,于是有

$$\bar{R}=\sum_{i=1}^{n}R_i$$

我们要得到的测量结果是 $R=\bar{R}\pm u_R$. 由不确定度的定义知

$$u_R=\sqrt{u_{\mathrm{A}}^2+u_{\mathrm{B}}^2}$$

其中, A 类不确定度 u_{A} 为

$$u_{\mathrm{A}}=S_i=\sqrt{\frac{\sum\limits_{i=1}^{n}(x_i-\bar{x})^2}{n-1}}$$

式中, $i=1,2,3,\cdots,n$ 表示测量次数. B 类不确定度 u_{B}

$$u_{\mathrm{B}}=\Delta_{\text{仪}}$$

式中, $\Delta_{\text{仪}}$ 为仪器误差或仪器的基本误差或允许误差或显示数值误差. 本次实验的显微镜的读数机构的测量精度

$$u_{\mathrm{B}}=\frac{0.01}{2}=0.005\ (\mathrm{mm})$$

可分别求出直接测量 u_{D_m}, u_{D_n}.

二、读数显微镜

如图 23-3 所示,读数显微镜的主要部分包括放大待测物体用的显微镜和读

数用的主尺和附尺. 转动测微手轮，能使显微镜左右移动. 显微镜由物镜、目镜和十字叉丝组成. 使用时，将被测量的物体放在工作台上，用压片固定. 调节目镜进行视度调节，使叉丝清晰. 转动调焦手轮，从目镜中观察，使被测量的物体成像清晰，调整被测量的物体，使其被测量部分的横面和显微镜的移动方向平行. 转动测微手轮，使十字叉丝的纵线对准被测量物体的起点，进行读数(读数由主尺和测微等手轮的读数之和组成). 读数标尺上为 0～50 mm 刻线，每一格的值为 1 mm，读数鼓轮圆周等分为 100 格，鼓轮转动一周，标尺就移动一格，即 1 mm，所以鼓轮上每一格的值为 0.01 mm. 为了避免回程误差，应采用单方向移动测量.

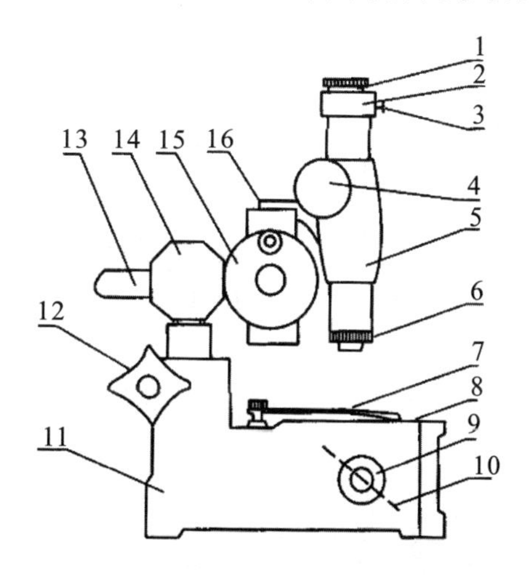

1. 目镜　2. 锁紧圈　3. 锁紧螺丝　4. 调焦手轮　5. 镜筒支架　6. 物镜　7. 弹簧压片　8. 台面玻璃　9. 旋转手轮　10. 反光镜　11. 底座　12. 旋手　13. 方轴　14. 接头轴　15. 测微手轮　16. 标尺

图 23-3　读数显微镜结构

三、钠光光源

灯管内有两层玻璃泡，装有少量氩气和钠，通电时灯丝被加热，氩气即放出淡紫色光，钠受热后汽化，渐渐放出两条强谱线 589.0 nm 和 589.6 nm，通常称为钠双线，因两条谱线很接近，实验中可认为是比较好的单色光源，通常取平均值 589.3 nm 作为该单色光源的波长. 由于它的强度大，光色单纯，是最常用的单色光源.

使用钠光灯时应注意以下几点：

(1) 灯点燃后，需等待一段时间才能正常使用(起燃时间需 5～6 min).

(2) 每开、关一次对灯的寿命都有影响，因此不要轻易开、关. 另外，灯在正常使用下也有一定消耗，其使用寿命只有 500 h，因此应做好准备工作，集中使用时间.

(3) 开亮时应垂直放置，不得受冲击或振动，使用完毕，须等冷却后才能颠倒摇动，以避免金属钠流动影响灯的性能.

四、牛顿环仪

牛顿环仪是由待测平凸透镜 L 和磨光的平玻璃板 P 叠和安装在金属框架 F 中构成的，如图 23 - 4 所示. 框架边上有三个螺旋 H，用来调节 L 和 P 之间的接触，以改变干涉条纹的形状和位置. 调节 H 时，螺旋不可旋得过紧，以免接触压力过大引起透镜弹性形变，甚至损坏透镜，使用完以后松动 H，以免透镜长时间挤压而变形.

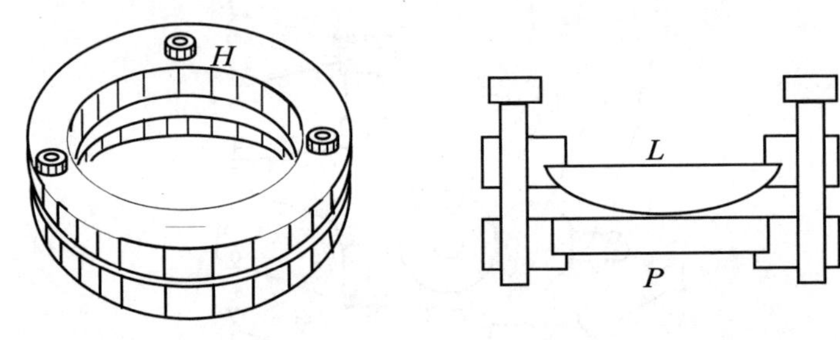

图 23 - 4　牛顿环示意图

任务二　劈尖干涉

【实验目的】

(1) 根据等厚干涉原理设计空气劈尖干涉，测量细丝直径或薄片厚度.

(2) 设计检查玻璃平面平整度的光学方法并进行观察和测量.

【实验仪器】

读数显微镜、单色光源、劈尖装置(二平板玻璃)等.

【实验原理】

一、劈尖干涉

劈形膜由两个平整的表面组成，两个面之间有一个很小的夹角，简称劈尖. 如图 23－5 所示.

当平行光垂直入射时，在膜的上下表面产生的反射光可以在膜的上表面处相遇产生干涉. 由于劈尖的顶角很小，可以近似把上下表面反射的两束光看做均沿垂直方向向上传播，由此可得两反射光的光程差为

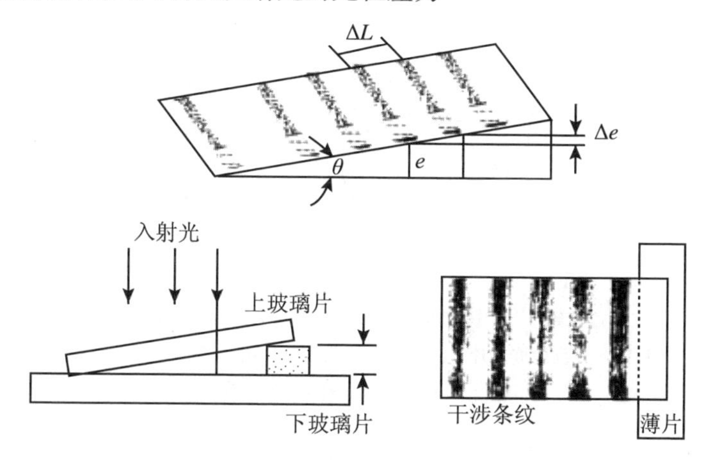

图 23－5　劈尖及干涉原理图

$$\delta = 2ne + \frac{\lambda}{2}$$

式中，e 为薄膜上某一位置的厚度，$\frac{\lambda}{2}$是两反射光线之一在反射时由于半波损失而产生的附加光程差. 由干涉极大与极小的条件可知

$$\delta = 2ne + \frac{\lambda}{2} = \begin{cases} k\lambda & （干涉极大）\\ (2k+1)\dfrac{\lambda}{2} & （干涉极小）\end{cases} \qquad (k = 1,2,3,\cdots)$$

由上式可知，对应一定的级次 k，无论是明纹还是暗纹都对应一定的薄膜厚度 e. 正是由于这一特征，我们将其称为等厚干涉条纹.

由于劈型膜的厚度仅由距离劈尖边的长度决定，因此劈尖干涉条纹应为平行于棱边的直条纹，在劈尖的棱边处为零级暗纹，条纹级次随膜厚的增加而增加. 相邻干涉条纹所对应的薄膜的厚度 e_k 和 e_{k+1} 与条纹的间距之间的关系为

$$\Delta L \sin\theta = e_{k+1} - e_k$$

则

$$\Delta L = \frac{e_{k+1} - e_k}{\sin\theta} = \frac{\lambda}{2n\sin\theta} \approx \frac{\lambda}{2n\theta} \tag{23-14}$$

图 23-6 所示为劈尖干涉实验示意图.

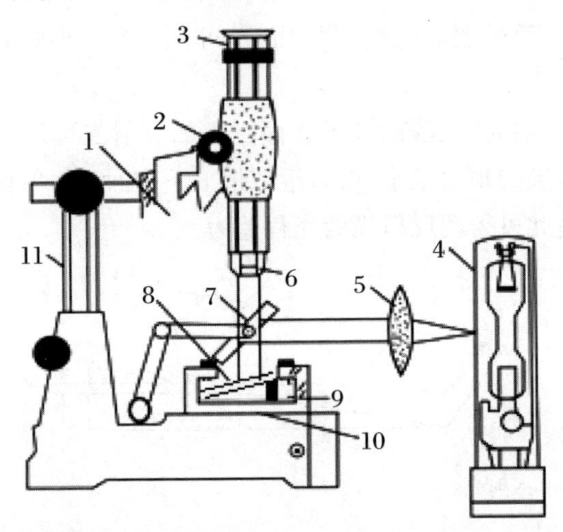

1. 读数鼓轮　2. 物镜调节螺钉　3. 目镜　4. 纳光灯　5. 平板玻璃
6. 物镜　7. 反射玻璃片　8. 劈尖　9. 载物台　10. 支架

图 23-6　劈尖干涉实验示意图

二、利用劈尖干涉测量薄片厚度

如图 23-7 所示,将两块光学平板玻璃叠在一起,在一端插入一细丝(或薄片等),则在两平板玻璃之间形成一空气劈尖($n=1$).

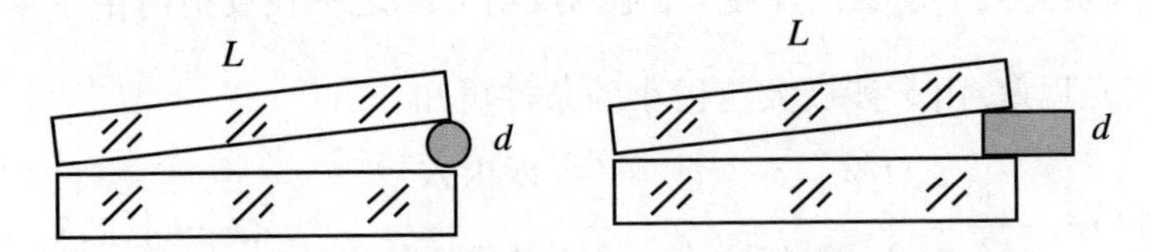

图 23-7　利用劈尖干涉测量细丝直径和薄片厚度

当用波长为 λ 的单色光垂直照射时,在劈尖上、下两表面反射的两束光发生干涉,形成明暗相间的、相互平行的干涉条纹. 干涉条纹间距为 ΔL,劈尖至细丝或薄片的距离是 L,设细丝的直径或薄片厚度为 d,参考式(23-14)则下列公式成立:

$$\frac{d}{L}=\frac{\frac{\lambda}{2}}{\Delta L} \tag{23-15}$$

推得

$$d=\frac{\lambda L}{2\Delta L} \tag{23-16}$$

根据式(23-16)就可测量细丝的直径或薄片的厚度.

三、利用劈尖干涉测量薄片厚度

如图 23-8 所示,一光学平板玻璃与待检玻璃之间形成空气劈尖,用波长为 λ 的单色光垂直照射时,形成等厚干涉条纹.由于待检玻璃不平整,有些部分凸起,形成的干涉条纹会出现弯曲,如图 23-8 所示.

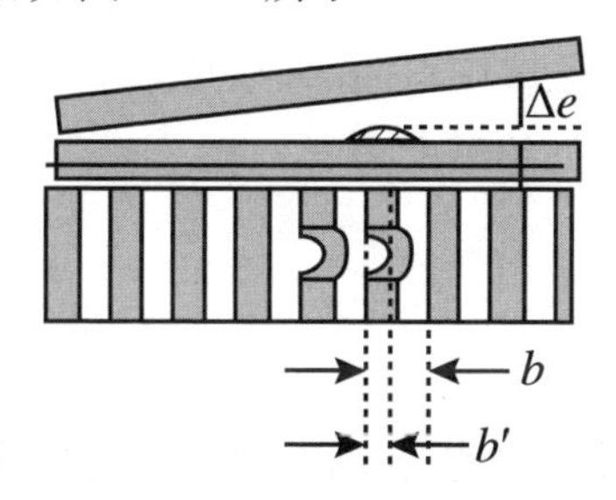

图 23-8　利用劈尖干涉检查玻璃平面平整度

此处,设相邻干涉条纹间距为 b,干涉条纹中弯曲部分的最大高度为 b',用移测显微镜测量出来,则待检玻璃不平处的凸起最大高度为 Δe 满足

$$\frac{\frac{\lambda}{2}}{b}=\frac{\Delta e}{b'} \tag{23-17}$$

推得

$$\Delta e=\frac{b}{b}\cdot\frac{\lambda}{2} \tag{23-18}$$

根据式(23-18)就可测量玻璃平面凸起处的最大高度,即可得到玻璃平面平整度.

【实验步骤与要求】

一、利用光的劈尖干涉测量薄片厚度

如图 23-9 所示,利用光的劈尖干涉测量薄片厚度.

（1）把一侧夹有待测薄片或细丝的两块玻璃板放在显微镜的载物台上，调整显微镜，使视场中出现一系列清晰的明暗直条纹．读数时要保证整个劈尖位于显微镜移测范围之内．

（2）用显微镜测量劈尖到薄片的长度 L，重复测量 3 次．

（3）测量相邻 10 条暗条纹之间的距离 L_{10}，重复测量 3 次．

（4）计算薄片厚度．

二、设计检查玻璃平面平整度的光学方法并进行观察和测量

（1）用一光学平板玻璃与待检玻璃之间形成空气劈尖，单色光垂直照射形成等厚干涉条纹，调节显微镜使干涉条纹最清晰，观察畸变干涉条纹．

（2）测量相邻 10 条暗条纹之间的距离 L_{10}．

（3）用显微镜测量干涉条纹中弯曲部分的最大高度 b'．

（4）计算玻璃平面凸起处的最大高度．

【注意事项】

（1）显微镜的光学表面不清洁，要用专门的擦镜纸轻轻揩拭．

（2）不准用手触摸仪器的光学表面，禁止对着镜头哈气．

（3）测量显微镜的测微鼓轮在每一次测量过程中只能向一个方向旋转，中途不能反转．

（4）当用镜筒对待测物聚焦时，为防止损坏显微镜物镜，正确的调节方法是使镜筒移离待测物（即提升镜筒），即自下而上调节．

（5）由于干涉条纹并不细锐，其中心不易找准，在条纹的间距测量时为减小误差应该用十字准线每次与明、暗条纹的交界线重合；测量劈尖长度时，劈尖棱边和薄片处均以内侧位置为准．

（6）测量过程中，要保证桌面平稳，无振动，显微镜不得摇晃．

【预习思考题】

（1）在劈尖干涉测量中，为什么在一次测量中，读数显微镜只能向单方向移动？

（2）劈尖干涉条纹与牛顿环有何异同？试分析其原因．

（3）劈尖干涉条纹是由哪两束光干涉而产生的？为什么称为等厚干涉？

【课后习题】

（1）等厚干涉条纹一定是直条纹吗？为什么？

（2）在劈尖干涉实验中，若形成劈尖装置的玻璃中上面是一光学平板玻璃，下面的玻璃有局部微小凸起，将导致干涉条纹畸变，试问此时干涉条纹是上凸还是下凹？为什么？

（3）用白光照射时能否看到劈尖干涉条纹？此时的条纹有何特征？

（4）为测定 Si 上的 SiO_2 厚度 d，可用化学方法将 SiO_2 膜的一部分腐蚀成劈尖形. 现用 $\lambda = 5\ 893\ \text{Å}$ 的光垂直入射，观察到 7 条明纹，求：SiO_2 的厚度 d.

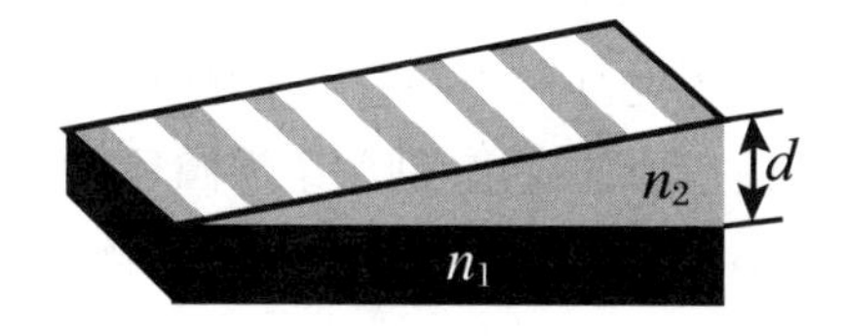

图 23-9

实验二十四　迈克尔逊干涉仪的调整及使用

迈克耳逊干涉仪是一种典型的利用分振幅方法实现干涉的光学仪器，作为近代精密测量光学仪器之一，被广泛用于科学研究和检测技术等领域. 例如，人们利用它将标准米的长度通过波长表示出来；利用它很方便地测定气体、液体的折射率和气体浓度；利用它的干涉效应来研究光谱的精细结构；利用它来讨论时间的相干性等等. 自从激光问世以后，迈克耳逊干涉仪又充满了新的活力，特别是在现代激光光谱学领域中有着广泛而重要的应用. 利用干涉圆环在中心的陷入或涌出，干涉仪能以极高的精度测量微小长度变化以及与此相关的物理量.

【实验目的】

(1) 了解迈克尔逊干涉仪的结构和干涉花样的形成原理.

(2) 学会迈克尔逊干涉仪的调整和使用方法.

(3) 观察等倾干涉条纹，测量 He-Ne 激光的波长.

(4) 观察等厚干涉条纹，测量钠光的双线波长差.

【实验仪器】

迈克尔逊干涉仪、激光器、钠光灯、毛玻璃屏、扩束镜等.

【实验原理】

一、用迈克尔逊干涉仪测量 He-Ne 激光波长

迈克尔逊干涉仪(图 24 - 1)的典型光路如图 24 - 2 所示. 图中 M_1 和 M_2 是两个平面反射镜，分别装在相互垂直的两臂上. M_2 位置固定而 M_1 可通过精密丝杆沿臂长方向移动；M_1 和 M_2 的倾角可通过背面三个螺丝调节. G_1 和 G_2 是两块完全相同的玻璃板，在 G_1 的后表面上镀有半反半透膜，能使入射光分为振幅相等的反射光

和透射光，称为分光板. G_1 和 G_2 与 M_1 和 M_2 均成 45° 角倾斜安装.

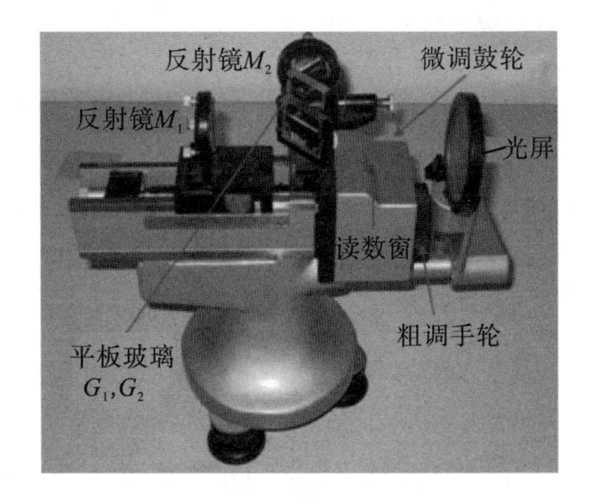

图 24-1　迈克尔逊干涉仪实物

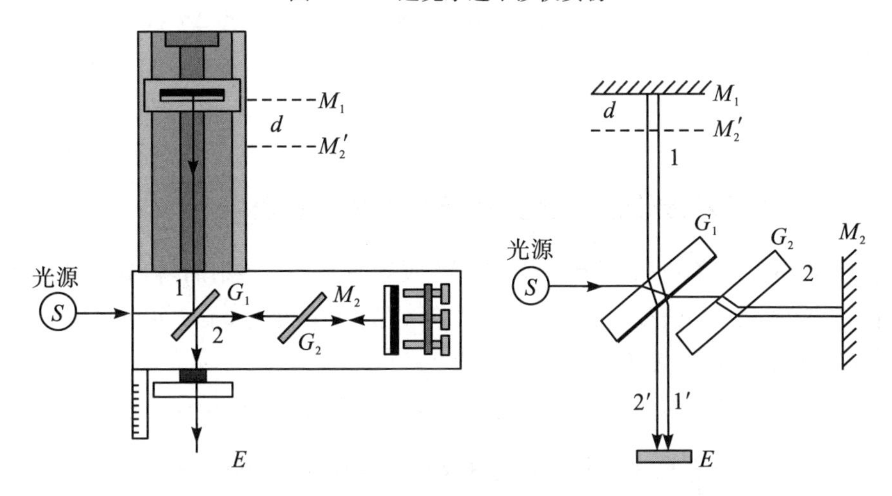

图 24-2　迈克尔逊干涉仪等倾干涉光路图

由光源发出的光束，通过分光板 G_1 分成反射光束 1 和透射光束 2，分别射向 M_2 和 M_1，并被反射回到视场. 由于两束光是相干光，从而产生干涉. 干涉仪中 G_2 称为补偿板，是为了使光束 2 也同光束 1 一样地三次通过玻璃板，以保证两光束间的光程差不致过大(这对使用单色性不好的光源是必要的). 由于 G_1 膜的反射，使在 M_1 附近形成 M_2 的一个虚像 M_2'. 因此，在迈克尔逊干涉仪中产生的干涉相当于厚度为 d 的空气薄膜所产生的干涉，可以等效为距离为 $2d$ 的两个虚光源 S_1 和 S'_2 发出的相干光束. 即 M_1 和 M'_2 反射的两束光程差为

$$\delta=2d\cdot n\cos i \tag{24-1}$$

两束相干光明暗条件为

$$\delta=2d\cdot n\cdot \cos i=\begin{cases}k\lambda & 亮\\ \left(k+\frac{1}{2}\right)\lambda & 暗\end{cases}\quad (k=1,2,\cdots) \tag{24-2}$$

式(24－2)中,i 为反射光 $1'$ 在平面反射镜 M_1 上的反射角,λ 为激光的波长,n 为空气薄膜的折射率(取 $n=1$),d 为薄膜厚度.

凡 i 相同的光线光程差相等,并且得到的干涉条纹随 M_1 和 M_2' 的距离 d 而改变. 当 $i=0$ 时光程差最大,在 O 点处对应的干涉级数最高. 由式(24－2)得

$$2d\cos i=k\lambda\Rightarrow d=\frac{k}{\cos i}\cdot\frac{\lambda}{2}=k\cdot\frac{\lambda}{2} \tag{24-3}$$

$$\Delta d=N\cdot\frac{\lambda}{2} \tag{24-4}$$

由式(24－4)可知,当 d 改变一个 $\frac{\lambda}{2}$ 时,就有一个条纹"涌出"或"陷入",所以在实验时只要数出"涌出"或"陷入"的条纹个数 N,读出 d 的改变量 Δd 就可以计算出光波波长 λ 的值

$$\lambda=\frac{2\Delta d}{N} \tag{24-5}$$

二、用迈克尔逊干涉仪测量钠光的双线波长差

因光源的绝对单色(λ 一定),经 M_1,M_2' 反射及 G_1,G_2 透射后,得到一些因光程差相同的圆环,Δd 的改变仅是"涌出"或"陷入"的 N 在变化,条纹的可见度 V 一直是不变的,即条纹清晰度不变.

如果使用的光源包含两种波长 λ_1 和 λ_2,且 λ_1 和 λ_2 相差很小(如钠光),当光程差为 $\delta=k\lambda_1=\left(k+\frac{1}{2}\right)\lambda_2$(其中 k 为正整数)时,两种波长相近的光产生的条纹是重叠的亮纹和暗纹,使得视野中条纹的可见度降低,若 λ_1 和 λ_2 的光的亮度又相同,则条纹的可见度为零,即看不清条纹了.

在逐渐移动 M_1 以增加(或减小)光程差,可见度逐渐提高,直到 λ_1 的亮条纹和 λ_2 的亮条纹重合,暗条纹与暗条纹重合,此时可看到清晰的干涉条纹,再继续移动 M_1,条纹的可见度又下降. 当光程差

$$\begin{aligned}\delta+\Delta\delta&=(k+\Delta k)\lambda_1\\&=\left(k+\Delta k+\frac{1}{2}\right)\lambda_2\end{aligned}$$

时,可见度最小(或为零).

因此,在视场中心处,从某一可见度为零的位置到下一个可见度为零的位置,

其间光程差的变化应该为 $\Delta\delta=\Delta k\cdot\lambda_1=(\Delta k+1)\cdot\lambda_2$，化简后得

$$\Delta\lambda=\frac{\lambda_1\lambda_2}{\Delta\delta}\approx\frac{\bar{\lambda}^2}{\Delta\delta} \tag{24-6}$$

式(24 - 5)中，$\Delta\lambda=|\lambda_1-\lambda_2|$，$\bar{\lambda}=\frac{\lambda_1+\lambda_2}{2}$. 利用公式(24 - 6)可以测出钠黄光双线的波程差 $\Delta\lambda$.

【实验步骤与要求】

一、迈克尔逊干涉仪的调节方法和主要步骤

(1) 把 M_1 和 M_2 背后的三个螺丝调到均匀轻微受力状态，把连接定镜 M_2 的两个微调拉簧螺丝调到中间状态. 旋转粗动鼓轮，使 M_1 和 M_2 到分光板 G_1 的距离大致相等.

(2) 打开 He-Ne 激光器，使激光束沿 M_1 和 M_2 的中垂线垂直入射到 M_1 和 M_2 上(调节方法是：分别调节 M_1 和 M_2 背后的三个螺丝，使 M_1 和 M_2 各自的反射光分别回射到激光出射窗).

(3) 在干涉区放一白屏(或白纸)，可观察到两排激光光点. 再仔细调节 M_1 和 M_2 背后的三个螺丝，使两个主光斑完全重合，并且能看到小条纹.

(4) 在激光器和干涉仪之间的光路上放上一个短焦距透镜，以获得从透镜焦点上发出的面光源. 此时观察屏会出现圆形干涉条纹.

(5) 调节连接 M_2 的两个微调拉簧螺丝，使干涉条纹的圆心位于观察屏上视场的中心. 调节完成.

注意事项：

① 激光器内有高压电源，请勿随意触碰！眼睛不要直视激光光束！

② 绝对不允许用手触摸各光学元件的表面，也不允许随意擦拭.

③ 在测量过程中，应避免外界的干扰.

④ 为了使测量结果正确，必须避免引入空程，应将手轮按某一方向转几圈，直到干涉条纹开始均匀移动后，才可测量. 为了避免回程误差，测量手轮只能向一个方向转中间不能倒退.

二、测量 He-Ne 激光的波长

(1) 用扩束镜使激光束产生面光源，按上述步骤反复调节，直到毛玻璃屏上出现清晰的等倾干涉条纹.

(2) 连续同一方向转动微调手轮，仔细观察屏上的干涉条纹“涌出”或“陷入”

现象，先练习读毫米标尺、读数窗口和微调手轮上的读数.

(3) 掌握干涉条纹“涌出”或“陷入”个数、速度与调节微调手轮的关系.

(4) 经上述调节后，读出动镜 M_1 所在的相对位置，记下此时的位置，然后沿同一方向转动微调手轮，仔细观察屏上的干涉条纹“涌出”或“陷入”的个数. 每隔 100 个条纹，记录一次动镜 M_1 的位置(在用激光器测波长时，动镜 M_1 的位置应保持在 30～60 mm 范围内). 共记 400 条条纹，读 5 个位置的读数，填入表 24 - 1 中.

注意：

为了测量读数准确，使用干涉仪前必须对读数系统进行校正.

表 24 - 1

	d_1	d_2	d_3	d_4	d_5
动镜位置					
移动 100 个条纹动镜的变化 Δd					

(5) 由式(24 - 5)计算出 He-Ne 激光的波长. 取其平均值 $\bar{\lambda}$ 与公认值(632.8 nm)比较，并计算其相对误差.

三、测量钠光双线波长差

(1) 以钠光为光源，使之照射到毛玻璃屏上，使形成均匀的扩束光源以便于加强条纹的亮度. 在毛玻璃屏与分光镜 G_1 之间放一叉线(或指针). 在 E 处进行观察. 如果仪器未调好，则在视场中将见到叉丝(或指针)的双影. 这时必须调节 M_1 或 M_2 镜后的螺丝，以改变 M_1 或 M_2 镜面的方位，直到双影完全重合. 一般地说，这时即可出现干涉条纹，再仔细、慢慢地调节 M_2 镜旁的微调弹簧，使条纹呈圆形.

(2) 把圆形干涉条纹调好后，缓慢移动 M_1 镜，使视场中心的可见度最小，记下镜 M_1 的位置 d_1 再沿原来方向移动 M_1 镜，直到可见度最小，记下 M_1 镜的位置 d_2，即得到

$$\Delta\delta=\Delta d=|d_2-d_1|$$

(3) 按上述步骤重复 3 次，求得 $\overline{\Delta\delta}$，代入式(24 - 6)，计算出纳光的双线波长差 $\Delta\lambda$，取 $\bar{\lambda}$ 为 589.3 nm.

【预习思考题】

(1) 简述本实验所用干涉仪的读数方法.

(2) 怎样利用干涉条纹的“涌出”和“陷入”来测定光波的波长？

(3) 实验中，如果没有补偿板，干涉条纹会怎么变化？

【课后习题】

(1) 分析扩束激光和钠光产生的圆形干涉条纹的差别.

(2) 调节钠光的干涉条纹时,如果确使双影重合,但条纹并不出现,试分析可能产生的原因.

(3) 迈克尔逊干涉仪形成的圆形条纹和牛顿环干涉条纹有何异同?

(4) 什么是测量的回程误差? 怎样防止回程误差的产生?

(5) 如何利用迈克尔逊干涉仪测空气的折射率 n?

实验二十五　分光计的调节和棱镜顶角的测定

分光计是一种常用的测量光线偏折方向的仪器，用它可以测定光线偏转的角度，如反射角、折射角、衍射角等等，因而也称测角仪. 光学中的许多基本量如光波波长、折射率、光栅常数等都可以直接或间接地用光线的偏转角来表示，因而这些量都可以用分光计来测量. 分光计的基本光学结构又是许多光学仪器（如棱镜光谱仪、光栅光谱仪、分光光度计、单色仪等）的基础. 因此掌握分光计的结构、调节和使用，对于了解和使用各种分光光谱仪器有重要意义，能为今后使用更为精密的光学仪器打下良好基础.

【实验目的】

（1）了解分光计的构造原理和各部件的作用.

（2）掌握分光计的调整和使用方法.

（3）用分光计测量三棱镜的顶角.

【仪器和用具】

分光计（如 JJY1 型）、钠灯、三棱镜等.

【实验原理】

一、分光计的基本结构

分光计的型号很多，但结构基本相同，主要由自准直望远镜、平行光管、载物台、刻度盘和游标盘等部分组成（图 25－1）. 分光计的下部是个三角底座，中央有一个中心轴，望远镜、载物台和读数圆盘可绕中心轴转动.

（一）自准直望远镜

望远镜是用来观察平行光的. 分光计采用的是自准直望远镜（阿贝式）. 它是由

目镜、叉丝分划板和物镜三部分组成，分别装在三个套筒中，这三个套筒一个比一个大，彼此可以互相滑动，以便调节聚焦，如图 25-2 所示. 中间的一个套筒装有一块圆形分划板，分划板面刻有"‡"形叉丝，分划板的下方紧贴着装有一块 45°全反射小棱镜，在与分划板相贴的小棱镜的直角面上，刻有一个"＋"形透光的叉丝. 在望远镜看到的"＋"像就是这个叉丝(物)的像. 叉丝套筒上正对着小棱镜的另一个直角面处开有小孔并装一小灯，小灯的光进入小孔经全反射小棱镜反射后，沿望远镜光轴方向照亮分划板，以便于调节和观测.

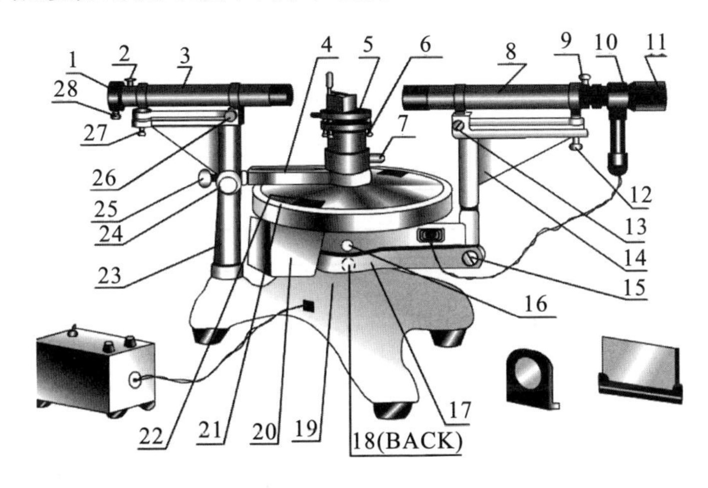

1. 狭缝　2. 紧固螺钉　3. 平行光管　4. 制动架　5. 载物台　6. 载物台调平螺钉(3 只)　7. 载物台锁紧螺钉　8. 望远镜　9. 紧固螺钉　10. 分化板　11. 目镜　12. 仰角螺钉　13. 望远镜光轴水平螺钉　14. 支臂　15. 转角微调　16. 主尺止动螺钉　17. 制动架　18. 望远镜止动螺钉　19. 底座　20. 转座　21. 主尺　23. 游标盘　23. 立柱　24. 游标盘微调螺钉　25. 游标盘止动螺钉　26. 平行光管光轴水平螺钉　27. 仰角螺钉　28. 狭缝调节

图 25-1　分光计的结构示意图

(二) 平行光管

平行光管的作用是产生平行光，其构造如图 25-3 所示. 在管的一端装有一个消色差的透镜，另一端有一个宽度可调的狭缝，狭缝装在一个可伸缩的套筒的一端. 伸缩套筒可把狭缝调到透镜的焦平面上，当平行光管外有光照亮狭缝时，通过狭缝的光经透镜后就成为了平行光. 狭缝的宽度可通过图 25-1 中的螺丝 28 调节，调节范围为 0.02～2 mm. 旋松螺丝图 25-1 中的螺丝 2 可以使狭缝套筒前后移动，以改变狭缝和物镜的距离，当狭缝的平面调到物镜的焦平面上时，则平行光管可以发出平行光. 平行光管的俯仰可由倾斜度调节图 25-1 中的螺丝 27 来进行调节.

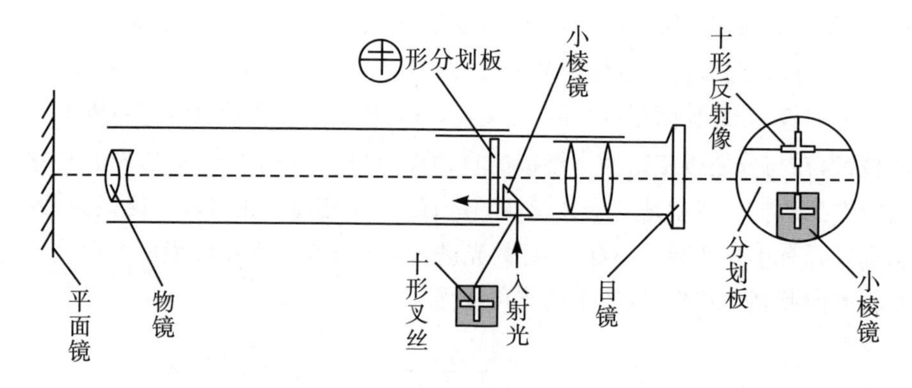

图 25-2　自准望远镜结构

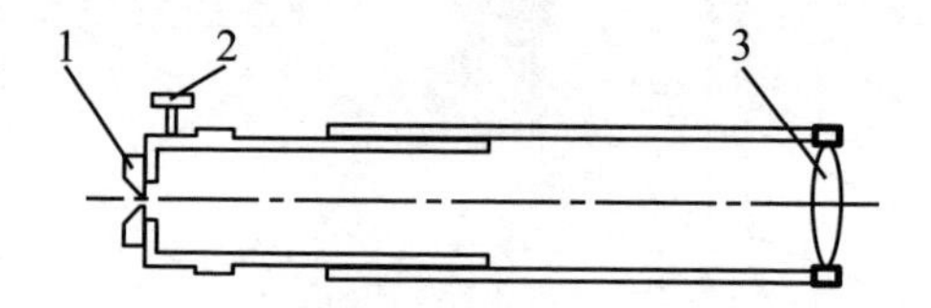

1. 狭缝　2. 调节缝宽螺钉　3. 凸透镜

图 25-3　平行光管结构图

（三）载物台

载物台是一圆形平台，套装在游标盘上，可以绕中心轴转动，用来放置光学元件，如光栅、棱镜等. 平台下有三个螺钉，用来调节平台的水平度.

（四）读数装置

读数圆盘由 360°刻度盘和游标盘两部分组成，如图 25-4 所示. 测量时，使望远镜带动刻度盘一起绕分光计的中心轴转动，而将游标盘锁定，保持游标盘上的游标位置不动. 分光计的读数原理与游标卡尺相同. 刻度盘上的 29 个分度小格对应于弯游标上的 30 个分度小格，刻度盘上最小分度是 30′，因此，弯游标的最小分度是 1′. 读数方法是根据弯游标的零刻度线所在的位置，读出刻度盘上的值，再读出弯游标上与刻度盘恰好对齐的刻线的值，两者相加即为所测角度的读数值. 如图 25-4(a)所示的位置，其度数为 116°15′.

分光计在相隔 180°的对称方向上有两个弯游标. 测量时两个弯游标处要同时读数，分别算出两个弯游标处前后两次读数之差，再取平均值，可以消除读数圆盘的圆心与分光计的中心轴线不重合所引起的偏心差，如图 25-4(b)所示. 当望远镜在位置 1 时，左右两边的弯游标处的读数分别为 $\theta_{左1}$ 和 $\theta_{右1}$，转到位置 2 时，左右两边的弯游标处的读数分别为 $\theta_{左2}$ 和 $\theta_{右2}$，则两个弯游标处前后两次读数差分别为

$$\left.\begin{array}{l}\varphi_{左}=|\theta_{左2}-\theta_{左1}|\\ \varphi_{右}=|\theta_{右2}-\theta_{右1}|\end{array}\right\}\tag{25-1}$$

因而,望远镜光轴绕分光计中心轴转过的角度是

$$\varphi=\frac{1}{2}(\varphi_{左}+\varphi_{右})=\frac{1}{2}(|\theta_{左2}-\theta_{左1}|+|\theta_{右2}-\theta_{右1}|)\tag{25-2}$$

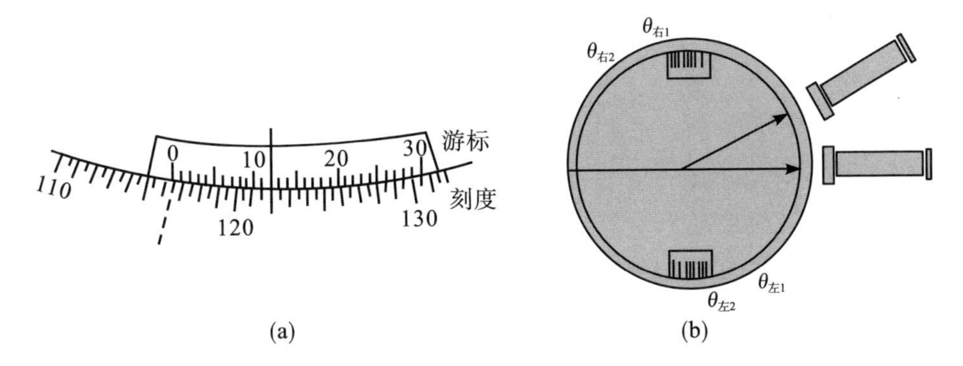

图 25-4　读数装置

二、三棱镜顶角的测量

(一) 用自准法测量三棱镜的顶角

三棱镜由两个光学面 AB 和 AC 及一个毛玻璃面 BC 构成. 三棱镜的顶角是指 AB 与 AC 的夹角 α,如图 25-5 所示.

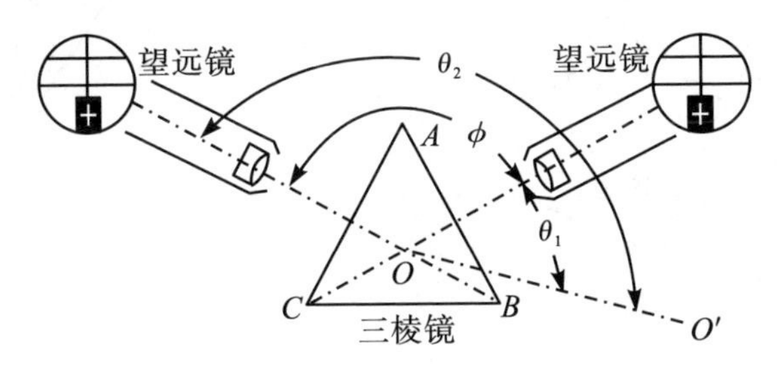

图 25-5　自准法测量三棱镜的顶角

三棱镜顶角 A 正对观测者,固定载物台,固定游标盘. 自准法就是用自准望远镜光轴与 AB 面垂直,使三棱镜 AB 面反射回来的十字像位于准线中央,记下两个角游标的读数 $\theta_{左1}$ 和 $\theta_{右1}$,然后,再转动望远镜使望远镜光轴垂直于三棱镜 AC 面,记下两个角游标读数 $\theta_{左2}$ 和 $\theta_{右2}$(注意它们的对应关系),于是两次读数相减取平均,即望远镜光轴转过的角度 φ 为

$$\varphi=\frac{1}{2}(|\theta_{左2}-\theta_{左1}|+|\theta_{右2}-\theta_{右1}|)\tag{25-3}$$

三棱镜顶角为

$$\alpha = 180° - \varphi \tag{25-4}$$

注意：

若$(|\theta_{左2}-\theta_{左1})|$或$(|\theta_{右2}-\theta_{右1}|)$大于 180°，则所测量的角度应记为$(360°-|\theta_{左2}-\theta_{左1}|)$或$(360°-|\theta_{右2}-\theta_{右1}|)$.

（二）用反射法测三棱镜顶角

转动载物台，使三棱镜顶角对准平行光管，让平行光管射出的光束照在三棱镜两个折射面上（图 25-6），而被棱镜的两个光学面 AB 和 AC 所反射，分成夹角为 φ 的两束平行反射光束 R_1，R_2. 由反射定律可知，$\angle 1=\angle 2=\angle 3=\angle 4$，所以$\angle 1+\angle 2=\angle 3+\angle 4$. 因为$\angle 1+\angle 3=\alpha$，所以$\angle 2+\angle 4=\alpha$. 于是只要用分光计测出从平行光管的狭缝射出的光线经 AB，AC 两个面反射后的两束平行光 R_1 与 R_2 之间的夹角 φ，就可得顶角 $\alpha=\frac{\varphi}{2}$.

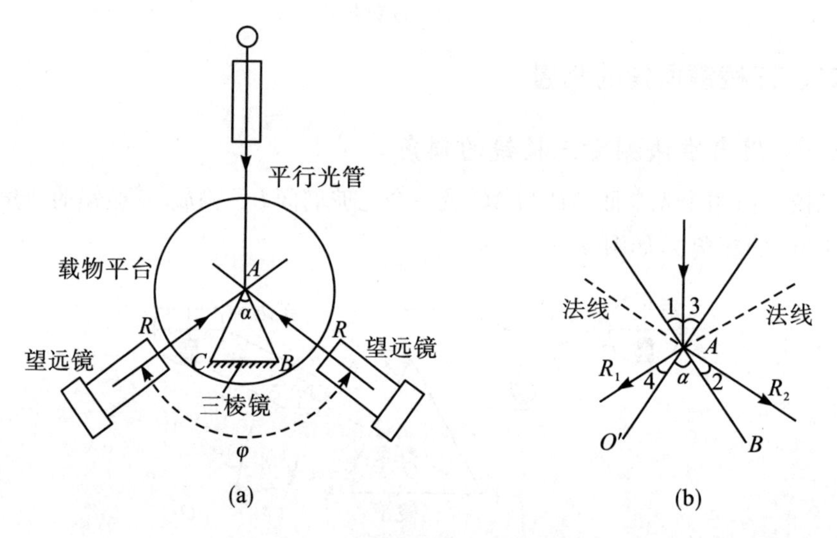

图 25-6　用反射法测三棱镜顶角

将望远镜转至 R_1 处观测反射光，调节望远镜微调螺丝，使望远镜竖直叉丝对准狭缝像中心线，再分别从两个游标读出反射光的方位角 $\theta_{左1}$ 和 $\theta_{右1}$；然后将望远镜转至 R_2 处观测反射光，相同方法读出反射光的方位角 $\theta_{左2}$ 和 $\theta_{右2}$，这样三棱镜的顶角为

$$\varphi = \frac{\varphi}{2} = \frac{1}{4}(|\theta_{左2}-\theta_{左1}|+|\theta_{右2}-\theta_{右1}|) \tag{25-5}$$

【实验内容与步骤】

一、调整分光计

（一）调整要求

为了准确测量角度，测量前应了解分光计上每个零件的作用以便调节. 一台已调整好的分光计必须具备以下 3 个条件.

（1）望远镜聚焦于无穷远，或称适合于观察平行光.

（2）平行光管能够发出平行光，即狭缝口的位置正好处于平行光管透镜的焦平面处.

（3）望远镜与平行光管的光轴共轴，且与分光计的中心轴相互垂直.

（二）调节方法与步骤

1. 目测粗调

根据眼睛的粗略估计，调节望远镜与平行光管大致成水平状态，调节载物台下的三个水平调节螺丝，使载物台也大致成水平状态. 这一步粗调是以下细调的前提，也是细调成功的保证.

2. 调节望远镜聚焦于无穷远

首先打开照明系统，旋转目镜调焦轮同时从目镜中观察，直至从目镜中看到分划板上的叉丝刻线清晰为止. 然后将光学平行平板的一个光学面对着望远镜物镜，且是光学面与望远镜垂直，松开目镜筒锁紧螺钉，前后移动望远镜目镜，使十字像清晰，锁紧螺钉. 此时，望远镜已聚焦于无穷远.

3. 调节望远镜光轴与分光计中心轴垂直

将光学平行平板放在载物台上，放置方法可参考图 25－7，当光学平行平板的一光学面法线与望远镜光轴平行时，亮十字像和叉丝刻线的上交点完全重合，如果载物台旋转 180°后，光学平行平板的另一个光学面对准望远镜时仍然完全重合，则说明望远镜光轴已垂直于分光计中心轴了. 一般开始时，它们并不重合，需要调节后才能重合. 最简单的方法是采取渐近法，即先调节载物台小的调平螺钉，使十字像和叉丝刻线上交点之间的上下距离减少一半（二分之一法），在调节望远镜的倾角螺钉，使亮十字像和叉丝刻线上交点重合. 然后转动载物平台 180°，使另一光学面对着望远镜，进行同样调节，如此反复数次，直至来回转动载物台时，光学平行平板的两个光学面反射的亮十字像都能与叉丝刻线的上交点完全重合为止.

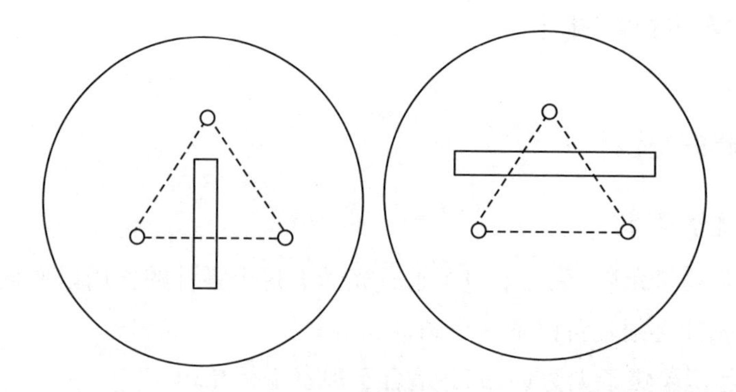

图 25-7　调节望远镜光轴与分光计中心轴垂直示意图

4. 调节平行光管发出平行光

将已聚焦于无穷远的望远镜作为标准. 点亮汞灯,将狭缝照亮. 松开狭缝套筒锁紧螺钉,前后移动狭缝装置,使望远镜中看到清晰的狭缝像,慢慢旋转狭缝宽度调节旋钮,使狭缝宽度有利于观察(狭缝一般不超过 1 mm).

5. 调整平行光管光轴与分光计中心轴垂直

转动狭缝使之呈水平,调节平行光管光轴倾角螺钉,使狭缝与分划板中间水平刻线重合. 再转动狭缝使之呈垂直状,与分划板上竖刻线重合,锁紧螺钉.

注意事项:

(1) 调节平行光管的过程中,不能再调节望远镜,否则已调好的望远镜系统的状态将被破坏,需要重新调整望远镜.

(2) 调整好的分光计在使用过程中,不可再调节望远镜和平行光管,否则,已调好的分光计的状态将被破坏,需要重新调整.

二、测量三棱镜顶角

(一) 正确放置三棱镜

使三棱镜的两个折射面的法线应与分光计中心轴相垂直. 调节方法根据自准原理,用已调好的望远镜来进行.

(二) 测量三棱镜的顶角

1. 自准法

转动载物台,让平行光管射出的光束照在三棱镜两个折射面上,用望远镜观察,调节载物台调平螺丝,分别使两个折射面的亮"十"字像反射像都落在调整叉丝点上.

2. 反射法

将三棱镜放在载物台上,顶角正对着平行光管光轴,使平行光管发出的平行光束被棱镜的两个透光的光学面分成两份，且棱镜的顶角应在载物台中部，否则经棱镜光学面的反射光将不能进入望远镜. 先用眼睛观察棱镜两个光学面反射的光线，如果有一个面看不到反射光，说明棱镜的顶角未对准平行光管光轴，需要调整三棱镜的摆放位置.

（三）记录数据

填表 25－1，并计算三棱镜的顶角（可任选一方法）.

表 25－1

次数	α	φ	$\theta_{左1}$	$\theta_{右1}$	$\theta_{左2}$	$\theta_{右2}$
1						
2						
3						
4						

注意：每次测量完后可以稍微变动载物台位置，再测量一次.

（四）数据计算

计算三棱镜的顶角平均值，并求出顶角的不确定度 $u(\alpha)$.

【注意事项】

（1）望远镜、平行光管上的镜头，三棱镜的光学面，双面镜的镜面均不能用手触摸，要轻拿轻放，避免打碎. 分光计是较精密的仪器，要倍加爱护，各活动部件均应小心操作. 禁止在止动螺钉锁紧时强行转动望远镜和游标盘，以免磨损仪器转轴.

（2）调节狭缝宽度时，千万不能使其闭合，以免使狭缝受到严重损坏.

（3）调节分光计时，每调好一步，调好的部件不要碰动.

（4）测量时，游标盘一定要固定，望远镜和刻度盘一定要锁定.

【预习思考题】

（1）分光计主要由哪几部分组成？各部分作用是什么？

（2）调整分光计的主要步骤是什么？

（3）分光计底座为什么没有水平调节装置？

（4）测量顶角有哪些方法？

（5）设游标读数装置中，刻度盘的最小分度是 $20'$，游标刻度线共 40 条，问该游标的最小分度值为多少？

(6) 为什么要用“二分法”调节望远镜主光轴与分光计的主轴垂直？

【课后习题】

(1) 为什么当平面镜反射回的绿十字像与调节用叉丝重合时，望远镜主光轴必垂直于平面镜？

(2) 用自准直法调节分光计望远镜，判断望远镜细调调好的标志是什么？

(3) 用分光计测量角度时，为什么要读下左右两游标的读数，这样做的好处是什么？

(4) 如图 25－8 所示，分光计中刻度盘中心 O 与游标盘中心 O' 不重合，则游标盘转过 φ 角时，刻度盘读出的角度 $\varphi_1 \neq \varphi_2 \neq \varphi$，但 $\varphi = \frac{1}{2}(\varphi_1 + \varphi_2)$，试证明.

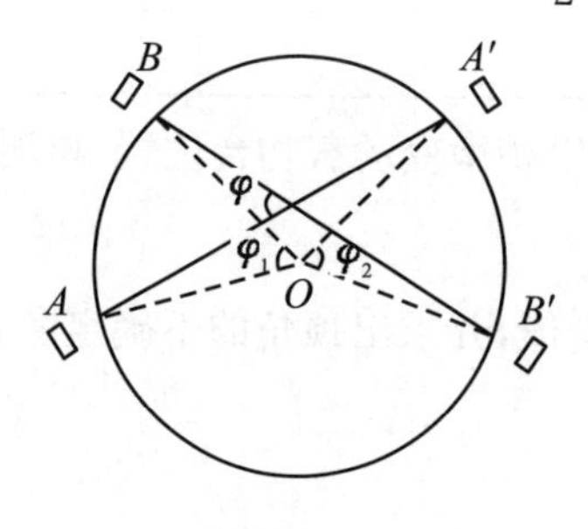

图 25－8

实验二十六　用分光计测量棱镜的折射率

分光计是用来准确测量角度的仪器.光学实验中测角度的情况很多,如测量反射角、折射角、衍射角等.用分光计不仅可以间接测量光波的波长,还可以间接测量折射率和色散率等.本实验就是用分光计来间接测量三棱镜的折射率的.

【实验目的】

(1) 进一步熟悉和掌握分光计的调节和使用方法.

(2) 用最小偏向角法测量三棱镜的折射率,测定玻璃三棱镜对各单色光的折射率.

(3) 观察三棱镜对汞灯的色散现象.

【实验仪器】

JJY1 型分光计、汞灯、三棱镜、平行平板等.

【实验原理】

最小偏向角法测三棱镜玻璃的折射率:三棱镜是分光仪器中的色散元件,其主截面是等腰三角形,如图 26-1 所示,AB,AC,BC 是三棱镜的三个侧面.其中,AB,AC 两个侧面是透光的光学表面(称为折射面)、侧面 BC 是毛玻璃面(称为底面),顶角 α 指两个折射镜面的夹角.假设有一束单色平行光 LD 入射到棱镜上,经过两次折射后沿 ER 方向射出,则入射光线 LD 与出射光线 ER 间的夹角 δ 称为偏向角.

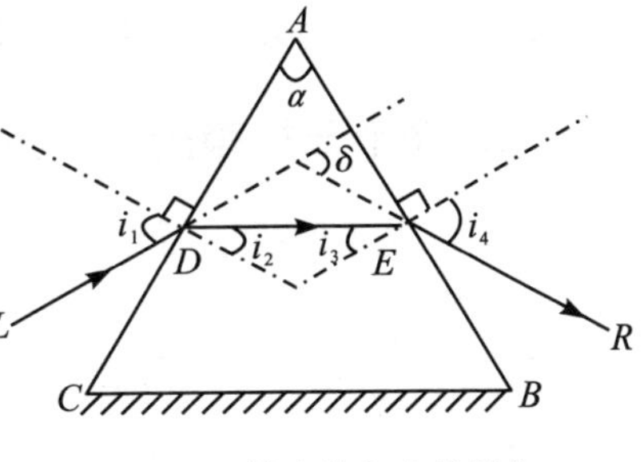

图 26-1　最小偏向角的测定

转动三棱镜,改变入射光对光学面 AC 的入射角,出射光线的方向 ER 也随之改变,即偏向角 δ 发生变化.沿偏向角减小的方向继续缓慢转动三棱镜,使偏向角逐渐减小；当转到某个位置时，若再继续沿此方向转动，偏向角又将逐渐增大，此位置时偏向角达到最小值，测出最小偏向角 $\delta_{\min}$. 可以证明棱镜材料的折射率 n 与顶角 α 及最小偏向角的关系式为

$$n=\frac{\sin\frac{1}{2}\left(\delta_{\min}+\alpha\right)}{\sin\frac{\alpha}{2}} \tag{26-1}$$

最小偏向角 $\delta_{\min}$的测量方法：由于偏向角仅是入射角 i_1 的函数，因此可以通过不断连续改变入射角 i_1，同时观察出射光线的方位变化. 在 i_1 的上述变化过程中，出射光线也随之向某一方向变化. 当 i_1 变到某个值时，出射光线方位变化会发生停滞，并随即反向移动. 在出射光线即将反向移动的时刻就是最小偏向角所对应的方位，只要固定这时的入射角，测出所固定的入射光线角坐标 θ_1，再测出出射光线的角坐标 θ_2，即有

$$\delta_{\min}=|\theta_1-\theta_2| \tag{26-2}$$

实验中，利用分光镜测出三棱镜的顶角 α（测量方法见实验二十三）及最小偏向角 $\delta_{\min}$，即可由式(26-2)算出棱镜材料的折射率 n.

【实验步骤与要求】

一、调整分光计

按分光计的调整要求和调节方法，正确调节分光计至正常工作状态，要满足以下几点.

(1) 望远镜调焦到无穷远.

(2) 平行光管出射平行光.

(3) 平行光管和望远镜的光轴应与分光计中心轴垂直.

二、调节三棱镜的两个折射面的法线垂直于分光计中心轴

要使三棱镜两折射面与分光计中心轴平行（即与已调好的望远镜光轴垂直）.

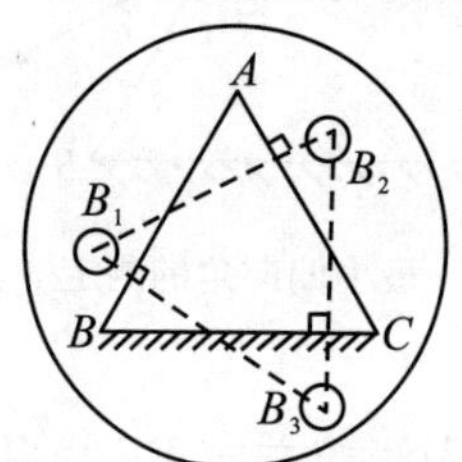

图 26-2　三棱镜的放法

(1) 将三棱镜按图 26-2 所示那样平放在载物台上. 放置三棱镜时，折射面要与载物台下调平螺丝的连线垂直.

(2) 转动载物台，使三棱镜的一个折射面正对望远镜. 调节载物台调平螺丝，使亮“十”字像反射像落在调整叉丝点上. 转动载物台使另一折射面正对望远镜，再按上述方法重新调节. 来回反复调节几次，直到两个折射面都

垂直于望远镜光轴为止. 即两个面反射的亮十字像都能与分划板上交点重合.

注意:调节过程中只能调节载物台下的调平螺丝,不能动望远镜的方位螺丝.

三、测量三棱镜对低压汞灯中各单色光的折射率(或测三棱镜对钠光的折射率)

(1) 参考图 26 - 3,将分光计的平行光管狭缝对准用低压汞灯的出射窗口,使从平行光管射出的光最强且均匀. 使三棱镜、望远镜和平行光管大体处于所示的相对位置.

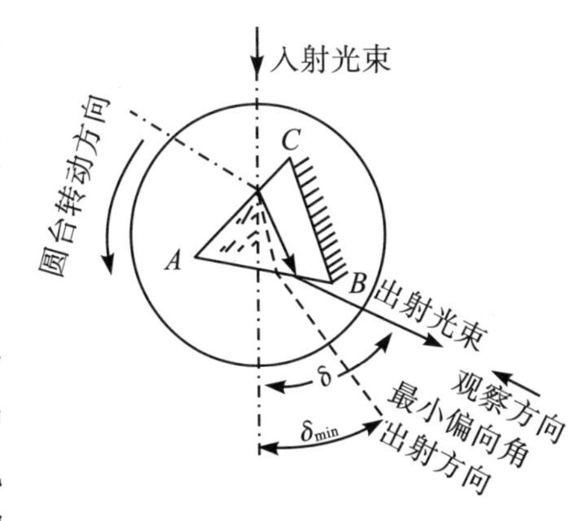

图 26 - 3　最小偏向角测量示意图

(2) 观察光线的偏向情况,判断光线的出射情况方向. 先用眼睛逆着光线可能的出射方向观察,微微转动刻度圆盘,带动载物台,当观察到出射的彩色谱线时,认定一种单色谱线,调节缝宽,使光谱线细而清晰地成像在望远镜分划板平面上. 继续转动载物台(使谱线向入射光方向靠拢,即减小偏向角),并转动望远镜跟踪该谱,注意此单色出射时所对应的偏向角的变化情况,当看到该谱线移到某一位置后逆转,此转折点即为相应于该谱线的最小偏向角位置.

(3) 用游标盘锁紧螺钉固定游标,慢慢地转动望远镜支架,使分划板上的竖线对准待测谱线的中心,从两个游标处读出此位置对应的角度 $\theta_{左1}$ 和 $\theta_{右1}$.

(4) 依次测出汞灯光谱中的黄色、绿色、蓝色、紫色四种谱线的最小偏向角的方位角读数.

(5) 按上述步骤重复 3 次,并将相应的读数记入表 26 - 1.

(6) 移去三棱镜,将望远镜对准平行光管,使望远镜准线对准狭缝中点,读出左右两个游标的对应读数 $\theta_{左2}$ 和 $\theta_{右2}$.

(7) 数据处理:

① 根据 $\delta_{min}\dfrac{1}{4}(|\theta_{右1}-\theta_{右2}|+|\theta_{左1}-\theta_{左2}|)$,计算不同颜色的谱线的最小偏向角 δ_{min}.

② 将给定的顶角 α 和最小偏向角 δ_{min} 代入公式(26 - 1)计算不同颜色的谱线的折射率 n,画出折射率 n 随频率 f 的变化关系曲线 $f\sim n$,分析棱镜折射率随频率变化的规律.

表 26 - 1

次数	谱线颜色	黄色	绿色	蓝色	紫色
1	$\theta_{左1}$				
	$\theta_{右1}$				
	$\theta_{左2}$				
	$\theta_{右2}$				
2	$\theta_{左1}$				
	$\theta_{右1}$				
	$\theta_{左2}$				
	$\theta_{右2}$				
3	$\theta_{左1}$				
	$\theta_{右1}$				
	$\theta_{左2}$				
	$\theta_{右2}$				
$\bar{\delta}_{\min}$					
$\bar{n}$					

【注意事项】

(1) 望远镜、平行光管上的镜头，三棱镜的光学面，双面镜的镜面均不能用手触摸，要轻拿轻放，避免打碎.

(2) 分光计是较精密的仪器，要倍加爱护，各活动部件均应小心操作. 禁止在止动螺钉锁紧时强行转动望远镜和游标盘，以免磨损仪器转轴.

(3) 调节狭缝宽度时，千万不能使其闭拢，以免使狭缝受到严重损坏.

【预习思考题】

(1) 借助于平面镜调节望远镜与分光计中心轴垂直时，为什么要使载物台旋转 180°?

(2) 什么是最小偏向角？达到最小偏向角的条件是什么？

【课后习题】

（1）实验中如何确定最小偏向角的位置？若位置稍有偏差带来的误差对实验结果影响如何？为什么？

（2）若已经找到一种单色光的最小偏向角位置，此时其他的单色光是否也处于最小偏向角位置？$\delta_{\min}$与频率的大致关系如何？

（3）在可见光范围内玻璃对什么颜色的光折射率大？

（4）若分光计测量角度的精度为$1'$，试导出测量顶角α、最小偏向角$\delta_{\min}$以及折射率的误差公式，并估算测定n的精度.

（5）是否对有任意顶角A的棱镜都可以用测最小偏向角的方法来测它的材料的折射率？

【附录一】

公式(26－1)的推导

参考图26－1，光线以入射角i_1投射到棱镜的AC面上，经棱镜的两次折射后，以i_4角从AB面出射，出射光线和入射光线的夹角δ称为偏向角. 这个偏向角δ与光线的入射角有关：

$$\delta=(i_1-i_2)+(i_4-i_3)=(i_1+i_4)-\alpha \tag{26-3}$$

$$\alpha=i_2+i_3 \tag{26-4}$$

由于i_4是i_1的函数，因此δ实际上只随i_1变化，当i_1为某一个值时，δ达到最小，这最小的δ称为最小偏向角. 为了求δ的极小值，令导数$\frac{d\delta}{di_1}$，由式(26－3)得

$$\frac{di_4}{di_1}=-1 \tag{26-5}$$

由折射定律得

$$\sin i_1 = n\sin i_2$$

$$\sin i_4 = n\sin i_3$$

$$\cos i_1\, di_1 = n\cos i_2\, di_2$$

$$\cos i_4\, di_4 = n\cos i_3\, di_3$$

其中，n为三棱镜折射率. 于是，有

$$\mathrm{d}i_3=-\mathrm{d}i_2$$

$$\begin{aligned}\frac{\mathrm{d}i_4}{\mathrm{d}i_1}&=\frac{\mathrm{d}i_4}{\mathrm{d}i_3}\cdot\frac{\mathrm{d}i_3}{\mathrm{d}i_2}\cdot\frac{\mathrm{d}i_2}{\mathrm{d}i_1}=\frac{n\cos i_3}{\cos i_4}\times(-1)\times\frac{\cos i_1}{n\cos i_2}\\&=-\frac{\cos i_3\cos i_1}{\cos i_4\cos i_2}\\&=-\frac{\cos i_3\sqrt{1-n^2\sin^2 i_2}}{\cos i_2\sqrt{1-n^2\sin^2 i_3}}\\&=-\frac{\sqrt{\sec^2 i_2-n^2\mathrm{tg}^2 i_2}}{\sqrt{\sec^2 i_3-n^2\mathrm{tg}^2 i_3}}\\&=-\frac{\sqrt{1+(1-n^2)\mathrm{tg}^2 i_2}}{\sqrt{1+(1-n^2)\mathrm{tg}^2 i_3}}\end{aligned}$$

将此式与式(26－3)比较可知 $\mathrm{tg}i_2=\mathrm{tg}i_3$，在棱镜折射的情况下，$i_2<\frac{\pi}{2}$，$i_3<\frac{\pi}{2}$，所以

$$i_2=i_3$$

由折射定律可知，这时，$i_1=i_4$.

因此，当 $i_1=i_4$ 时 δ 具有极小值. 将 $i_1=i_4$，$i_2=i_3$ 代入式(26－1)、式(26－2)，有

$$\begin{aligned}\alpha&=2i_2\\\delta_{\min}&=2i_1-\alpha\\i_2&=\frac{\alpha}{2}\\i_1&=\frac{1}{2}(\delta_{\min}+\alpha)\end{aligned}\tag{26－6}$$

则有最小偏向角 $\delta_{\min}$，它与棱镜的顶角 α 和折射率 n 之间有如下关系：

$$n=\frac{\sin i_1}{\sin i_2}=\frac{\sin\frac{1}{2}(\delta_{\min}+\alpha)}{\sin\left(\frac{\alpha}{2}\right)}$$

由此可见，只要测得 α 和 $\delta_{\min}$ 就可用上式求得待测棱镜材料的折射率. 当棱镜偏向角最小时，在棱镜内部的光线与棱镜底面平行，入射光线与出射光线相对于棱镜成对称分布.

【附录二】

折射率测量的误差分析

$$\bar{\alpha}=\frac{\sum\alpha_i}{m},\quad S_\alpha=\sqrt{\frac{\sum\left(\alpha_i-\bar{\alpha}\right)^2}{m-1}}$$

$$\Delta_\alpha=\sqrt{S_\alpha^2+\Delta_{仪}^2}\quad(\Delta_{仪}=1')$$

$$\bar{\delta}_{\min}=\frac{\sum\delta_{i\min}}{m}$$

$$S_\delta=\sqrt{\frac{\sum\left(\delta_{i\min}-\bar{\delta}_{\min}\right)^2}{m-1}}$$

$$\Delta_\delta=\sqrt{S_\delta^2+\Delta_{仪}^2}\qquad(\Delta_{仪}=1')$$

$$\bar{n}=\frac{\sin\left(\frac{\bar{\delta}_{\min}+\bar{\alpha}}{2}\right)}{\sin\frac{\bar{\alpha}}{2}}$$

$$(\Delta_n)_\alpha=\left|\frac{\partial n}{\partial\alpha}\cdot\Delta_\alpha\right|=\frac{\frac{1}{2}\cos\left(\frac{\bar{\delta}_{\min}+\bar{\alpha}}{2}\right)\cdot\sin\frac{\bar{\alpha}}{2}-\frac{1}{2}\sin\left(\frac{\bar{\delta}_{\min}+\bar{\alpha}}{2}\right)\cdot\cos\frac{\bar{\alpha}}{2}}{\sin^2\frac{\bar{\alpha}}{2}}\cdot\Delta_\alpha$$

$$(\Delta_n)_\delta=\left|\frac{\partial n}{\partial\alpha}\cdot\Delta_\delta\right|=\frac{\frac{1}{2}\cos\left(\frac{\bar{\delta}_{\min}+\bar{\alpha}}{2}\right)}{\sin^2\frac{\bar{\alpha}}{2}}\cdot\Delta_\delta$$

$$\Delta_n=\sqrt{(\Delta_n)_\alpha^2+(\Delta_n)_\delta^2}$$

$$E_n=\frac{\Delta_n}{\bar{n}}\times100\%$$

$$n=\bar{n}\pm\Delta_n$$

【附录三】

简单故障的原因和排除

实验中出现故障是不可避免的正常情况，对于仪器故障，需由专门人员进行排除；常见简单线路故障的排除则是大学生必须掌握的基本技能.

一、叉丝线不亮

(1) 电源未接通.
(2) 线路没接通.
(3) 小灯开关未打开.
(4) 照亮叉丝小灯损坏.

二、叉丝及像均模糊不清

(1) 叉丝不清晰是叉丝对目镜未聚焦(转动目镜使其聚焦).
(2) 绿十字不清晰是望远镜未对无穷远聚焦(前后移动目镜使其聚焦).
(3) 狭缝像不清晰是狭缝对平行光管物镜未聚焦(移动平行狭缝使其聚焦).
(4) 几种情况均存在，只好酌情调节.

三、转动双平面镜无绿十字像或只一面有绿十字像

(1) 粗调工作没做.
(2) 双平面镜放置不妥，调节方法不对.
(3) 调节不仔细认真.

四、双平面镜反射的两个绿十字像均不在调节叉丝上

(1) 如从双平面镜的正、反两面反射回的绿十字像均在分划板水平线的上方或均在下方，且位置相同；这说明平台基本与转轴垂直而望远镜光轴不垂直转轴，可调望远镜的倾斜度螺丝.

(2) 如果正、反两面的反射像一次在上方，另一次在下方，且位置对称，则主要是平台不垂直转轴. 可先调平台螺丝，用逐步逼近法，使像与叉丝距离移近一半，转过 180°后重复上述调节，直至调整好.

(3) 上述两种兼而有之,亦用逐步逼近法调节,先调平台螺丝,使像与叉丝间距移近一半,再调望远镜的斜度螺丝,使像与叉丝重合;转过 180°后重复上述调节,可较快调整好.

五、狭缝像过宽且不居中

(1) 狭缝过宽是未调好狭缝或狭缝未对平行光管的物镜聚焦.

(2) 狭缝像不居中是平行光管与分光计转轴未调垂直,需调整狭缝在水平和竖直两方向均居中.

六、测顶角 α 时数据错误

(1) 游标盘未固定.

(2) 望远镜未固定而被碰动.

(3) 游标盘和望远镜均未止动.

(4) 有时未加 30′.

(5) 不懂游标读数无估读位.

(6) 绿十字像与叉丝(或其竖线)未重合.

七、测 δ_{min} 时数据错误

(1) 同六的前 5 项.

(2) 未找出 δ_{min} 就进行测量.

(3) 对准的不是要测的谱线.

(4) 谱线未与叉丝竖线重合(未调整望远镜微调螺丝).

(5) 差值计算出错.

实验二十七　偏振现象的观测和分析

早在17世纪人们就观察到光的某些偏振现象，例如，方解石晶体的双折射现象. 然而当时光的波动理论尚未完善，也就不知道这种现象意味着光波是横波，直到托马斯·杨和菲涅耳发展完善了光的波动理论，并提出光波是横波以及麦克斯韦发展了电磁理论，肯定了光是电磁波之后，人们才对光的偏振现象有了深入的了解. 本实验主要是观察光的偏振现象，加深对偏振光的了解，掌握偏振光产生和检验的原理和方法；并且了解旋光计的构造原理，观察旋光现象，利用旋光现象测量糖溶液的浓度.

【实验目的】

(1) 加深对光的偏振现象的理解和认识.

(2) 掌握产生和检验线偏振光、圆偏振光、椭圆偏振光的方法.

(3) 观察旋光现象，并用旋光现象测量饱和葡萄糖溶液的浓度.

【实验仪器】

偏振现象分析仪、1/2 波片、1/4 波片、圆盘旋光仪等.

【实验原理】

一、光的偏振

光的偏振是指光的振动方向不变，或电矢量末端在垂直于传播方向的平面上的轨迹呈椭圆或圆的现象. 光是一种电磁波，由于电磁波对物质的作用主要是电场，故在光学中把电场强度 E 称为光矢量. 在垂直于光波传播方向的平面内，光矢量可能有不同的振动方向，通常把光矢量保持一定振动方向上的状态称为偏振态. 如果光在传播过程中，若光矢量保持在固定平面上振动，这种振动状态就称为平面振动态，此平面就称为振动面，如图 27 - 1 所示. 此时光矢量在垂直于传播方向平面上的投影为一条直线，故又称为线偏振态．若光矢量绕着传播方向旋转，其端点描绘的轨道为一个圆，这种偏振态就称为圆偏振态．如光矢量端点旋转的轨迹为一椭圆，就成为椭圆偏振态，如图 27－2 所示．

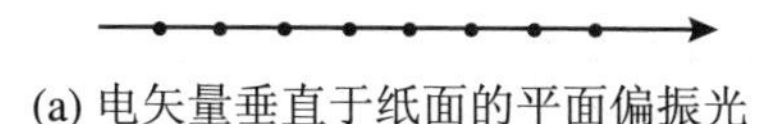

(a) 电矢量垂直于纸面的平面偏振光

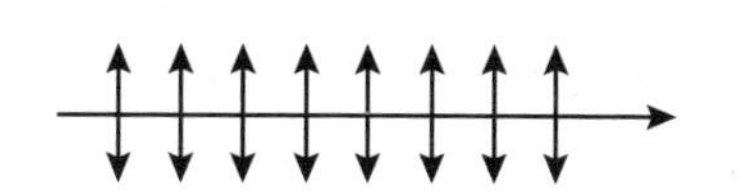

(b) 电矢量平行于纸面的平面偏振光

图 27－1　平面偏振光

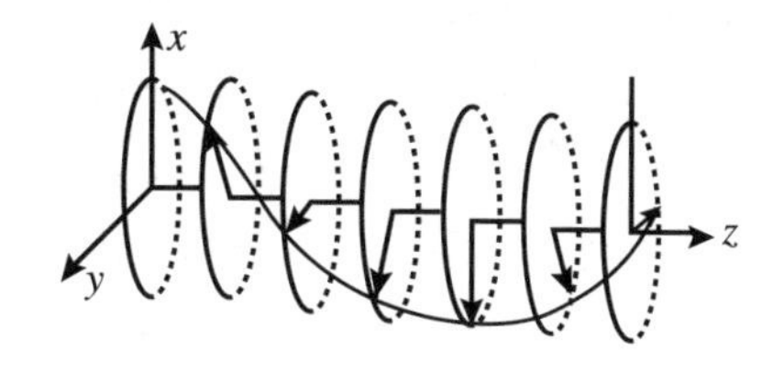

图 27－2　椭圆偏振光

二、起偏和检偏

目前广泛使用的偏振光的器件是人造偏振片，它利用二向色性获得偏振光（有些各向同性介质，在某种作用下会呈现各向异性，能强烈吸收入射光矢量在某方向上的分量，而通过其垂直分量，从而使入射的自然光变为偏振光，介质的这种性质称为二向色性）．偏振器件既可以用来使自然光变为平面偏振光——起偏，也可以用来鉴别线偏振光、自然光和部分偏振光——检偏．用做起偏的偏振片叫做起偏器，用作检偏的偏振器件叫做检偏器．实际上，起偏器和检偏器是通用的．

三、波片

一块表面平行的单轴晶体，其光轴与晶体表面平行时，垂直入射的 o 光和 e 光沿同一方面传播，我们把这样的晶体叫波晶片．在波片中，因 o 光和 e 光的传播速度不同，经过厚度为 d 的晶体后，o 光和 e 光之间将产生一定的位相差

$$\Delta\varphi=\frac{2\pi}{\lambda}(n_{\mathrm{o}}-n_{\mathrm{e}})d$$

式中，λ 为真空中的波长；n_o 和 n_e 分别为晶体中 o 光和 e 光的折射率．当 $\Delta\varphi=(2k+1)\pi$ 时，相当于 o 光和 e 光之间的光程差为 $(2k+1)\frac{\lambda}{2}$，这样的晶片称为 $\frac{1}{2}$ 波片；当 $\Delta\varphi=(2k+1)\frac{\pi}{2}$ 时，相当于 o 光和 e 光之间的光程差为 $(2k+1)\frac{\lambda}{4}$，这样的晶片称为 $\frac{1}{4}$ 波片．

平面偏振光通过 $\frac{1}{4}$ 波片后，透射光一般是椭圆偏振光．若平面偏振光的振动面与晶片光轴的方向为 α，当 $\alpha=\frac{\pi}{4}$ 时，则为圆偏振光；当 $\alpha=0$ 和 $\frac{\pi}{2}$ 时，则为平面偏振光．若平面偏振光的振动面与 $\frac{1}{2}$ 波片光轴的方向为 α，则通过 $\frac{1}{2}$ 波片后仍为

平面偏振光，但其振动面相对于入射光的振动面转过 2α 角.

四、旋光现象

线偏振光通过某些物质后，偏振光的振动面将旋转一定的角度，这种现象称为旋光现象.旋转的角度称为旋转角或旋光度 Φ，能够使线偏振光振动面发生旋转的物质，称为旋光物质.面向光源，如果旋光物质使偏振光的振动面沿逆时针方向旋转，称为左旋物质.反之，若使偏振光的振动面沿顺时针方向旋转，称为右旋物质.振动面旋转的角度 Φ 与其所通过旋光物质的厚度成正比.

(一) 对固体

对固体，旋光度为

$$\Phi = \alpha \cdot L \tag{27-1}$$

式中，L 为旋光物质通光方向的厚度，单位为毫米；α 为光线通过 1 mm 厚固体时振动面旋转的角度，称为该物质的旋光率.

(二) 溶液或液体

对溶液或液体，旋光度不仅与光线在液体中通过的距离 L 有关，还与其浓度成正比，即

$$\Phi = \alpha \cdot c \cdot L \tag{27-2}$$

式中，α 是该溶液的旋光率，它在数值上等于偏振光通过单位长度(1 dm)、单位浓度(每毫升溶液中含有 1 g 溶质)的溶液后引起振动面旋转的角度 Φ.

(三) 同一旋光物质对不同波长的光有不同的旋光率

在一定的温度下，同一旋光物质的旋光率与入射光波长 λ 的平方成反比，即随波长的减少而迅速增大，这种现象称为旋光色散.考虑到这一情况，通常采用钠黄光的 D 线(λ =589.3 nm)来测定旋光率.

若已知待测旋光性溶液的浓度 C 和液体层厚度 L，则测出旋光度 Φ 就可由式(27-2)算出其旋光率.显然，在液体层厚度 L 不变时，如果依次改变浓度 C，测出相应的旋光度 Φ，然后画出 $\Phi \sim C$ 曲线——旋光曲线，则得到一条直线，其斜率为 $\alpha \cdot L$.从该直线的斜率也可以算出旋光率 α.反之，通过测量旋光性溶液的旋光度，可确定溶液中所含旋光物质的浓度.通常可根据测出的旋光度从该物质的旋光曲线上查出对应的浓度.

在这里，我们忽略了温度和溶液浓度对于旋光率的影响，实际上旋光率 α 与温度和浓度均有关.例如，在 20℃时，对于黄光 D 线糖水溶液的旋光率为

$$\alpha_{20} = 66.412 + 0.012\,670C - 0.000\,376C^2 \tag{27-3}$$

其中，百分浓度 C = 0～50(g/100 g 溶液).

当温度 t 偏离 20℃，在 14 ～ 30 ℃时，其旋光率与温度变化的关系为

$$\alpha_t = \alpha_{20}[1 - 0.000\,37(t - 20)] \tag{27-4}$$

大体上，在20℃附近，温度每升高1℃，糖水溶液的旋光率减少或增加约0.24.

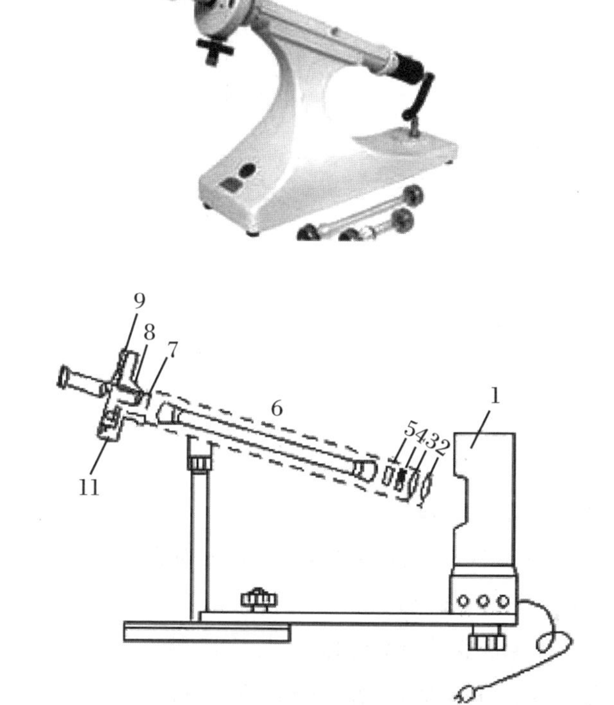

1.光源　2.会聚透镜　3.滤色片　4.起偏镜　5.石英片　6.测试管　7.检偏镜
8.望远镜物镜　9.刻度盘　10.望远镜目镜　11.刻度盘转动手轮

图27-3　圆盘旋光仪及示意图

五、圆盘旋光仪

测量物质旋光度的装置——圆盘旋光仪——的结构如图27-3所示.

测量方法如下：

如图27-4所示，先将旋光仪中起偏镜4和检偏镜7的偏振面调到相互正交，这时在目镜10中看到的是最暗视场；然后装上测试管6，转动检偏镜，使因偏振面旋转而变亮的视场重新达到最暗，此时检偏镜的旋转角度即表示被测溶液的旋光度.

实验中多采用半荫法比较相邻两光束的强度是否相等来确定旋光度. 由于在亮度不太强的情况下，人眼辨别亮度微小差别的能力较大，所以将最暗的视场作为参考视场，并将此时检偏的偏振轴所指的位置取做刻度盘的零点. 本实验中用的是三分视场，如图 27－4 所示. 在旋光仪中放上测试管后，透过起偏镜和石英片的两束偏振光均通过测试管，它们的振动面转过相同的角度，并保持两振动面间的夹角 2θ 不变. 如果转动检偏镜，使视场仍旧回到图 27－4(b)所示的状态，则检偏镜转过的角度即为被测试溶液的旋光度.

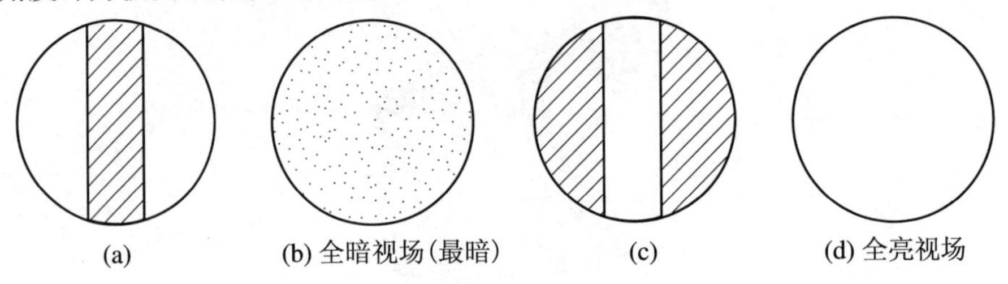

图 27－4　三分视场示意图

【实验步骤与要求】

一、偏振部分

(一) 线偏振光的产生与检验

图 27－5 所示是偏振现象观测装置图，固定起偏器 P_1，转动检偏器 P_2 一周，观察光强变化情况并记录消光位置.

(二) 圆偏振光和椭圆偏振光的产生与检验

(1) 固定起偏器 P_1、检偏器 P_2 处于消光位置，即 $P_1 \perp P_2$ 时，在 P_1，P_2 间和 P_1 平行放置 1/2 波片，以光线方向为轴将 1/2 波片转动 360°，观察光强变化情况并记录消光时 1/2 波片的角度位置.

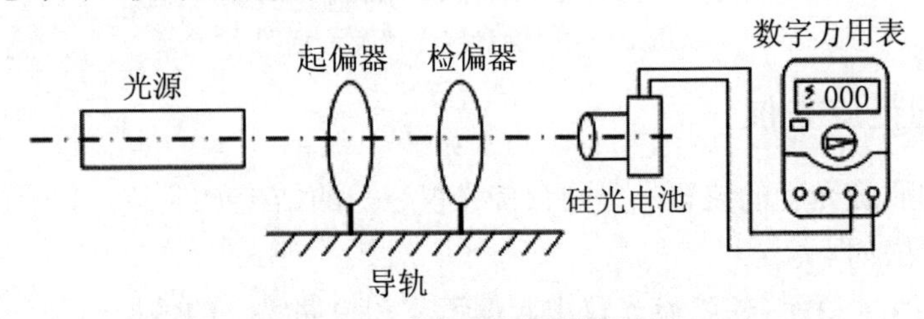

图 27－5　偏振现象观测装置图

(2) 固定 P_1，P_2 处于消光位置，在 P_1，P_2 间和 P_1 平行放置 1/2 波片，转动 1/2 波片使波片光轴方向和 P_1 之间成 α 角(例如 10°)，再转动 P_2 出现消光，记录消光时 P_2 位置；改变 α 角，每次增加 10°～15°，同上测量直至 α 等于 90°.

(3) 固定 P_1，P_2 处于消光位置，在 P_1，P_2 间和 P_1 平行放置 1/4 波片，以光线方向为轴将 1/4 波片转动 360°，观察光强变化情况并记录消光时 1/4 波片的角度位置.

(4) 在 P_1, P_2 间和 P_1 平行放置 1/4 波片，转动 1/4 波片使波片光轴方向和 P_1 夹角为 α 角（α 取 45° 或 45° 的奇数倍），以光线方向为轴将 P_2 转动 360°，观察并记录光强变化情况并做出判断.

(5) 在 P_1, P_2 间和 P_1 平行放置 1/4 波片，转动 1/4 波片使波片光轴方向和 P_1 夹角为 α 角（例如 10°，20°，α 不能取 45° 的奇偶倍和零），以光线方向为轴将 P_2 转动 360°，观察并记录光强变化情况并做出判断.

二、观察旋光现象，并用旋光现象测量饱和葡萄糖溶液的浓度

（一）圆盘旋光仪调整练习

定零点位置并测量起偏镜的偏振轴和石英片光轴之间的夹角 θ. 如图 27－6 所示为圆盘旋光仪读数示意图.

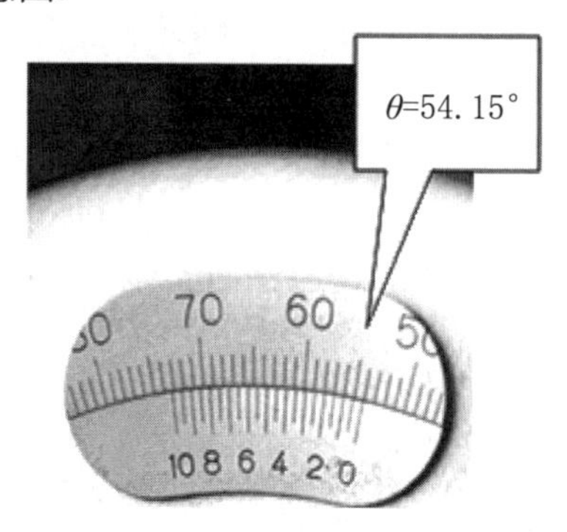

图 27－6　旋光仪读数

（二）测定旋光性溶液的旋光率和浓度

将纯净待测物质（葡萄糖）配制成饱和的溶液，注入试管内（注意：试管的长度为 200 mm，必须记录下来）. 观察旋光现象并测出溶液的旋光度，再根据旋光率值确定待测溶液的浓度.

【注意事项】

(1) 试管中若有气泡，则应将气泡导入试管中的球状突起部位，否则将严重影响测量.

(2) 试管两端须经精密磨制，以保证其长度为确定值，使用时应十分小心以防损坏.

(3) 为降低测量误差，对每种浓度溶液的旋光度进行测量时应重复测读三次，取其平均值.

(4) 零点位置的读数容易产生错误，应根据其正负值进行不同处理.

【预习思考题】

(1) 什么叫线偏振光？产生线偏振光的方法是什么？

(2) 什么叫 1/2 波片？它的作用如何？

(3) 什么叫 1/4 波片？如何用 1/4 波片产生和检验圆偏振光和椭圆偏振光？

【课后习题】

(1) 在两片正交偏振片中间再插入一偏振片会有什么现象？怎样解释？

(2) 如果在互相正交的偏振片 P_1 和 P_2 中间插进一块 1/4 波片，使其光轴跟起偏器 P_1 的光轴平行，那么透过检偏器 P_2 的光斑是亮的还是暗的？为什么？将 P_2 转动 90°后，光斑的亮暗是否变化？为什么？

(3) 在第(2)题中用 1/2 波片代替 1/4 波片，情况如何？

实验二十八　利用光电效应测定普朗克常数

光电效应是赫兹(H. R. Hertz)于 1887 年验证电磁波存在时意外发现的,然而这一现象是无法用麦克斯韦的经典电磁理论进行成功解释的. 1905 年爱因斯坦在普朗克(M. Planck)量子假设的基础上提出了光量子(光子)概念,并由此圆满地解释了光电效应的各种实验规律. 10 年后密立根(R. A. millikan)以精湛的实验技术验证了爱因斯坦的光电效应方程. 光量子概念的提出不仅成功地解释了光电效应等实验,而且加深了人们对于光的本性的认识,并对量子论的发展起到了重要的推动作用. 爱因斯坦和密立根主要因光电效应方面的杰出贡献分别荣获 1921 年和 1923 年的诺贝尔物理学奖. 光电效应现在已广泛地应用于科技领域,利用光电效应制成的光电器件如光电管、光电池、光电倍增管等已成为生产和科研中不可缺少的器件;分析光电效应中产生的光电子的能量分布谱——光电子谱已成为一种有效的表面分析手段.

普朗克常数是自然界最为重要的普适常量之一,利用光电效应可以简单而又准确地测定.

【实验目的】

(1) 加深对光电效应和光的量子性的认识.

(2) 了解验证爱因斯坦光电效应方程的基本实验方法,测定普朗克常数.

【实验仪器】

普朗克常数测定仪(如 GP-1A 型,包括光源、光电管暗盒、NG 滤色片一组及 GP-1A 型微电流测量仪等).

【实验原理】

在一定频率的光照射下,电子从金属或金属化合物表面逸出的现象称为光电效应,逸出的电子称为光电子. 在赫兹首次发现光电效应后,哈耳瓦克斯(W. Hallwachs)、勒钠德(P. Lenard)等人对光电效应做了长时间的大量的深入研究.图 28-1 所示是研究光电效应实验规律的原理图,图中 A-K 为抽成真空的光电管,A 为阳极,K 为阴极.在光照下电子从阴极表面逸出并在电场作用下定向运动到阳极(收集极),在回路中形成的电流称为光电流.实验中光电流 I 与电压 U 的关系曲线称为光电管的伏安特性曲线,如图 28-2 所示.1902 年勒纳德宣布的光电效应的基本实验规律有以下几点.

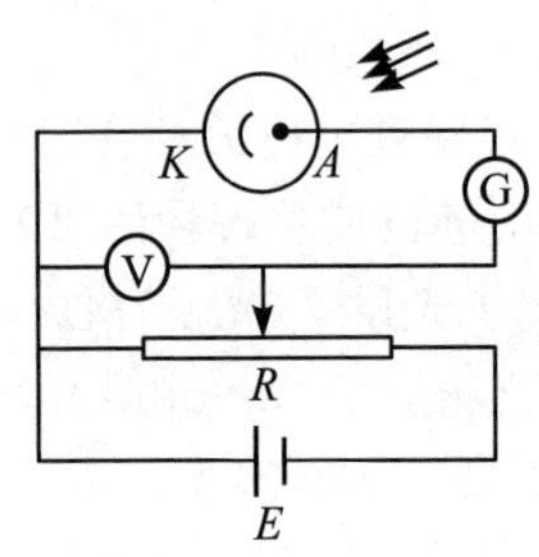

图 28-1 光电效应实验原理图

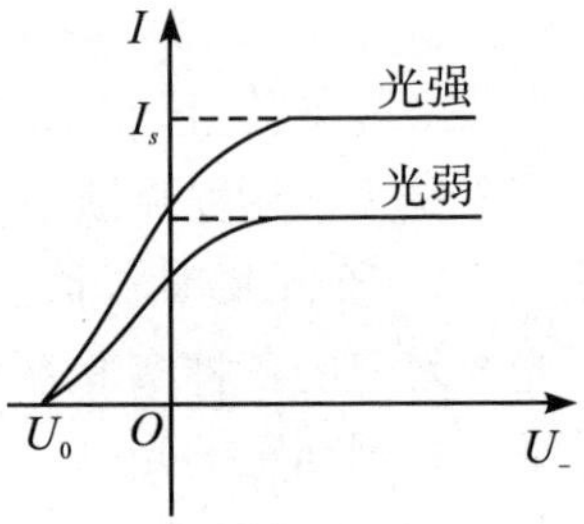

图 28-2 光电管的伏安特性曲线

(1) 光强一定时,随着光电管两端电压的增大光电流趋于一饱和值 I_S;对于不同的光强,I_S 与光强成正比.

(2) 光电效应存在一个阈频率 ν_0(也称截止频率或红限频率),即入射光的频率低于阈值 ν_0 时,不论光强如何均没有光电子产生,而 ν_0 仅与阴极材料有关.

(3) 当光电管两端加上反向电压时,光电流迅速减小,但直到反电压达到某个 U_0 时光电流才为零,U_0 称为遏止电势差.这说明光电子有一个最大初动能,显然

$$\frac{1}{2}mv_{\max}^2=eU_0 \tag{28-1}$$

实验表明,光电子的最大初动能与光强无关,而与入射光的频率成正比.

(4) 光电效应是一种瞬时效应,一经光照射立即产生光电子,而且与光照的强度无关.

因此贡献,勒纳德荣获 1905 年度的诺贝尔物理学奖.但以上这些实验规律,用光的电磁波理论无法做出圆满解释.

1905 年,爱因斯坦大胆地把普朗克在进行黑体辐射研究中提出的辐射能量不连续的观点应用于光辐射,提出了光量子的假设.按照爱因斯坦的假说,一束频率为 ν 的光是一束以光速 c 运动的具有能量 $\varepsilon=h\nu$ 的粒子流,这些粒子称为光量子,简称为光子,它不能再被分割,而只能整个地被吸收或产生出来.在光电效应中,当光照射到金属表面时,一个光子的能量可以立即被金属中的自由电子吸收.但是只有当入射光的频率足够高时,吸收了光子的电子才有可能克服金属的电子逸出功 A 而逸出金属表面成为光电子.由能量守恒定律可得,光电子的最大初动能为

$$\frac{1}{2}mv_{\max}^2=h\nu-A \tag{28-2}$$

此式称为爱因斯坦光电效应方程.

由爱因斯坦光电效应方程可以看出,光电子的最大初动能只依赖于照射光的频率而不依赖于光的强度.事实上照射光的强度决定了单位时间内通过垂直于光传播方向的单位面积上的光子数,显然它只影响饱和电流的大小.当光电子的最大初动能为零时,由式(28-2)可得光的截止频率为

$$\nu_0=\frac{A}{h}$$

当$\nu<\nu_0$时,电子获得的能量小于逸出功因而不发生光电效应;当$\nu\geqslant\nu_0$时,电子获得的能量足以从金属中逸出因而发生光电效应.由式(28-1)和式(28-2)可得

$$U_0=\frac{h}{e}(\nu-\nu_0) \tag{28-3}$$

式(28-3)表明,遏止电势差U_0和照射光的频率ν成直线关系,由直线斜率可求出普朗克常数h,由截距可求出ν_0.

然而要精确测量不同频率下光电管的伏安特性曲线,并由此求出对应的遏止电势差并非易事.困难主要在于许多干扰因素难以排除,例如,由于阴极、阳极材料不同而引起的接触电势差使二者之间的实际电压发生变化,光电效应本质上是个表面效应,金属表面氧化膜的存在会给实验结果带来显著影响,此外单色光的获得在当时也有一定问题.所以,虽然从1907年起就有不少物理学家在此方面做了许多工作,但大多均未能得到满意的结果,直到1916年才由密立根的精确实验验证了爱因斯坦光电效应方程,而且由此测得的h与普朗克1900年从黑体辐射中求得的h符合得很好.这是密立根在多年研究接触电势差,消除阳极光电流等各种误差来源,改进光电管的真空装置以剔除氧化膜的基础上实现的.非常有意思的是,密立根和其他许多物理学家一样一直对爱因斯坦的光电子假设持保留态度,但实验结果与他预料的完全相反.密立根在事实面前服从真理,反过来毫不犹疑地宣布爱因斯坦的光电效应方程得到证实,是很值得后人学习的.

实际上,光电效应是光子与物质中电子发生相互作用产生的一种结果,光子与电子的碰撞除了发生光电效应(完全非弹性碰撞)外,还有可能发生康普顿效应(完全弹性碰撞).一般说来,光子与物质的相互作用是相当复杂的,除了上述两种效应外,尚有许多其他结果.按照量子论,我们无法精确地预言到底哪些效果会发生,而只能给出各种效应可能发生的概率,可以理解这些概率与光子、物质中的电子以及原子的状态有关.对金属及其化合物而言,当光子的能量比金属中的自由电子的束缚能略大时,光子和电子发生的相互作用绝大部分是光电效应,而康顿普效应很不明显.但需要注意的是在光电效应的过程中,除了光子和自由电子之外,必须有第三者参加,否则不能同时满足能量守恒和动量守恒定律.对金属中的自由电子而言,这第三者就是整个金属晶格,光电效应实际上可以看成是整块金属这个“大原

子”与光子的完全非弹性碰撞过程，光子的能量全部用来提高这个“大原子”中“自由”电子的能量，并使之“电离”，而光子的动量则由这个“大原子”整个来承担. 最后我们特别指出，使用常见光电管进行本实验时，除了阴极的光电效应外，还显著地伴随着下列两个过程.

（1）当光照射到阴极时，必然有部分光漫反射至阳极，致使阳极产生光电效应并发射光电子，这些光电子很易到达阴极而形成阳极光电流. 显然，在外加反向电压的作用下，阳极光电流会很快地趋近于饱和值，其 $I\sim U$ 曲线如图 28－3 中的虚线所示.

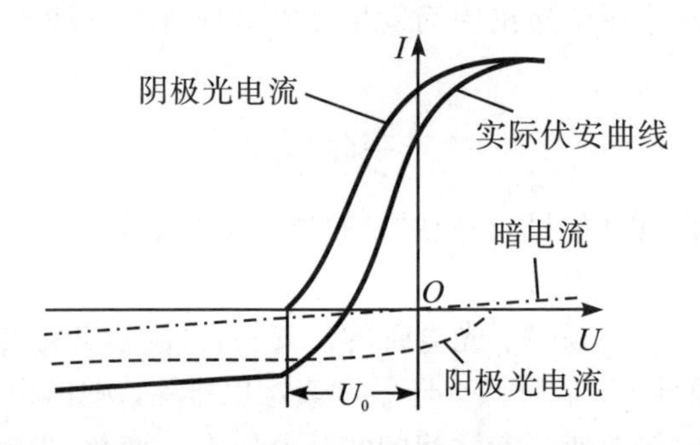

图 28－3　光电管的实际伏安特性曲线

（2）当光电管无任何光照时，在外加电压作用下仍会有微弱电流流过，我们称之为光电管的暗电流，形成暗电流的主要原因是阴极和阳极之间绝缘电阻不够高以及常温下金属的热电子发射等. 一般说来，光电管的暗特性，即无光照射的伏安特性，基本上是线性的，其 $I\sim U$ 曲线如图 28－3 中的点划线所示.

由于上述两个过程的影响，光电管的实际伏安特性曲线如图 28－3 中的实线所示，它是阴极光电流、阳极光电流和暗电流的叠加结果，这样给准确找出外加遏止电势差 U_0 带来了一定的困难.

正确地找出各种频率的入射光所对应的阴极光电流的遏止电势差是本实验的关键，根据暗电流及阳极光电流的大小和特点（由光电管的类型决定），常用下面两种方法求出遏止电势差.

（1）交点法. 若光电管的暗电流很小，并在实验中尽量防止入射光直接照射或较强烈地反射到收集极上，从而阳极光电流也很小，则光电管的伏安特性曲线比较理想，它与 U 轴（横轴）交点处的电压即可以近似地认为是遏制电势差 U_0.

（2）拐点法. 减小阳极光电流是比较困难的，而且阳极光电流与光强有关，难以消除其影响，但由于阳极光电流有随外加反向电压很快趋于饱和的特点，实际伏安曲线应在阴极光电流的遏止电势差处为一拐点，利用伏安特性曲线的拐点找出遏止电势差 U_C 的方法称为拐点法，这是一种较为常见的方法. 显然阴极光电流在遏止电势差附近上升得越快，阳极光电流越容易饱和，拐点就越明显，确定的遏止电势差 U_0 也越精确. 可以理解，用拐点法时应在实验中适当提高入射光的强度.

实验中，实测的光电管的伏安特性曲线与理想曲线相比，曲线下移，截止电压点不是光电流为零的点."拐点"是正向光电流、反向光电流、本底电流和暗电流的代数和发生变化的临界点，其对应的电压相当于截止电压.

用这种方法测量时，结果的精度和误差主要取决于仪器误差和实测中光电管伏安特性曲线的"拐点"的选择.

【实验步骤与要求】

一、测试前的准备

（1）根据实验原理将光源、光电管暗盒及微电流测量仪依次放好，暂不接线，用遮光罩盖住光电管暗盒的光窗.

（2）打开汞灯开关让其预热.汞灯一旦打开，不要随意关闭.

（3）将微电流测量仪面板"电压调节"逆时针调至最小.插上电源，打开"电源开关"，让微电流测量仪预热 20～30 min.

（4）待微电流测量仪充分预热后，对其电流表进行校正：先调零点，后校正满度，因满度与调零之间有关联，须反复调节.并熟悉"电压量程"和"电压调节"旋钮.

二、测量光电管的暗电流

（1）连接好光电管暗盒与微电流测量仪之间的屏蔽电缆、地线和阳极电源线（连接时先接好地线，后接其他线，勿让输出端 A 与地短路）.

（2）测量－2～＋2 V 范围的光电管的暗电流，注意电流的正负（极性），注意选择电流表合适的倍率.

三、测量光电管的伏安特性曲线

（1）让光源出射孔对准暗盒窗口，并使暗盒离开光源 30～50 cm 的距离，取下遮光罩，换上波长 $\lambda=365.0$ (nm)的近紫外滤色片；微电流测量仪的"电压调节"从－2 V 起缓慢增加，先观察一遍电流随电压的变化情况，大致明确拐点所在位置.

（2）在观察的基础上对伏安特性曲线进行精确测量，显然我们应在拐点处（即反向光电流开始明显变化的地点也即非线性较大的线段）进行精测.注意我们的目的是测出遏止电势差，故正向光电流无需细测.

（3）相继换上波长分别为 404.7 nm，435.8 nm，546.1 nm 和 577.0 nm 的滤色片，按照前两步，测量各波长对应的光电管的伏安曲线.注意若反向光电流太弱可适当缩小光源和光电管暗盒之间的距离.按表 28－1 格式记录数据.

表 28-1

365.0 (nm)	U (V)								…
	I (A)								…
404.7 (nm)	U (V)								…
	I (A)								…
435.8 (nm)	U (V)								…
	I (A)								…
546.1 (nm)	U (V)								…
	I (A)								…
577.0 (nm)	U (V)								…
	I (A)								…

四、数据处理

(1) 在直角坐标纸上绘制出不同的频率(波长)下的 $I \sim U$ 曲线,由此找到电流由水平或接近水平而开始上升的抬头点(拐点),确定对应的遏止电势差 U_0.

(2) 用列表法表示 $U_0 \sim v$ 的关系,并绘制其曲线,由爱因斯坦光电效应方程可知,此曲线应为一直线,由作图法求出普朗克常数 h,并与公认值比较,计算出百分差.

【注意事项】

(1) 滤色片表面应保护好,切忌污染,并防止打碎.

(2) 更换滤色片时,先将光源出射孔盖住,实验完毕后光电管应立即罩上遮光罩,避免光直射阴极而缩短光电管寿命.

(3) 汞灯一旦打开,不要任意关闭. 汞灯熄火后,不能立即再次启动,需过十多分钟待灯管冷却后才能再次点燃. 由于汞灯辐射的紫外线较强,不要直视汞灯以防眼睛受伤.

(4) 由于光电管的内阻很高,光电流很小,在测量中要注意外界干扰.

【预习思考题】

(1) 什么是遏制电势差 U_0? 影响测定 U_0 的主要因素有哪些?

(2) 如何利用光电效应测出普朗克常数 h?

【课后习题】

（1）写出爱因斯坦方程，并说明它的物理意义.

（2）实测的光电管的伏安特性曲线与理想曲线有何不同？“拐点”的确切含义是什么？

（3）当加在光电管两极间的电压为零时，光电流却不为零，这是为什么？

（4）实验结果的误差主要取决于哪几个方面？在实验中是如何减小误差的？你有何建议？

实验二十九　数码摄像与图像处理

数码相机以电子存储设备作为摄像记录载体，通过光学镜头在光圈和快门的控制下，实现在电子存储设备上的曝光，完成被摄像的记录. 数码相机记录的影像，不需要进行复杂的暗房工作就可以非常方便地由相机本身的液晶显示屏或由电视机或个人电脑再现出被摄画面.

运用 Photoshop CS、Canon 数码相机自带软件 DIGITAL CAMERA 以及酷酷贴图像处理软件还可以对被摄像进行人性化的修改和编辑，最后可通过打印设备完成拷贝输出. 与传统摄像技术相比，数码相机大大简化了影像再现加工过程，可以快捷、简便地显示被摄画面，是光、机、电一体化的产品.

【实验目的】

(1) 了解数码照相机的基本结构与工作原理.

(2) 学会使用数码照相机进行拍摄.

(3) 初步掌握数码照片的后期处理.

【实验仪器】

数码相机(Canon Digital iXUS 5)、电脑、打印机(或 U 盘)等.

【实验原理】

一、数码相机的工作原理

与传统相机相比，传统相机使用“胶卷”作为其记录信息的载体，而数码相机的“胶卷”就是其成像感光器件，而且是与相机一体的，这是数码相机区别于传统相机最根本的地方.

如图 29 - 1 所示，数码相机是用一种特殊的半导体材料制作的感光器件代替传统的相机中的胶带来记录图像的. 这类特殊的半导体叫做“电荷耦合器(CCD)”

或"互补金属氧化物半导体(CMOS)". 数百万个光敏元件排成阵列就组成了一个感光部件.

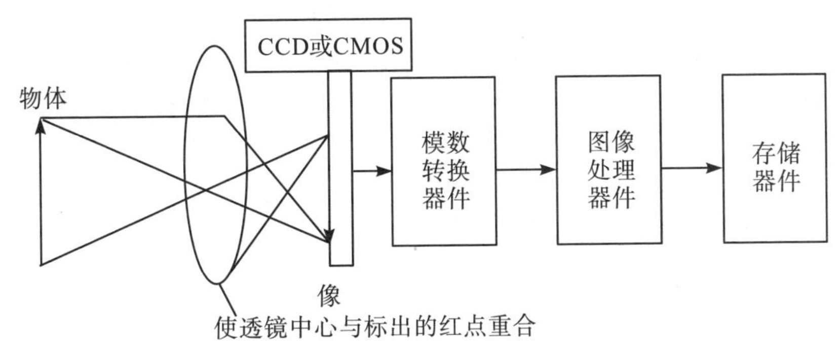

图 29－1　数码相机的工作原理

被摄物体通过镜头成像在感光部件表面,并被感光部件的光敏元件转换成电荷,每个元件上的电荷量取决于光照强度. 这些反映光线强弱的电荷信息传送到数模转换器上,数模转换器将信息进行数字化处理,形成一定格式的数码图像,并将结果存放到存储器中,一张数码图片就产生了.

二、数码相机主要部件的功能简介

(一) 感光器件

感光器是数码相机的核心,也是最关键的技术. 数码相机的发展道路,可以说就是感光器的发展道路. 目前数码相机的核心成像部件有两种:一种是广泛使用的CCD(电荷耦合)元件;另一种是 CMOS(互补金属氧化物导体)器件.

电荷耦合器件图像传感器 CCD(Charge Coupled Device),它是用一种高感光度的半导体材料制成的,能把光线转变成电荷,再通过模数转换器芯片转换成数字信号,数字信号经过压缩以后由相机内部的闪速存储器或内置硬盘卡保存,因而可以轻而易举地把数据传输给计算机,并借助于计算机的处理手段,根据需要和想象来修改图像. CCD 由许多感光单位组成,通常以百万像素为单位. 当 CCD 表面受到光线照射时,每个感光单位会将电荷反映在组件上,所有的感光单位所产生的信号加在一起,就构成了一幅完整的画面. CCD 和传统底片相比,更接近于人眼对视觉的工作方式. 只不过,人眼的视网膜是由负责光强度感应的杆细胞和色彩感应的锥细胞,分工合作组成视觉感应. CCD 经过长达 35 年的发展,大致的形状和运作方式都已经定型. CCD 主要是由一个类似马赛克的网格、聚光镜片以及垫于最底下的电子线路矩阵所组成. 目前主要有两种类型的 CCD 光敏元件,分别是线性 CCD 和矩阵性 CCD. 线性 CCD 用于高分辨率的静态照相机,它每次只拍摄图像的一条线,这与平板扫描仪扫描照片的方法相同. 这种 CCD 精度高,速度慢,无法用来拍摄移动的物体,也无法使用闪光灯.矩阵式CCD,它的每一个光敏元件代表图像中的一个像素,当快门打开时,整个图像一次同时曝光.通常矩阵式CCD用来处理色彩的方法有两种.一种是将彩色滤镜嵌在CCD矩阵中,相近的像素使用不同颜色的滤镜.典型的有G-R-G-B和C-Y-G-M两种排列方式.这两种排列方式成像的原理都是一样的.在记录照片的过程中,相机内部的微处理器从每个像素获得信号,将相邻的四个点合成为一个像素点.该方法允许瞬间曝光,微处理器能运算得非常快.这就是大多数数码相机CCD的成像原理.因为不是同点合成,其中包含着数学计算,因此这种CCD最大的缺陷是所产生的图像总是无法达到如刀刻般的锐利.

互补性氧化金属半导体CMOS(Complementary Metal-Oxide Semiconductor)和CCD一样同为在数码相机中可记录光线变化的半导体.CMOS的制造技术和一般计算机芯片没什么差别,主要是利用硅和锗这两种元素所做成的半导体,使其在CMOS上共存着带N(带负电)和P(带正电)级的半导体,这两个互补效应所产生的电流即可被处理芯片记录和解读成影像.然而,CMOS的缺点就是太容易出现杂点,这主要是因为早期的设计使CMOS在处理快速变化的影像时,由于电流变化过于频繁而会产生过热的现象.

除了CCD和CMOS之外,还有富士公司独家推出的SUPER CCD.SUPER CCD并没有采用常规正方形二极管,而是使用了一种八边形的二极管,像素是以蜂窝状形式排列,并且单位像素的面积要比传统的CCD大.将像素旋转45°排列的结果是可以缩小对图像拍摄无用的多余空间,光线集中的效率比较高,效率增加之后使感光性、信噪比和动态范围都有所提高.

传统CCD中的每个像素由一个二极管、控制信号路径和电量传输路径组成.SUPER CCD采用蜂窝状的八边二极管,原有的控制信号路径被取消了,只需要一个方向的电量传输路径即可,感光二极管就有更多的空间.SUPER CCD在排列结构上比普通CCD要紧密,此外像素的利用率较高,也就是说在同一尺寸下,SUPER CCD的感光二极管对光线的吸收程度也比较高,使感光度、信噪比和动态范围都有所提高.

那为什么SUPER CCD的输出像素会比有效像素高呢?我们知道CCD对绿色不很敏感,因此是以G-B-R-G来合成.各个合成的像素点实际上有一部分真实像素点是共用的,因此图像质量与理想状态有一定差距,这就是为什么一些高端专业级数码相机使用3CCD分别感受RGB三色光的原因.而SUPER CCD通过改变像素之间的排列关系,做到了R、G、B像素相当,在合成像素时也是以3个为一组.因此传统CCD是4个合成一个像素点,其实只要3个就行了,浪费了一个,而SUPER CCD就发现了这一点,只用3个就能合成一个像素点.也就是说,CCD每4个点合成一个像素,每个点计算4次;SUPER CCD每3个点合成一个像素,每个点也是计算 4 次,因此 SUPER CCD 像素的利用率较传统 CCD 高,生成的像素就多了.

两种感光器件的不同之处:由两种感光器件的工作原理可以看出,CCD 的优势在于成像质量好,但是由于制造工艺复杂,只有少数的厂商能够掌握,所以导致制造成本居高不下,特别是大型 CCD,价格非常高昂. 在相同分辨率下,CMOS 价格比 CCD 便宜,但是 CMOS 器件产生的图像质量相比 CCD 来说要低一些. 到目前为止,市面上绝大多数的消费级别以及高端数码相机都使用 CCD 作为感应器;CMOS 感应器则作为低端产品应用于一些摄像头上. CMOS 针对 CCD 最主要的优势就是非常省电,不像由二极管组成的 CCD,CMOS 电路几乎没有静态电量消耗,只有在电路接通时才有电量的消耗. 这就使得 CMOS 的耗电量只有普通 CCD 的 $\frac{1}{3}$左右,这有助于改善人们心目中数码相机是"电老虎"的不良印象. CMOS 主要问题是在处理快速变化的影像时,由于电流变化过于频繁而过热. 暗电流抑制得好就问题不大,如果抑制得不好就十分容易出现杂点.

(二) 模数转换器件

ADC(Analogue Digital Convertor,模/数信号转换器). 这是数码相机的关键部件之一,它的作用就是把感光元件生成的模拟电信号转化成数字信号.

(三) 图像处理器件

DSP(Digital Signal Processor,数字信号处理器),它把复杂的数字信号转化成图像格式再送给存储部件.

(四) 存储介质

存储介质是数码相机的另一个重要部件,一般可分为内置式和可移动式两种. 内置存储介质是与数码相机固化在一起的,它的优点是一旦有了数码相机就可拍摄,而不需要另配存储介质;不足是一旦存储满后,必须输入计算机释放出存储空间后才能再拍摄. 可移动式存储介质是随时可装入或取出的存储介质,存储满后可随时更换. 另外,也有一些数码相机既有内置式存储介质又有可移动式存储介质,所以相对来说比较高档. 存储记忆体除了可以记载图像文件以外,还可以记载其他类型的文件,通过 USB 和电脑相连,就成了一个移动硬盘. 用于存储图像的介质越来越多,如何选择合适的存储介质对数码摄像者尤其是从事数码摄像职业的专业人士来说,是很重要的一件事. 选择存储设备时要考虑到:设备与可转移介质的价格;可存储的信息量;存储介质的使用寿命;从磁盘上读写信息的速度,即由驱动器决定的数据转移速度.

市面上常见的存储介质有 CF 卡、SD 卡、MMC 卡、SM 卡、记忆棒、XD 卡和小硬盘.

(五) 显示屏

显示屏尺寸数码相机与传统相机最大的一个区别就是它拥有一个可以及时浏览图片的屏幕,称之为数码相机的显示屏,一般为液晶结构(LCD,全称为 Liquid Crystal Display).数码相机显示屏尺寸即数码相机显示屏的大小,一般用英寸来表示,如:1.8 in(in=25.4 mm),2.5 in 等,目前最大的显示屏在 3.0 in.数码相机显示屏越大,一方面可以令相机更加美观,但另一方面,显示屏越大,使得数码相机的耗电量也越大.所以在选择数码相机时,显示屏的大小也是一个不可忽略的重要指标.

常用的数码相机 LCD 都是 TFT 型的,首先它包括偏光板、玻璃基板、薄模式晶体管、配向膜、液晶材料、导向板、色滤光板、荧光管等等.对于液晶显示屏,背光源是来自荧光灯管射出的光,这些光源会先经过一个偏光板然后再经过液晶,这时液晶分子的排列方式进而改变穿透液晶的光线角度.在使用 LCD 的时候,我们发现在不同的角度,会看见不同的颜色和反差度.这是因为大多数从屏幕射出的光是垂直方向的.假如从一个非常斜的角度观看一个全白的画面,我们可能会看到黑色或是色彩失真.

数码相机的 LCD 是非常昂贵而脆弱的,所以用户在使用的时候一定要小心,而且平时需要做保养工作.

旋转液晶屏.旋转液晶屏即数码相机的液晶显示屏(LCD)在一个平面内能够旋转一定的角度,以适应各种环境下的拍摄角度,抢拍到角度最佳的照片,特别适合于自拍照片.数码相机的液晶屏可以分为左右旋转和上下旋转.

(六) 镜头

数码相机的镜头由多片镜片组成,材质则分为玻璃与塑料两类.我们来了解一下镜头组件,它包括透镜、电子快门、透镜组 1、透镜组 2 以及 CCD.

如果你在相机的英文规格书上看过“$f=$”,那么后面接的数字通常就是它的焦长,即焦距长度.如“$f=8\sim24$ (mm),38~115 (mm)(相当于 35 mm 传统相机)”,就是指这台相机的焦距长度为 8~24 mm,同时对角线的视角换算后相当于传统 35 mm 相机的 38~115 mm 焦长.一般而言,35 mm 相机的标准镜头焦长是 28~70 mm,因此如果焦长高于 70 mm 就代表支持望远效果,若是低于 28 mm 就表示有广角拍摄能力.

照相机镜头的焦距是镜头的一个非常重要的指标.镜头焦距的长短决定了被摄物在成像介质(胶片或 CCD 等)上成像的大小,也就是相当于物和像的比例尺.当对同一距离远的同一个被摄目标拍摄时,镜头焦距长的所成的像大,镜头焦距短的所成的像小.根据用途的不同,照相机镜头的焦距相差非常大,有短到几毫米,十几毫米的,也有长达几米的.较常见的有 8 mm,15 mm,24 mm,28 mm,35 mm,50 mm,85 mm,105 mm,135 mm,200 mm,400 mm,600 mm,1 200 mm 等,还有长达 2 500 mm 的超长焦望远镜头.

很显然，镜头将是一部高质量数码相机价格的主要组成部分.

（七）电源

电源类别及使用时间. 数码相机工作时的电流相当大，尤其在开机瞬间和拍摄瞬间，因此要求外接电源能提供足够大的工作电流，一般小型便携机型建议 1.5 A 以上，耗电量较大的机型建议外接电源供电电流在 2 A 以上.

市售低档直流电源只有整流电路而无稳压电路，功率不够大，一旦用电功率大，电压会急剧下降，不但数码相机不能正常工作，而且对相机有害. 建议配置原装电源，能够提供稳定的工作电压、电流，另外还有高频滤波磁环（套在电源线上的东西），防止对相机工作电路的干扰.

数码相机需要电池以维持正常运作. 一般情况下，数码相机可以采用干电池、碱性锌锰电池、镉镍电池、氢镍电池、锂离子电池以及锂电池等作为其电源.

数码相机的用电量非常惊人，特别是在开机和拍摄的时候. 除了购买电池外，应该给数码相机电池配上外接充电器，或者给数码相机配一个外接电源. 由于数码相机用电量大的特性，外接电源能提供足够大的工作电流，一般小型便携机型建议 1.5 A 以上，耗电量较大的机型建议外接电源供电电流在 2 A 以上. 低档的直流电源只有整流电路而无稳压电路，功率不足. 一旦功率不够大，电压就会下降，数码相机不能正常工作，而且对数码相机有所损害. 配置原装电源，能够提供稳定的工作电压、电流，另外还有高频滤波磁环（套在电源线上的东西），防止对相机工作电路的干扰.

电源使用时间即数码相机使用原装电池能拍摄的照片数目. 刚刚买回来的充电电池一般电量很低或者无电量，在使用之前应该进行充电. 对于充电时间，则取决于所用充电器和电池，以及使用电压是否稳定等因素. 如果是第一次使用的电池，锂电池的充电时间一定要超过 6 h，镍氢电池一定要超过 14 h，否则日后电池寿命会较短. 一般需经过数次充电/放电过程，才能达到最佳效率. 且电池还有残余电量时，尽量不要重复充电，以确保电池寿命. 充满电后的电池很热，应该待冷却后再装入相机.

附件：购买数码相机的时候，随机附送一些必要的配件，常见的配件有 USB 数据线、AV 数据线、附带软件、使用手册、保修卡、电池和随机存储卡.

三、数码相机主要技术参数

（一）白平衡

英文名称为 White Balance. 物体颜色会因投射光线颜色产生改变，在不同光线的场合下拍摄出的照片会有不同的色温. 在使用荧光灯的房间里拍摄的照片会显得发绿，而在日光阴影处拍摄到的照片则莫名其妙地偏蓝.

太阳光和荧光灯虽属不同性质的光源，但人的大脑会自动对其进行修正，眼睛也能够正确地辨别出光线的颜色. 但是照相机却无法做到这一点. 结果就会拍出与我们所看到的颜色不同的照片.

白平衡就是无论环境光线如何,让数码相机默认“白色”,就是让它能认出白色,而平衡其他颜色在有色光线下的色调.颜色实质上就是对光线的解释,在正常光线下看起来是白颜色的东西在较暗的光线下看起来可能就不是白色,还有荧光灯下的“白”也是“非白”.对于这一切如果能调整白平衡,则在所得到的照片中就能正确地以“白”为基色来还原其他颜色.现在大多数的商用级数码相机均提供白平衡调节功能.正如前面提到的白平衡与周围光线密切相关,因而,启动白平衡功能时闪光灯的使用就要受到限制,否则环境光的变化会使得白平衡失效或干扰正常的白平衡.一般白平衡有多种模式,适应不同的场景拍摄,如:自动白平衡、钨光白平衡、荧光白平衡、室内白平衡、手动调节.

(二)对焦方式

对焦的英文学名为Focus.通常数码相机有多种对焦方式,分别是自动对焦、手动对焦、全息自动对焦和多重对焦方式.

(三)曝光模式

曝光英文名称为Exposure.曝光模式即计算机采用自然光源的模式,通常分为多种,包括:快门优先、光圈优先、手动曝光、AE锁等模式.照片的好坏与曝光量有关,也就是说应该通多少的光线使CCD能够得到清晰的图像.曝光量与通光时间(快门速度决定),通光面积(光圈大小决定)有关.

1. 手动曝光模式

手动曝光模式每次拍摄时都需手动完成光圈和快门速度的调节,这样的好处是方便摄像师在制造不同的图片效果.如需要运动轨迹的图片,可以加长曝光时间,把快门加快,曝光增大(很多朋友在拍摄运动物体时发现,往往拍摄出来的主体是模糊的,这多半就是因为快门的速度不够快.如果快门过慢的话,那么结果不是运动轨迹,而是模糊一片);如需要制造暗淡的效果,快门要加快,曝光要减少.虽然这样的自主性很高,但是很不方便,对于抓拍瞬息即逝的景象,时间更不允许.

2. AE模式

AE全称为Auto Exposure,即自动曝光.模式大约可分为光圈优先AE式、快门速度优先AE式、程式AE式、闪光AE式和深度优先AE式.光圈优先AE式是由拍摄者人为选择拍摄时的光圈大小,由相机根据景物亮度、CCD感光度以及人为选择的光圈等信息自动选择合适曝光所要求的快门时间的自动曝光模式,也即光圈手动、快门时间自动的曝光方式.这种曝光方式主要用在需优先考虑景深的拍摄场合,如拍摄风景、肖像或微距摄像等.

四、数码照片的后期处理

几款品牌数码相机的常用软件有:佳能用的ZoomBrowser EX图片浏览软件、索尼用的Pixela image Mixer和ImageTransfer软件、奥林巴斯的Photo Loader

Panorama 软件、富士的 FinePix Viewer 图像浏览软件，还有柯达的 EasyShare 等软件.

专业的图像处理软件有很多，比如：PhotoShop，Photo Studio，Photo Impact 等.一些简单的调整，如对比度、亮度、颜色等的调整，用一些小型的软件就可以很好地完成.

用 Photoshop 处理数码照片的基本操作如下.

(一) 照片尺寸调整

一般用数码相机拍摄的相片多为 1 024×768，1 600×1 200 等规格，根据数码相机的品牌和型号的不同有的相片尺寸甚至可以达到 3 040×4 048，将照片制作成为电子作品这样的尺寸肯定显得太大了.用 Photoshop 处理照片尺寸将它们按照一定的比例缩小可以保证原照片的品质不变.将照片导入到 Photoshop 中，在"图像"菜单下选择"图像大小"，然后在"图像大小"对话框的"像素大小"中修改照片的尺寸.默认状态下照片尺寸的缩放都是按照"约束比例"，如果没有选择该项也可以自己在对话框把该选项选中(图 29－2).

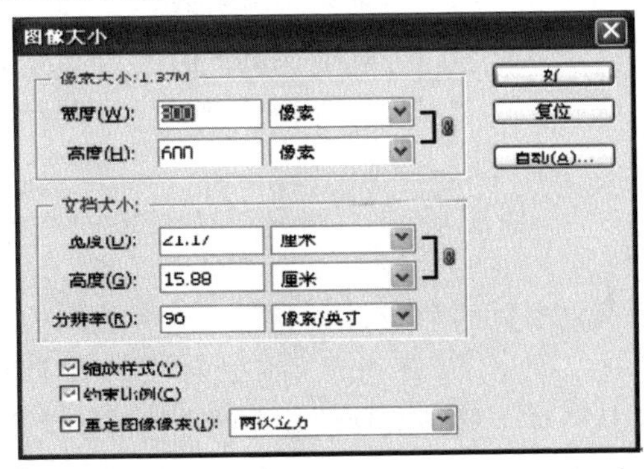

图 29－2

在像素大小中显示出了当前照片的容量为 35.2 m，尺寸为 3 040×4 048，显然这样的照片用来制作电子作品不太合适，我们把照片的宽度调节为 400 像素，高度按照约束比例自动缩小，同时像素大小中显示的图片容量也相应地减小了(图 29－3).

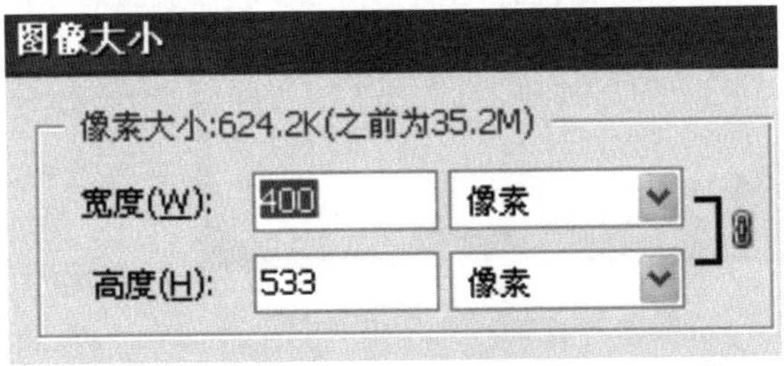

图 29－3

(二) 自动调节

由于拍摄技术上的原因一般获得的照片或多或少都有色彩不足、光线暗淡、焦距曝光效果不好等等的缺点，所以在 Photoshop 中最好使用它的自动调节功能，简单地修改一下照片的效果. 在“图像”菜单下选择“调整”，然后选择其中的“自动色彩”“自动对比度”“自动色阶”(图 29－4)来做简单的处理.

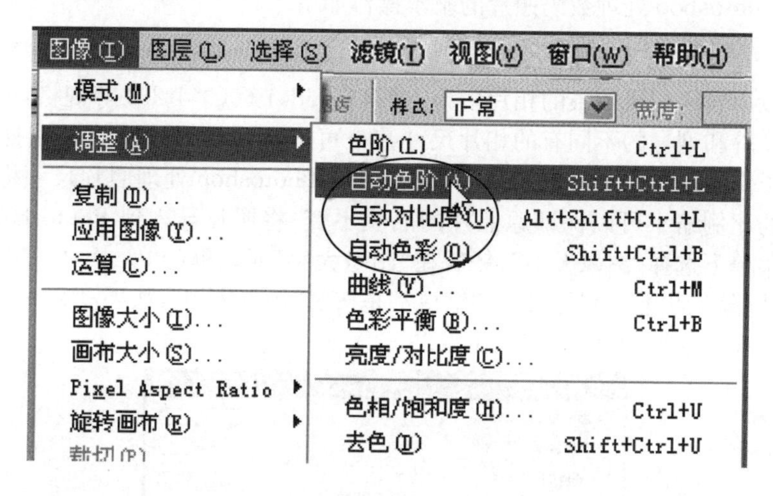

图 29－4

(三) 手动修改

在“调整”功能下有许多针对色彩、饱和度、亮度等效果的专业选项，这些选项可以详细地设置照片的各种效果. 不过手动修改作者推荐大家使用“色阶”和“曲线”两项功能，它们是从整体上处理照片的效果而不使照片失真.

色阶，在色阶对话框通道中选择“RGB”模式，然后可以调节下方的节点来调整图像整体的亮度和对比度(图 29－5).

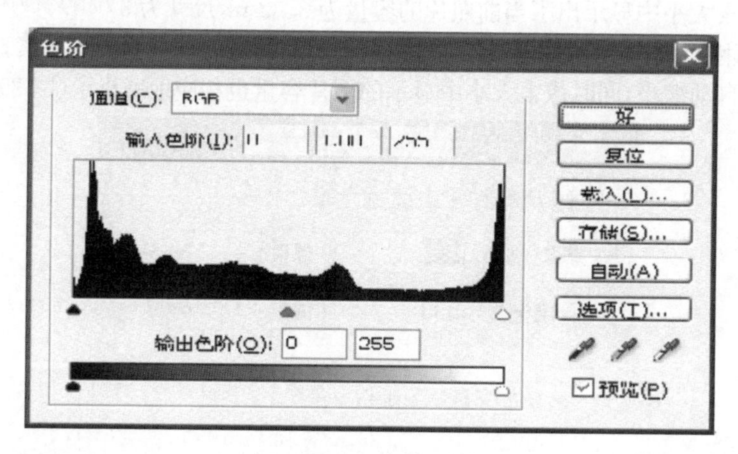

图 29－5

曲线，曲线和色阶效果一样可以改变照片的光线效果，如图 29－6 所示，当鼠标变为十字形向左方上移动则照片亮度增加，向右下方移动则照片的整体颜色变暗.

其他的图像调整功能这里不为大家详细地介绍了，关于 Photoshop 简单的功能应用网上已经有很多的教程，大家可以去查看教程了解它们各自的特点.

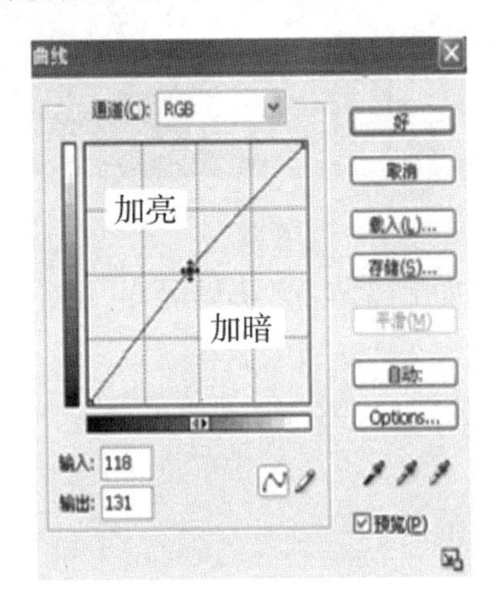

图 29－6

（四）Photoshop CS 及其他软件在数码照片处理方面的实用效果及处理技巧

下面再为大家介绍一下 Photoshop CS 软件以及其他软件在数码照片处理方面可以做哪些实用的效果以及处理技巧.

（1）Photoshop CS 中新增了全景图工具，这完全是为数码照片后期处理所设计的功能，有了它大家可以轻松地制作 360°的全景图片. 参考实例：Photoshop CS 轻松合并全景图. 或使用 Canon 数码相机自带软件 DIGITAL CAMERA 来实现.

（2）如果照片拍摄的光线效果不好，我们可以应用 Photoshop 的设计功能修补它，如用图层来处理. 参考实例：巧用图层叠加 PS 过暗照片，或使用 Canon 数码相机自带软件 DIGITAL CAMERA 来实现亮度调节.

（3）使用 Photoshop 的滤镜工具可以把自己的照片制作各种特殊的效果，如使用高斯模糊滤镜结合图层的应用，可以把自己的照片处理成为素描画像. 参考实例：用 Photoshop 制作素描画像. 也可以使用其他软件实现素描.

（4）Photoshop 中的修正工具（图 29－7）、模糊工具可以用来修饰照片中人物的脸部，制作美容效果.

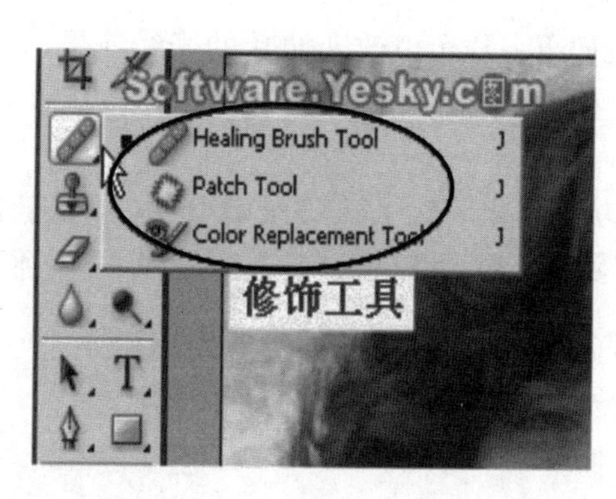

图 29-7

(5) 使用大头贴软件(如酷酷贴、WOKU 等专门软件)制作大头贴.

【实验步骤与内容】

一、拍摄

(1) 开机:打开相机的电源,数码相机的主控程序开始检测各部件是否正常.如有异常,内部的蜂鸣器就会发出警报或在液晶屏上提示错误信息并停止工作;如一切正常,就进入准备状态.

(2) 选择拍摄模式和设置参数.

(3) 聚焦和测光:数码相机一般都会自动聚焦和测光.对准被摄物体并把快门按下一半,相机内部的主控程序芯片开始工作,图像信号经过镜头测光(TTL 测光方式)传到 CCD 或 CMOS 上,并直接以 CCD 或 CMOS 输出的电压信号作为对焦信号,经过主控程序芯片的运算后确定对焦的距离和快门的速度以及光圈的大小,驱动镜头进行聚焦和确定曝光量.

(4) 取景并拍摄图像:在聚焦和测光完成后再按快门,摄像器件捕捉从被摄物体上反射来的光,并以红、绿、蓝三色存储.

二、输出图像

存储在数码相机存储器的图像通过输出端口可以输送到计算机,在计算机上通过图像处理软件进行图形的编辑、处理、打印或网上传输.

三、数码相片的后期处理

由于拍摄条件和拍摄水平的不同,拍摄的数码照片可能存在若干不尽如人意的地方.这时,就可以通过计算机程序来完成后期的调整和修补工作.

四、数码相片的输出

调整好的照片就可以用打印机或喷涂设备输出到纸张、墙壁或画布上以供随时欣赏.

【注意事项】

(1) 数码相机是精密设备,请小心使用,切勿摔碰,以免相机损坏.
(2) 操作各旋钮和开关时,切勿用力过大,以免损坏部件.
(3) 镜头表面有增透膜,请勿用手触摸,以免损坏镀膜等.

【预习思考题】

(1) 数码相机的基本结构是什么?
(2) 数码相机与传统的胶片相机有什么不同?
(3) 数码相机有哪些主要部件?

【课后习题】

(1) 近距离拍摄图像时如何设置? 拍摄夜景时如何设置? 拍摄人物时如何设置?
(2) 通过本次实验,你认为正确使用数码相机注意哪些问题?

【实验记录与分析参考】

一、照片尺寸调整

调整前 2 816×2 112 像素,22.78×17.08 厘米,在 Word 中由于太大无法正常显示,所以要先进行调整. 调整后 800×600 像素,6.74×4.85 厘米,照片如下. 还可以进一步调整为 600×450 像素,4.85×3.64 厘米,调整过程中要求,选中"约束比例"和"缩放样式"(图 29-8).

图 29-8

二、自动调节

调节前图 29-9 中明显可以看出室内光线暗淡自动调节，调节后图 29-9(b)明显可以看出室内光线明亮，对比度增强，色彩更亮丽.

(a)

(b)

图 29-9

三、手动修改

我们可以对比手动修改和自动修改后的结果，从图 29-10 和图 29-9(b)图的对比中发现自动调节亮度不均匀，而手动调节可以更仔细地更改颜色和亮度，并保持照片不失真.

图 29-10

*实验三十　光学设计性实验

任务一　用光学方法测量细丝直径

【实验任务】

(1) 选择显微镜等精密光学仪器,对细丝直径进行多次测量,求出平均值并估计不确定度,完整表示测量结果.

(2) 用等厚干涉法进行测量细丝直径,简述测量原理,推导计算公式,画出实验装置图及光路图,处理测量数据,得出结果.

(3) 用光的衍射原理进行测量,说明测量原理和方法,导出测量公式,画出光路图,处理数据,得出结果.

比较各种方法的测量结果.

【实验室可供选择的设备】

显微镜,光学平板玻璃,激光器,光电接收装置,待测金属细丝等.

任务二　用掠射法测量三棱镜的折射率

【实验任务】

利用提供的实验仪器,测量棱镜对汞光谱特征谱线折射率.

【实验室可供选择的设备】

分光计一台、双面反射镜一个(调节分光计使用)、汞灯光源及光源电源一套以及三棱镜一块.

【实验要求】

(1) 调整好分光计(望远镜聚焦于无穷远,望远镜主光轴垂直分光计中心转轴,平行光管出射平行光且主光轴垂直分光计中心转轴).

(2) 调整好三棱镜(反光面 AB,AC 对准望远镜时,皆垂直望远镜主光轴).

(3) 调出汞光掠射彩色特征谱线带.

(4) 简述掠射法测棱镜折射率的原理,写出测量公式.

(5) 数据测量记录与处理(至少测量 4 种谱线).

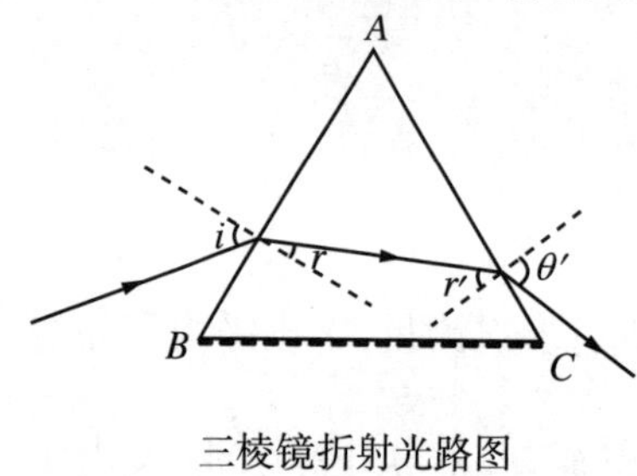

三棱镜折射光路图

【实验提示】

当入射光线几乎平行于入射面 AB 时入射即为掠射. 实验时,为了保证平行光管出射光以接近 90°的入射角掠射到三棱镜的 AB 面,需要将三棱镜放到载物台的合适位置.

任务三　迈克尔逊干涉仪的组装和应用

【实验任务】

在防震台上组装一个简易的迈克尔逊干涉实验装置,设计好光路,选择必要的光学元件,仔细调节光路,要求在观察屏上可观察到清晰的激光产生的圆形干涉条纹.

观察干涉条纹的稳定情况,检验全息防震台的性能.

【实验室可供选择的设备】

全息防震平台、平面镜、毛玻璃屏、扩束镜、平面玻璃板、各种支架、激光器等.

【思考题】

利用迈克尔逊干涉仪能否测量金属丝的杨氏模量? 请设计测量原理和方法.

附　录

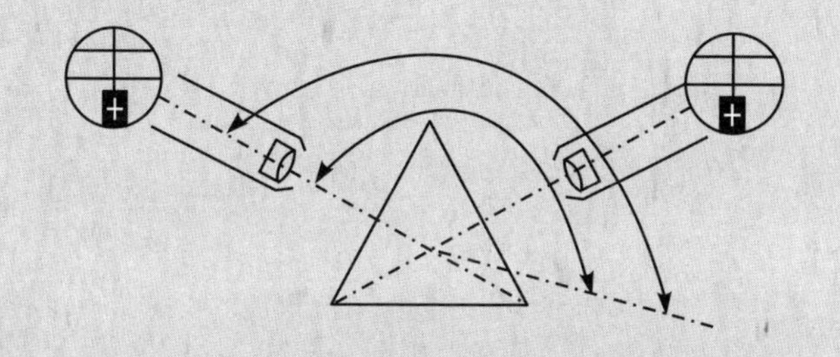

附录 A　物理常量表

表 A－1　国际单位制的基本单位

量的名称	单位名称	单位符号	量的名称	单位名称	单位符号
长度	米	m	热力学温度	开[尔文]	K
质量	千克[公斤]	kg	物质的量	摩[尔]	mol
时间	秒	s	发光强度	坎[德拉]	cd
电流	安[培]	A			

表 A－2　国际单位制的辅助单位

量的名称	单位名称	单位符号
平面角	弧度	rad
立体角	球面度	Sr

表 A－3　国际单位制中具有专门名称的导出单位

量的名称	单位名称	单位符号	用 SI 基本单位的表示式	其他表示示例
频率	赫[兹]	Hz	s^{-1}	
力，重力	牛[顿]	N	$m \cdot kg \cdot s^{-2}$	
压力，压强，应力	帕[斯卡]	Pa	$m^{-1} \cdot kg \cdot s^{-2}$	$N \cdot m^{-2}$
能[量]，功，热量	焦[耳]	J	$m^2 \cdot kg \cdot s^{-2}$	$N \cdot m$
功率，辐[射能]通量	瓦[特]	W	$m^2 \cdot kg \cdot s^{-3}$	$J \cdot s^{-1}$
电荷[量]	库[仑]	C	$s \cdot A$	
电位，电压，电动势[电势]	伏[特]	V	$m^2 \cdot kg \cdot s^{-3} \cdot A^{-1}$	$W \cdot A^{-1}$
电容	法[拉]	F	$m^{-2} \cdot kg^{-1} \cdot s^4 \cdot A^2$	$C \cdot V^{-1}$
电阻	欧[姆]	Ω	$m^2 \cdot kg \cdot s^{-3} \cdot A^{-2}$	$V \cdot A^{-1}$
电导	西[门子]	S	$m^{-2} \cdot kg^{-1} \cdot s^3 \cdot A^2$	$A \cdot V^{-1}$
磁[通量]	韦[伯]	Wb	$m^2 \cdot kg \cdot s^{-2} \cdot A^{-1}$	$V \cdot s$
磁[通量]密度，磁感应强度	特[斯拉]	T	$kg \cdot s^{-2} \cdot A^{-1}$	$Wb \cdot m^{-2}$
电感	亨[利]	H	$m^2 \cdot kg \cdot s^{-2} \cdot A^{-2}$	$Wb \cdot A^{-2}$
摄氏温度	摄氏度	℃	K	
光通量	流[明]	lm	$cd \cdot sr$	
[光]强度	勒[克斯]	lx	$m^{-2} \cdot cd \cdot sr$	$lm \cdot m^{-2}$
[放射性]活度	贝克[勒尔]	Bq	s^{-1}	
吸收剂量	戈[瑞]	Gy	$m^2 \cdot s^{-2}$	$J \cdot kg^{-1}$
剂量当量	希[沃特]	Sv	$m^2 \cdot s^{-2}$	$J \cdot kg^{-1}$

表 A-4　国家选定的非国际单位制单位

量的名称	单位名称	单位符号	换算关系和说明
时间	分	min	1 min=60 s
	[小]时	h	1 h=60 min=3 600 s
	天(日)	d	1 d=24 h=86 400 s
[平面]角	[角]秒	(″)	1″=(π/64 800)rad(π 为圆周率)
	[角]分	(′)	1′=60″=(π/10 800)rad
	度	(°)	1°=60′=(π/180)rad
旋转速度	转每分	$r\cdot min^{-1}$	$1\ r\cdot min^{-1}=(1/60)s^{-1}$
长度	海里	n · mile	1n · mile=1 852 m(只用于航程)
速度	节	kn	$1\ kn=1\ n\cdot mile\cdot h^{-1}=(1\ 852/3\ 600)m\cdot s^{-1}$ (只用于航行)
质量	吨	t	$1\ t=10^3\ kg$
	原子质量单位	u	$1\ u\approx1.660\ 565\ 5\times10^{-27}\ kg$
体积(容积)	升	L(l)	$1\ L=1\ dm^3=10^{-3}\ m^3$
能	电子伏	eV	$1\ eV\approx1.602\ 189\times10^{-19}\ J$
级差	分贝	dB	
线密度	特[克斯]	tex	$1\ tex=10^{-6}\ kg\cdot m^{-1}$

表 A-5　用于构成十进倍数和分数单位的词头

所表示的因数	词头名称	词头符号	所表示的因数	词头名称	词头符号
10^{24}	尧[它]	Y	10^{-1}	分	d
10^{21}	泽[它]	Z	10^{-2}	厘	c
10^{18}	艾[可萨]	E	10^{-3}	毫	m
10^{15}	拍[它]	P	10^{-6}	微	μ
10^{12}	太[拉]	T	10^{-9}	纳[诺]	n
10^{9}	吉[咖]	G	10^{-12}	皮[可]	p
10^{6}	兆	M	10^{-15}	飞[母托]	f
10^{3}	千	k	10^{-18}	阿[托]	a
10^{2}	百	h	10^{-21}	仄[普托]	z
10^{1}	十	da	10^{-24}	幺[科托]	y

注：① 周、月、年(年的符号为 a)，为一般常用时间单位.

② [　]内的字，是在不致混淆的情况下，可以省略的字.

③ (　)内的字为前者的同义语.

④ 平面角单位度、分、秒的符号，在组合单位中应采用(°)，(′)，(″)的形式. 例如，不用°/s 而用(°)/s.

⑤ 升的两个符号属同等地位，可任意选用.

⑥ r 为"转"的符号.

⑦ 人民生活和贸易中，质量习惯称为重量.

⑧ 公里为千米的俗称，符号为 km.

⑨ 10^4 称为万，10^8 称为亿，10^{12} 称为万亿，这类数词的使用不受词头名称的影响，但不应与词头混淆.

表 A-6　基本物理常量

名　称	符号、数值和单位
真空中的光速	$c=2.99792458\times10^{8}\ \mathrm{m\cdot s^{-1}}$
电子的电荷	$e=1.6021892\times10^{-19}\ \mathrm{C}$
普朗克常量	$h=6.626176\times10^{-34}\ \mathrm{J\cdot s}$
阿伏伽德罗常量	$N_0=6.022045\times10^{23}\ \mathrm{mol^{-1}}$
原子质量单位	$u=1.6605655\times10^{-27}\ \mathrm{kg}$
电子的静止质量	$m_e=9.109534\times10^{-31}\ \mathrm{kg}$
电子的荷质比	$e/m_e=1.7588047\times10^{11}\ \mathrm{C\cdot kg^{-1}}$
法拉第常量	$F=9.648456\times10^{4}\ \mathrm{C\cdot mol^{-1}}$
氢原子的里德伯常量	$R_H=1.096776\times10^{7}\ \mathrm{m^{-1}}$
摩尔气体常量	$R=8.31441\ \mathrm{J\cdot mol^{-1}\cdot K^{-1}}$
玻尔兹曼常量	$k=1.380622\times10^{-23}\ \mathrm{J\cdot K^{-1}}$
洛施密特常量	$n=2.68719\times10^{25}\ \mathrm{m^{-3}}$
万有引力常量	$G=6.6720\times10^{-11}\ \mathrm{N\cdot m^{2}\cdot kg^{-2}}$
标准大气压	$P_0=101325\ \mathrm{Pa}$
冰点的绝对温度	$T_0=273.15\ \mathrm{K}$
声音在空气中的速度(标准状态下)	$v=331.46\ \mathrm{m\cdot s^{-1}}$
干燥空气的密度(标准状态下)	$\rho_{空气}=1.293\ \mathrm{kg\cdot m^{-3}}$
水银的密度(标准状态下)	$\rho_{水银}=13595.04\ \mathrm{kg\cdot m^{-3}}$
理想气体的摩尔体积(标准状态下)	$V_m=22.41383\times10^{-3}\ \mathrm{m^{3}\cdot mol^{-1}}$
真空中介电常量(电容率)	$\varepsilon_0=8.854188\times10^{-12}\ \mathrm{F\cdot m^{-1}}$
真空中磁导率	$\mu_0=12.566371\times10^{-7}\ \mathrm{H\cdot m^{-1}}$
钠光谱中黄线的波长	$D=589.3\times10^{-9}\ \mathrm{m}$
镉光谱中红线的波长(15 ℃,101 325 Pa)	$\lambda_{Cd}=643.84696\times10^{-9}\ \mathrm{m}$

表 A-7 在 101 325 Pa 下一些元素的熔点和沸点

元素	熔点(℃)	沸点(℃)	元素	熔点(℃)	沸点(℃)
铜	1 084.5	2 580	金	1 064.43	2 710
铁	1 535	2 754	银	961.93	2 184
镍	1 455	2 731	锡	231.97	2 270
铬	1 890	2 212	铅	327.5	1 750
铝	660.4	2 486	汞	−38.86	356.72
锌	419.58	903			

表 A-8 固体的密度

物质	密度 $(g\cdot cm^{-3})$	物质	密度 $(g\cdot cm^{-3})$	物质	密度 $(g\cdot cm^{-3})$
银	10.492	铅锡合金⑦	10.6	软木	0.22～0.26
金	19.3	磷青铜⑧	8.8	电木板(纸层)	1.32～1.40
铝	2.70	不锈钢⑨	7.91	纸	0.7～1.1
铁	7.86	花岗岩	2.6～2.7	石蜡	0.87～0.94
铜	8.933	大理石	1.52～2.86	蜂蜡	0.96
镍	8.85	玛瑙	2.5～2.8	煤	1.2～1.7
钴	8.71	熔融石英	2.2	石板	2.7～2.9
铬	7.14	玻璃(普通)	2.4～2.6	橡胶	0.91～0.96
铅	11.342	玻璃(冕牌)	2.2～2.6	硬橡胶	1.1～1.4
锡(白、四方)	7.29	玻璃(火石)	2.8～4.5	丙烯树脂	1.182
锌	7.12	瓷器	2.0～2.6	尼龙	1.11
黄铜①	8.5～8.7	砂	1.4～1.7	聚乙烯	0.90
青铜②	8.78	砖	1.2～2.2	聚苯乙烯	1.056
康铜③	8.88	混凝土⑩	2.4	聚氯乙烯	1.2～1.6
硬铝④	2.79	沥青	1.04～1.40	冰(0℃)	0.917
德银⑤	8.30	松木	0.52		
殷钢⑥	8.0	竹	0.31～0.40		

注:① Cu 70%,Zn 30%.

② Cu 90%,Sn 10%.

③ Cu 60%,Ni 40%.

④ Cu 4%,Mg 0.5%,Mn 0.5%,其余为 Al.

⑤ Cu 26.3%,Zn 36.6%,Ni 36.8%.

⑥ Fe 63.8%,Ni 36%,C 0.2%.

⑦ Pb 87.5%,Sn 12.5%.

⑧ Cu 79.7%,Sn 10%,Sb 9.5%,P 0.8%.

⑨ Cr 18%,Ni 8%,Fe 74%.

⑩ 水泥 1 份,砂 2 份,碎石 4 份.

表 A-9　液体的密度

物质	密度 $(g \cdot cm^{-3})$	物质	密度 $(g \cdot cm^{-3})$	物质	密度 $(g \cdot cm^{-3})$
丙酮	0.791*	甲苯	0.866 8*	海水	1.01～1.05
乙醇	0.789 3*	重水	1.105*	牛乳	1.03～1.04
甲醇	0.791 3*	汽油	0.66～0.75		
苯	0.879 0*	柴油	0.85～0.90		
三氯甲烷	1.489*	松节油	0.87		
甘油	1.261*	蓖麻油	0.96～0.97		

注:标注"*"记号者为 20 ℃值.

表 A-10　气体的密度(101 325 Pa,0 ℃)

物　质	密　度 $(g \cdot cm^{-3})$	物　质	密　度 $(g \cdot cm^{-3})$
Ar	1.783	Cl_2	3.214
H_2	0.089 9	NH_3	0.771 0
He	0.178 5	乙炔	1.173
Ne	0.900 3	乙烷	1.356(10 ℃)
N_2	1.250 5	甲烷	0.716 8
O_2	1.429 0	丙烷	2.009
CO_2	1.977		

表 A-11　不同温度下水的密度　　(单位:$g \cdot cm^{-3}$)

温度(℃)	0	1	2	3	4	5	6	7	8	9
	0.～	0.～	0.～	0.～	0.～	0.～	0.～	0.～	0.～	0.～
0	999 87	999 90	999 94	999 96	999 97	999 96	999 94	999 91	999 88	999 81
10	999 73	999 63	999 52	999 40	999 27	999 13	998 97	998 80	998 62	998 43

（续表）

温度(℃)	0	1	2	3	4	5	6	7	8	9
	0.～	0.～	0.～	0.～	0.～	0.～	0.～	0.～	0.～	0.～
20	998 23	998 02	997 80	997 57	997 33	997 06	996 81	996 54	996 26	995 97
30	995 68	995 37	995 05	994 73	994 40	994 06	993 71	993 36	992 99	992 62
40	992 2	991 9	991 5	991 1	990 7	990 2	989 8	989 4	989 0	988 5
50	988 1	987 6	987 2	986 7	986 2	985 7	985 3	984 8	984 3	983 8
60	983 2	982 7	982 2	981 7	981 1	980 6	980 1	979 5	978 9	978 4
70	977 8	977 2	976 7	976 1	975 5	974 9	974 3	973 7	973 1	972 5
80	971 8	971 2	970 6	969 9	969 3	968 7	968 0	967 3	966 7	966 0
90	965 3	964 7	964 0	963 3	962 6	961 9	961 2	960 5	959 8	959 1
100	958 4	957 7	956 9							

表 A-12 不同温度下水银的密度

温度(℃)	0	10	20	30	40	50
密度(g·cm^{-3})	13.595 1	13.570 5	13.546 0	13.521 6	13.4971	13.472 7
温度(℃)	60	70	80	90	100	
密度(g·cm^{-3})	13.448 4	13.424 1	13.399 9	13.375 7	13.351 7	

表 A-13 不同温度时水的黏滞系数

温度(℃)	黏滞系数 η		温度(℃)	黏滞系数 η	
	(μPa·s)	(×10^{-6} kgf·s·mm^{-2})		(μPa·s)	(×10^{-6} kgf·s·mm^{-2})
0	1 787.8	182.3	60	469.7	47.9
10	1 305.3	133.1	70	406.0	41.4
20	1 004.2	102.4	80	355.0	36.2
30	801.2	81.7	90	314.8	32.1
40	653.1	66.6	100	282.5	28.8
50	549.2	56.0			

表 A-14　水的饱和蒸汽压与温度的关系

(压强单位 100 ℃以上×101 325 Pa,100 ℃以下×133. 322 Pa)

温度(℃)	0. 0	1. 0	2. 0	3. 0	4. 0	5. 0	6. 0	7. 0	8. 0	9. 0
−20. 0	0. 779 0	0. 707 6	0. 642 2	0. 582 4	0. 527 7	0. 477 8	0. 432 3	0. 390 7	0. 3529	0. 318 4
−10. 0	1. 956	1. 790	1. 636	1. 495	1. 365	1. 246	1. 135 8	1. 034 8	0. 942 1	0. 857 0
−0. 0	4. 581	4. 220	3. 884	3. 573	3. 285	3. 018	2. 771	2. 542	2. 331	2. 136
0. 0	4. 581	4. 925	5. 292	5. 683	6. 099	6. 542	7. 012	7. 513	8. 045	8. 609
10. 0	9. 209	9. 844	10. 518	11. 231	11. 988	12. 788	13. 635	14. 531	15. 478	16. 478
20. 0	17. 535	18. 651	19. 828	21. 070	22. 379	23. 759	25. 212	26. 742	28. 352	30. 046
30. 0	31. 827	33. 700	35. 668	37. 735	39. 904	42. 181	44. 570	47. 075	49. 701	52. 453
40. 0	55. 335	58. 354	61. 513	64. 819	68. 277	71. 892	75. 671	79. 619	83. 744	88. 050
50. 0	92. 545	97. 236	102. 129	107. 232	112. 551	118. 09	123. 87	129. 88	136. 14	142. 66
60. 0	149. 44	156. 50	163. 83	171. 46	179. 38	187. 62	196. 17	205. 05	214. 27	223. 84
70. 0	233. 76	244. 06	254. 74	265. 81	277. 29	289. 17	301. 49	314. 24	327. 45	341. 12
80. 0	355. 26	369. 89	385. 03	400. 68	416. 87	433. 59	450. 88	468. 73	487. 18	506. 22
90. 0	525. 88	546. 18	567. 12	588. 73	611. 02	634. 01	657. 71	682. 14	707. 32	733. 27
100. 0	1. 000	1. 036	1. 074	1. 112	1. 151	1. 192	1. 234	1. 277	1. 321 4	1. 367 0
110. 0	1. 413 8	1. 462 0	1. 511 6	1. 562 4	1. 614 7	1. 668 4	1. 723 6	1. 780 3	1. 838 4	1. 898 0
120. 0	1. 959 3	2. 022 2	2. 086 7	2. 152 9	2. 220 8	2. 290 4	2. 361 8	2. 435 0	2. 510 1	2. 587 0
130. 0	2. 655 3	2. 746 6	2. 829 2	2. 913 9	3. 000 7	3. 089 6	3. 180 5	3. 273 6	3. 368 9	3. 466 4

表 A－15 水的沸点与压强的关系

p (133.322 Pa)	0.0	1.0	2.0	3.0	4.0	5.0	6.0	7.0	8.0	9.0
700.0	97.714	97.753	97.792	97.832	97.871	97.910	97.949	97.989	98.028	98.067
710.0	98.106	98.145	98.184	98.223	98.261	98.300	98.339	98.378	98.416	98.455
720.0	98.493	98.532	98.570	98.609	98.647	98.686	98.724	98.762	98.800	98.838
730.0	98.877	98.915	98.953	98.991	99.029	99.067	99.104	99.142	99.180	99.218
740.0	99.255	99.293	99.331	99.368	99.406	99.443	99.481	99.518	99.555	99.592
750.0	99.630	99.667	99.704	99.741	99.778	99.815	99.852	99.889	99.926	99.963
760.0	100.000	100.037	100.074	100.110	100.147	100.184	100.220	100.257	100.293	100.330
770.0	100.728	100.764	100.800	100.836	100.872	100.908	100.944	100.979	101.015	101.051
780.0	100.728	100.764	100.800	100.836	100.872	100.908	100.944	100.979	101.015	101.051
790.0	101.087	101.122	101.158	101.193	101.229	101.264	101.300	101.335	101.370	101.406

表 A－16 不同温度时水的比热容

温度(℃)	0	5	10	15	20	25	30	40	50	60	70	80	90	99
比热容 ($J \cdot kg^{-1} \cdot K^{-1}$)	4 217	4 202	4 192	4 186	4 182	4 179	4 178	4 178	4 180	4 184	4 189	4 196	4 205	4 215

表 A-17　物质的比热容

元　素	温度(℃)	比热容 ($\times 10^2$ J·kg^{-1}·℃$^{-1}$)	物　质	温度(℃)	比热容 ($\times 10^2$ J·kg^{-1}·℃$^{-1}$)
Al	25	9.04	水	25	41.73
Ag	25	2.37	乙醇	25	24.19
Au	25	1.28	石英玻璃	20～100	7.87
C(石墨)	25	7.07	黄铜	0	3.70
Cu	25	3.85	康铜	18	4.09
Fe	25	4.48	石棉	0～100	7.95
Ni	25	4.39	玻璃	20	5.9～9.2
Pb	25	1.28	云母	20	4.2
Pt	25	1.363	橡胶	15～100	11.3～20
Si	25	7.125	石蜡	0～20	29.1
Sn(白)	25	2.22	木材	20	约 12.5
Zn	25	3.89	陶瓷	20～200	7.1～8.8

表 A-18　空气的密度　　(单位:kg·m^{-3})

温度(℃) \ 压强(Pa)	95 960	97 300	98 630	99 960	101 290	102 630	103 960
0	1.225	1.242	1.259	1.276	1.293	1.310	1.327
4	1.207	1.224	1.241	1.258	1.274	1.291	1.308
8	1.190	1.207	1.223	1.240	1.256	1.273	1.289
12	1.173	1.190	1.206	1.222	1.238	1.255	1.271
16	1.157	1.173	1.189	1.205	1.221	1.237	1.253
20	1.141	1.157	1.173	1.189	1.205	1.220	1.236
24	1.126	1.141	1.157	1.173	1.188	1.204	1.220
28	1.111	1.126	1.142	1.157	1.173	1.188	1.203

表 A-19　固体的导热系数

物　质	温度 (K)	导热系数 ($\times 10^{-2}$ W·m^{-1}·K^{-1})	物　质	温度 (K)	导热系数 ($\times 10^{-2}$ W·m^{-1}·K^{-1})
Ag	273	4.28	锰铜	273	0.22
Al	273	2.35	康铜	273	0.22
Au	273	3.18	不锈钢	273	0.14

（续表）

物　质	温度(K)	导热系数($\times 10^{-2}$ W·m^{-1}·K^{-1})	物　质	温度(K)	导热系数($\times 10^{-2}$ W·m^{-1}·K^{-1})
C(金刚石)	273	6.60	镍铬合金	273	0.11
C(石墨)⊥C	273	2.50	硼硅酸玻璃	300	0.011
Ca	273	0.98	软木	300	0.000 42
Cu	273	4.01	耐火砖	500	0.002 1
Fe	273	0.835	混凝土	273	0.008 4
Ni	273	0.91	玻璃布	300	0.000 34
Pb	273	0.35	云母(黑)	373	0.005 4
Pt	273	0.73	花岗岩	300	0.016
Si	273	1.70	赛璐珞	303	0.000 2
Sn	273	0.67	橡胶(天然)	298	0.001 5
水晶(//C)	273	0.12	杉木	293	0.001 13
水晶(⊥C)	273	0.068	棉布	313	0.000 8
石英玻璃	273	0.014	呢绒	303	0.000 43
黄铜	273	1.20			

表 A-20　液体的导热系数

物　质	温度(K)	导热系数($\times 10^{-2}$ W·m^{-1}·K^{-1})	物　质	温度(K)	导热系数($\times 10^{-2}$ W·m^{-1}·K^{-1})
C_6H_6	300	1.44	甘油	293	2.83
C_2H_5OH	293	1.68	石油	293	1.50
H_2O	273	5.62	硅油(分子量 162)	333	0.993
H_2O	293	5.97	硅油(分子量 1 200)	333	1.32
H_2O	360	6.74	硅油(分子量 15 800)	333	1.60
Hg	273	84			

表 A-21　气体的导热系数 (101 325 Pa)

物　质	温度 (K)	导热系数 ($\times10^{-2}$ W·m^{-1}·K^{-1})	物　质	温度 (K)	导热系数 ($\times10^{-2}$ W·m^{-1}·K^{-1})
CH_4	300	3.43	Hg	476	0.77
C_6H_6	300	1.04	N_2	300	2.598
C_2H_5OH	373	2.09	O_2	300	2.674
H_2	300	18.15	空气	300	2.61
H_2O	380	2.45	空气	1 000	6.72

表 A-22　液体的黏度　　(单位:Pa·s)

温度(℃)	水 $\times10^4$	水银 $\times10^4$	乙醇 $\times10^4$	氯苯 $\times10^4$	苯 $\times10^4$	四氯化碳 $\times10^4$
0	17.94	16.85	18.43	10.56	9.12	13.5
10	13.10	16.15	15.25	9.15	7.58	11.3
20	10.09	15.54	12.0	8.02	6.52	9.7
30	8.00	14.99	9.91	7.09	5.64	8.4
40	6.54	14.50	8.29	6.35	5.03	7.4
50	5.49	14.07	7.06	5.74	4.42	6.5
60	4.70	13.67	5.91	5.20	3.91	5.9
70	4.07	13.31	5.03	4.76	3.54	5.2
80	3.57	12.98	4.35	4.38	3.23	4.7
90	3.17	12.68	3.76	3.97	2.86	4.3
100	2.84	12.40	3.25	3.67	2.61	3.9

表 A-23　气体的黏度 (101 325 Pa,20 ℃)

物　质	黏度($\times10^{-7}$ Pa·s)	物　质	黏度($\times10^{-7}$ Pa·s)
Ar	222.86	Cl_2	133.0
H_2	88.77	NH_3	97.4
He	196.14	空气	181.92
Ne	313.8	乙炔	93.5(0 ℃)
N_2	175.69	乙烷	91.0
O_2	203.31	甲烷	109.8
CO_2	146.63	丙烷	80.0

表 A-24　固体中的声速（沿棒传播的纵波）

固　体	声速(m·s^{-1})	固　体	声速(m·s^{-1})
铝	5 000	锡	2 730
黄铜(Cu70%,Zn30%)	3 480	钨	4 320
铜	3 750	锌	3 850
硬铝	5 150	银	2 680
金	2 030	硼硅酸玻璃	5 170
电解铁	5 120	重硅钾铅玻璃	3 720
铅	1 210	轻氯铜银冕玻璃	4 540
镁	4 940	丙烯树脂	1 840
莫涅尔合金	4 400	尼龙	1 800
镍	4 900	聚乙烯	920
铂	2 800	聚苯乙烯	2 240
不锈钢	5 000	熔融石英	5 760

表 A-25　液体中的声速（20 ℃）

液　体	声速(m·s^{-1})	液　体	声速(m·s^{-1})
CCl_4	935	$C_3H_8O_3$(甘油)	1 923
C_6H_6	1 324	CH_3OH	1 121
$CHBr_3$	928	C_2H_5OH	1 168
$C_6H_5CH_3$	1 327.5	CS_2	1 158
CH_3COCH_3	1 190	H_2O	1 482.9
$CHCl_3$	1 002.5	Hg	1 451
C_6H_5Cl	1 284.5	NaCl 4.8%水溶液	1 542

表 A-26　气体中的声速（101 325 Pa,0 ℃）

气　体	声速(m·s^{-1})	气　体	声速(m·s^{-1})
空气	331.45	H_2O(水蒸气,100 ℃)	404.8
Ar	319	He	970
CH_4	432	N_2	337
C_2H_4	314	NH_3	415

（续表）

气体	声速($m\cdot s^{-1}$)	气体	声速($m\cdot s^{-1}$)
CO	337.1	NO	325
CO_2	258	N_2O	261.8
CS_2	189	Ne	435
Cl_2	205.3	O_2	317.2
H_2	1 269.5		

表 A-27　不同温度时干燥空气中的声速　　（单位：$m\cdot s^{-1}$）

温度(℃)	0	1	2	3	4	5	6	7	8	9
60	366.05	366.60	367.14	367.69	368.24	368.78	369.33	369.87	370.42	370.96
50	360.51	361.07	361.62	362.18	362.74	363.29	363.84	364.39	364.95	365.50
40	354.89	355.46	356.02	356.58	357.15	357.71	358.27	358.83	359.39	359.95
30	349.18	349.75	350.33	350.90	351.47	352.04	352.62	353.19	353.75	354.32
20	343.37	343.95	344.54	345.12	345.70	346.29	346.87	347.44	348.02	348.60
10	337.46	338.06	338.65	339.25	339.84	340.43	341.02	341.61	342.20	342.58
0	331.45	332.06	332.66	333.27	333.87	334.47	335.07	335.67	336.27	336.87
−10	325.33	324.71	324.09	323.47	322.84	322.22	321.60	320.97	320.34	319.52
−20	319.09	318.45	317.82	317.19	316.55	315.92	315.28	314.64	314.00	313.36
−30	312.72	312.08	311.43	310.78	310.14	309.49	308.84	308.19	307.53	306.88
−40	306.22	305.56	304.91	304.25	303.58	302.92	302.26	301.59	300.92	300.25
−50	299.58	298.91	298.24	397.56	296.89	296.21	295.53	294.85	294.16	293.48
−60	292.79	292.11	291.42	290.73	290.03	289.34	288.64	287.95	287.25	286.55
−70	285.84	285.14	284.43	283.73	283.02	282.30	281.59	280.88	280.16	279.44
−80	278.72	278.00	277.27	276.55	275.82	275.09	274.36	273.62	272.89	272.15
−90	271.41	270.67	269.92	269.18	268.43	267.68	266.93	266.17	265.42	264.66

表 A-28 液体的表面张力

物 质	接触气体	温度(℃)	表面张力系数($\times10^{-3}$ N·m^{-1})
水	空气	10	74.22
	空气	30	71.18
	空气	50	67.91
	空气	70	64.4
	空气	100	58.9
水银	空气	15	487
乙醇	空气	20	22.3
甲醇	空气	20	22.6
乙醚	蒸汽	20	16.5
甘油	空气	20	63.4

表 A-29 固体的线胀系数 (101 325 Pa)

物 质	温度(℃)	线胀系数($\times10^{6}$℃$^{-1}$)	物 质	温度(℃)	线胀系数($\times10^{6}$℃$^{-1}$)
金	20	14.2	碳素钢		约 11
银	20	19.0	不锈钢	20～100	16.0
铜	20	16.7	镍铬合金	100	13.0
铁	20	11.8	石英玻璃	20～100	0.4
锡	20	21	玻璃	0～300	8～10
铅	20	28.7	陶瓷		3～6
铝	20	23.0	大理石	25～100	5～16
镍	20	12.8	花岗岩	20	8.3
黄铜	20	18～19	混凝土	−13～21	6.8～12.7
殷铜	−250～100	−1.5～2.0	木材(平行纤维)		3～5
锰铜	20～100	18.1			
磷青铜	——	17	木材(垂直纤维)		35～60
镍钢(Ni 10%)	——	13			
镍钢(Ni 43%)	——	7.9	电木板		21～33
石蜡	16～38	130.3	橡胶	16.7～25.3	77
冰	0	52.7	硬橡胶		50～80
冰	−50	45.6	聚乙烯		180
冰	−100	33.9			

表 A－30　固体的摩擦因数（物体 I 在物体 II 上静止或运动的情况）

Ⅰ	Ⅱ	静摩擦因素		动摩擦因素	
		干燥	涂油	干燥	涂油
钢铁	钢铁	0.7	0.005～0.1	0.5	0.03～0.1
钢铁	铸铁	—	0.18	0.23	0.13
钢铁	铅	0.95	0.5	0.95	0.3
镍	钢铁	—	—	0.64	0.18
铝	钢铁	0.61	—	0.47	—
铜	钢铁	0.53	—	0.36	0.18
黄铜	钢铁	0.51	0.11	0.44	
黄铜	铸铁	—	—	0.30	
铜	铸铁	1.05	—	0.29	
铸铁	铸铁	1.10	0.2	0.15	0.070
铝	铝	1.05	0.30	1.4	—
玻璃	玻璃	0.94	0.35	0.4	0.09
铜	玻璃	0.68	—	0.53	—
聚四氟乙烯	聚四氟乙烯	0.04	—	0.04	—
聚四氟乙烯	钢铁	0.04	—	0.04	—

表 A－31　各种固体的弹性模量

名　称	杨氏模量 $E(\times 10^{10}\ \mathrm{N\cdot m^{-2}})$	切变模量 $G(\times 10^{10}\ \mathrm{N\cdot m^{-2}})$	泊松比 δ
金	8.1	2.85	0.42
银	8.27	3.03	0.38
铂	16.8	6.4	0.30
铜	12.9	4.8	0.37
铁(软)	21.19	8.16	0.29
铁(铸)	15.2	6.0	0.27
铁(钢)	20.1～21.6	7.8～8.4	0.28～0.30
铝	7.03	2.4～2.6	0.355
锌	10.5	4.2	0.25

(续表)

名　称	杨氏模量 E ($\times 10^{10}$ N·m^{-2})	切变模量 G ($\times 10^{10}$ N·m^{-2})	泊松比 δ
铅	1.6	0.54	0.43
锡	5.0	1.84	0.34
镍	21.4	8.0	0.336
硬铝	7.14	2.67	0.335
磷青铜	12.0	4.36	0.38
不锈钢	19.7	7.57	0.30
黄铜	10.5	3.8	0.374
康铜	16.2	6.1	0.33
熔融石英	7.31	3.12	0.170
玻璃(冕牌)	7.1	2.9	0.22
玻璃(火石)	8.0	3.2	0.27
尼龙	0.35	0.122	0.4
聚乙烯	0.077	0.026	0.46
聚苯乙烯	0.36	0.133	0.35
橡胶(弹性)	$(1.5\sim5)\times10^{-4}$	$(5\sim15)\times10^{-5}$	0.46～0.49

表 A-32　液体的体胀系数 (101 325 Pa)

物　质	温度 (℃)	体胀系数 ($\times10^3$ ℃$^{-1}$)	物　质	温度 (℃)	体胀系数 ($\times10^3$ ℃$^{-1}$)
丙酮	20	1.43	水	20	0.207
乙醚	20	1.66	水银	20	0.182
甲醇	20	1.19	甘油	20	0.505
乙醇	20	1.08	苯	20	1.23

表 A-33 在不同温度下与空气接触的水的表面张力系数

温度(℃)	δ($\times10^{-3}$ N·m^{-1})	温度(℃)	δ($\times10^{-3}$ N·m^{-1})	温度(℃)	δ($\times10^{-3}$ N·m^{-1})	温度(℃)	δ($\times10^{-3}$ N·m^{-1})
0	75.62	13	73.78	20	72.75	40	69.55
5	74.90	14	73.64	21	72.60	50	67.90
6	74.76	15	73.48	22	72.44	60	66.17
8	74.48	16	73.34	23	72.28	70	64.41
10	74.20	17	73.20	24	72.12	80	62.60
11	74.07	18	73.05	25	71.96	90	60.74
12	73.92	19	72.89	30	71.15	100	58.84

表 A-34 某些液体的黏滞系数

液　体	温度(℃)	η(μPa·s)	液　体	温度(℃)	η(μPa·s)
汽油	0	1 788	甘油	−20	134×10^{6}
	18	530		0	121×10^{5}
甲醇	0	817		20	$1\,499\times10^{3}$
	20	584		100	12 945
乙醇	0	1 780	蜂蜜	20	650×10^{4}
	20	1 190		80	100×10^{3}
乙醚	0	296	鱼肝油	20	45 600
	20	243		80	4 600
变压器	20	19 800	水银	0	1 685
蓖麻油	10	242×10^{4}		20	1 554
葵花子油	20	50 000		100	1 224

表 A-35 在海平面上不同纬度处的重力加速度①

纬度 φ(度)	g(m·s^{-2})	纬度 φ(度)	g(m·s^{-2})	纬度 φ(度)	g(m·s^{-2})
0	9.780 49	35	9.797 46	65	9.822 94
5	9.780 88	40	9.801 80	70	9.826 14
10	9.782 04	45	9.806 29	75	9.828 73
15	9.783 94	50	9.810 79	80	9.830 65
20	9.786 52	55	9.815 15	85	9.831 82
25	9.789 69	60	9.819 24	90	9.832 21
30	9.783 38				

注:表中所列数值是根据公式 $g=9.780\,49(1+0.005\,288\sin^2\varphi-0.000\,006\sin^2 2\varphi)$算出的,其中 φ 为纬度.

表 A-36　某些金属和合金的电阻率及其温度系数①

金属或合金	电阻率($\times 10^{-6}\ \Omega \cdot m$)	温度系数($℃^{-1}$)
铝	0.028	42×10^{-4}
铜	0.017 2	43×10^{-4}
银	0.016	40×10^{-4}
金	0.024	40×10^{-4}
铁	0.098	60×10^{-4}
铅	0.205	37×10^{-4}
铂	0.105	39×10^{-4}
钨	0.055	48×10^{-4}
锌	0.059	42×10^{-4}
锡	0.12	44×10^{-4}
水银	0.958	10×10^{-4}
武德合金	0.52	37×10^{-4}
钢(0.10%～0.15%碳)	0.10～0.14	6×10^{-3}
康铜	0.47～0.51	$(-0.04\sim+0.01)\times10^{-3}$
铜锰镍合金	0.34～1.00	$(-0.03\sim+0.02)\times10^{-3}$
镍铬合金	0.98～1.10	$(0.03\sim0.4)\times10^{-3}$

注:电阻率与金属中的杂质有关,因此表中列出的只是 20 ℃时电阻率的平均值.

表 A-37　不同金属或合金与铂(化学纯)构成热电偶的热电动势
(热端在 100 ℃,冷端在 0 ℃时)①

金属或合金	热电动势(mV)②	连续使用温度(℃)	短时使用最高温度(℃)
95%Ni+5%(Al,Si,Mn)	−1.38	1 000	1 250
钨	+0.79	2 000	2 500
手工制造的铁	+1.87	600	800
康铜(60%Cu+40%Ni)	−3.5	600	800
56%Cu+44%Ni	−4.0	600	800
制导线用铜	+0.75	350	500
镍	−1.5	1 000	1 100
80%Ni+20%Cr	+2.5	1 000	1 100
90%Ni+10%Cr	+2.71	1 000	1 250
90%Pt+10%Ir	+1.3	1 000	1 200
90%Pt+10%Rh	+0.64	1 300	1 600
银	+0.72	600	700

注:① 表中的"+"或"−"表示该电极与铂组成热电偶时,其热电动势是正或负. 当热电动势为正时,在处于 0 ℃的热电偶一端电流由金属(或合金)流向铂.

② 为了确定用表中所列任何两种材料构成的热电偶的热电动势,应当取这两种材料的热电动势的差值. 例如:铜-康铜热电偶的热电动势等于+0.75−(−3.5)=4.25 (mV).

表 A－38　几种标准温差电偶

名　　称	分度号	100 ℃时的电动势(mV)	使用温度范围(℃)
铜-康铜(Cu 55%,Ni 45%)	CK	4.26	−200～300
镍铬(Cr 9%～10%,Si 0.4%,Ni 90%)-康铜(Cu 56%～57%,Ni 43%～44%)	EA-2	6.95	−200～800
镍铬(Cr 9%～10%,Si 0.4%,Ni 90%)-镍硅(Si 2.5%～3%,Co<0.6%,Ni 97%)	EV-2	4.10	1 200
铂铑(Pt 90%,Rh 10%)-铂	LB-3	0.643	1 600
铂铑(Pt 70%,Rh 30%)-铂铑(Pt 94%,Rh 6%)	LL-2	0.034	1 800

表 A－39　铜-康铜热电偶的温差电动势(自由端温度 0 ℃)　(单位:mV)

康铜的温度(℃)	铜的温度(℃)										
	0	10	20	30	40	50	60	70	80	90	100
0	0.000	0.389	0.787	1.194	1.610	2.035	2.468	2.909	3.357	3.813	4.277
100	4.227	4.749	5.227	5.712	6.204	6.702	7.207	7.719	8.236	8.759	9.288
200	9.288	9.823	10.363	10.909	11.459	12.014	12.575	13.140	13.710	14.285	14.864
300	14.864	15.448	16.035	16.627	17.222	17.821	18.424	19.031	19.642	20.256	20.873

表 A－40　在常温下某些物质相对于空气的光的折射率

物　质	H_α 线(656.3 nm)	D线(589.3 nm)	H_β 线(486.1 nm)
水(18 ℃)	1.331 4	1.333 2	1.337 3
乙醇(18 ℃)	1.360 9	1.362 5	1.366 5
二硫化碳(18 ℃)	1.619 9	1.629 1	1.654 1
冕玻璃(轻)	1.512 7	1.515 3	1.521 4
冕玻璃(重)	1.612 6	1.615 2	1.621 3
燧石玻璃(轻)	1.603 8	1.608 5	1.620 0
燧石玻璃(重)	1.743 4	1.751 5	1.772 3
方解石(寻常光)	1.654 5	1.658 5	1.667 9
方解石(非常光)	1.484 6	1.486 4	1.490 8
水晶(寻常光)	1.541 8	1.544 2	1.549 6
水晶(非常光)	1.550 9	1.553 3	1.558 9

表 A-41 常用光源的谱线波长表 (单位:nm)

一、H(氢)	三、Ne(氖)	五、Hg(汞)
656.28(红)	650.65(红)	623.44(橙)
486.13(绿蓝)	640.23(橙)	579.07(黄)
434.05(蓝)	638.30(橙)	576.96(黄)
410.17(蓝紫)	626.25(橙)	546.07(绿)
397.01(蓝紫)	621.73(橙)	491.60(绿蓝)
二、He(氦)	614.31(橙)	435.83(蓝)
706.52(红)	588.19(黄)	407.78(蓝紫)
667.82(红)	585.25(黄)	404.66(蓝紫)
587.56(D3)(黄)	四、Na(钠)	六、He-Ne(激光)
501.57(绿)	589.592(D1)(黄)	632.8(橙)
492.19(绿蓝)	588.995(D2)(黄)	
471.31(蓝)		
447.15(蓝)		
402.62(蓝紫)		
388.87(蓝紫)		

附录 B　常用电气测量指示仪表和附件的符号

表 B-1　测量单位及功率因数的符号

名　称	符　号	名　称	符　号
千安	kA	兆欧	MΩ
安培	A	千欧	kΩ
毫安	mA	欧姆	Ω
微安	μA	毫欧	mΩ
千伏	kV	微欧	μΩ
伏特	V	相位角	α
毫伏	mV	功率因数	$\cos\alpha$
微伏	μV	无功功率因数	$\sin\alpha$
兆瓦	MW	库仑	C
千瓦	kW	毫韦伯	mWb
瓦特	W	毫特斯拉	mT
兆乏	Mvar	微法	μF
千乏	kvar	皮法	pF
乏	var	亨利	H
兆赫	MHz	毫亨	mH
千赫	kHz	微亨	μH
赫兹	Hz	摄氏度	℃
太欧	TΩ		

表 B-2　仪表工作原理的图形符号

名　称	符　号	名　称	符　号
磁电系仪表	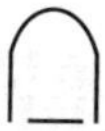	电动系比例表	
磁电系比例表		铁磁电动系仪表	
电磁系仪表	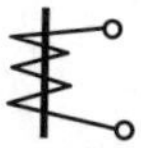	铁磁电动系比例表	
电磁系比例表	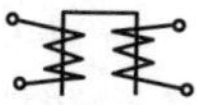	感应系仪表	
电动系仪表		静电系仪表	
整流系仪表(带半导体整流器和磁电系测量机构)	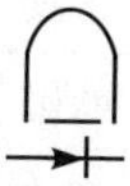	热电系仪表(带接触式热变换器和磁电系测量机构)	

表 B-3　电流种类的符号

名　称	符　号
直流	—
交流(单相)	~
直流和交流	≂
具有单元件的三相平衡负载交流	≋

表 B-4　准确度等级的符号

名　称	符　号
以标度尺量限百分数表示的准确度等级,例如1.5级	1.5
以标度尺长度百分数表示的准确度等级,例如1.5级	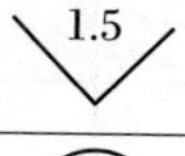 1.5
与屏蔽相连接的端钮	 1.5

表 B-5　工作位置的符号

名　称	符　号
标度尺位置为垂直的	⊥
标度尺位置为水平的	⊓
标度尺位置与水平面倾斜成一角度例如 60°	∠60°

表 B-6　绝缘强度的符号

名　称	符　号
不进行绝缘强度试验	☆0
绝缘强度试验电压为 2 kV	☆2

表 B-7　端钮、调零器的符号

名　称	符　号
负端钮	—
正端钮	+
公共端钮(多量限仪表和复用电表)	✕
接地用的端钮(螺钉或螺杆)	⏚
与外壳相连接的端钮	⊥
与屏蔽相连接的端钮	◌
调零器	⌒

表 B-8　按外界条件分组的符号

名　称	符　号
Ⅰ级防外磁场(例如磁电系)	⊓
Ⅰ级防外磁场(例如静电系)	
Ⅱ级防外磁场及电场	Ⅱ Ⅱ
Ⅲ级防外磁场及电场	Ⅲ Ⅲ
Ⅳ级防外磁场及电场	Ⅳ Ⅳ

附录C　大学物理实验操作考试样题

考试对象:非物理类理工科各相关专业
时　　间:60 分钟
提供条件:双踪示波器、信号源等
其　　他:学生可带计算工具

电子示波器的使用

姓名__________;学号__________;班级__________;编组__________

要求:

(1) 在双踪示波器上调出亮度适中、大小适中的光点,且放在屏上标尺的右上角.(请监考教师视阅,10 分)

(2) 测量机内探极校准信号的频率和(画图、列表、记录、处理),并与标准值比较.(20 分)

(3) 把实验室给定的正弦信号送到示波器的 Y 通道,且调出 2～3 个完整、稳定的波形.(请监考教师视阅,25 分)

(4) 测定实验室给定正弦波电压的有效值和频率(列表、记录、处理).(25 分)

(5) 调节规范、熟练.(20 分)

(说明:与内容有关的问题,学生提问一次酌情扣 5～10 分)

(下表由监考教师和评卷教师分别填写相关内容)

要求	1	2	3	4	5	备注	成绩
得分							

(附学生答卷)

监考教师签字:____________________　　时间:____________________
评卷教师签字:____________________　　时间:____________________

附录 D　大学物理实验理论考试样题

一、选择题

1. 以下说法正确的是（　　）.

(A) 多次测量可以减少随机误差

(B) 多次测量可以消除随机误差

(C) 多次测量可以减少系统误差

(D) 多次测量可以消除系统误差

2. 用分度值为 0.05 mm 的游标卡尺测量一物体的长度，下面读数正确的是（　　）.

(A) 12.63 mm　(B) 12.64 mm　(C) 12.60 mm　(D) 12.635 mm

3. 0.07 的有效数字有（　　）.

(A) 1 位　(B) 2 位　(C) 3 位　(D) 4 位

4. 牛顿环测曲率半径实验中，观测到的同心干涉圆环的疏密分布是（　　）.

(A) 均匀分布　(B) 从内到外逐渐变得稀疏

(C) 从内到外逐渐变得密集　(D) 无规律

5. 在电势差计的实验中，校准工作电流时检流计指针始终偏向一边，下面可能的原因中可以排除的是（　　）.

(A) 没有工作电源　(B) 接标准电池的导线不通

(C) 检流计的导线极性接反　(D) 工作电源偏高或偏低

二、填空题

1. 用图解法处理数据时，若实验图线为直线，则应让______落在直线上，______分布在直线的两侧；确定直线斜率时，为了减小误差，所选的两点应靠近直线______，其坐标值最好为坐标分度值的______，但一般______选用实验点.

2. 螺旋测微计上微动螺杆移动一螺距为______，微分筒旋过一格，测微螺杆移动______.

3. 使用天平必须了解它的和______，必须首先调节______和______，采用复称法（交换法）是为了______.

4. 在观察下列现象时，示波器各旋钮应放置的位置或应调节的旋钮是：

(1) 观察光点，“X”扫描应至于______，“辉度”应调节至______，图形移动应调节______和______.

(2) 观察波形，“Y”输入接______，“X”应接______，欲获得 1～4 个波形应调节______及其______.

5. 用伏安法测中值电阻时，由实验电路引入的误差属于______，当电流表外接时，所测电阻值偏______,当电流表内接时,所测电阻值偏______.

6. 用显微镜测牛顿环时,同方向转动鼓轮中途不可倒转这是为了减少______.

三、问答题

1. 物理天平称衡物体时,可不可以把砝码放在天平的左盘,而待测物体放在右盘,为什么?待测物体质量如何得到?

2. 牛顿环是怎样形成的?它是什么性质的干涉条纹?其条纹有何特点?

3. 示波器的核心是示波管,其主要由哪三部分组成?

4. 惠斯通电桥已处于平衡状态,将检流计和电源相互交换,电桥是否平衡,为什么?

5. 箱式电桥中比例臂的倍率值选取的原则是什么?

四、计算题

1. 利用单摆实验测重力加速度 g,当测得摆长 $l=97.63\pm0.03$ cm,周期 $T=1.98\pm0.02$ s,试求重力加速度的测量值及其误差,并写出测量结果.

2. 惠斯通电桥实验中,将待测电阻 R_x 和标准电阻 R 互换位置,测得的两个阻值分别为 R,R',试证明 R_x 的测量值为 $R_x=\sqrt{R\cdot R'}$.

五、设计题

用气垫导轨及相应仪器,你能安排一个测量重力加速度的气轨实验吗?试设计测量原理和一般步骤(要求:主要计算公式,简要实验方案).

参考文献

[1] 杨述武.普通物理实验[M].3版.北京:高等教育出版社,2002.

[2] 吴永华,等.大学物理实验[M].北京:高等教育出版社,2001.

[3] 孟尔惠.普通物理实验[M].济南:山东大学出版社,1988.

[4] 龚镇雄.普通物理实验中的数据处理[M].西安:西北电讯工程学院出版社,1981.

[5] 赵青生.大学物理实验[M].合肥:安徽大学出版社,2004.

[6] 林抒,龚镇雄.普通物理实验[M].北京:高等教育出版社,1982.

[7] 郑伯玮.大学物理实验[M].北京:高等教育出版社,2004.

[8] 曹惠贤.普通物理实验[M].北京:北京师范大学出版社,2007.

[9] 王惠棣,等.物理实验[M].天津:天津大学出版社,1997.

[10] 吕斯骅,等.基础物理实验[M].北京:北京大学出版社 2002.

[11] 金恩培,等.大学物理实验[M].哈尔滨:哈尔滨工业大学出版社,1998.

[12] 张雄,等.物理实验设计与研究[M].北京:科学出版社,2003.